승리의 솔루션

승리의 솔루션

9가지 전쟁사례로 살펴본 승리방식

2019년 6월 15일 초판 인쇄
2019년 6월 20일 초판 발행

지은이 | 김규빈 · 김현배 · 박상우 · 이근재 · 이인수 ·
이원용 · 최등학 · 최영렬 · 최정욱
펴낸이 | 이찬규
펴낸곳 | 북코리아
등록번호 | 제03-01240호
주소 | 13209 경기도 성남시 중원구 사기막골로 45번길 14
우림2차 A동 1007호
전화 | 02-704-7840
팩스 | 02-704-7848
이메일 | sunhaksa@korea.com
홈페이지 | www.북코리아.kr
ISBN | 978-89-6324-635-2 (93390)

값 24,000원

* 이 도서의 국립중앙도서관 출판예정도서목록(CIP)은 서지정보유통지원시스템 홈페이지(http://seoji.nl.go.kr)와
국가자료종합목록 구축시스템(http://kolis-net.nl.go.kr)에서 이용하실 수 있습니다. (CIP제어번호 : CIP2019022748)

Solutions of victory

승리의 솔루션

9가지 전쟁사례로 살펴본 승리방식

김규빈 · 김현배 · 박상우 · 이근재 · 이인수 ·
이원용 · 최등학 · 최영렬 · 최정욱 지음

북코리아

“어떤 대가를 치르더라도 승리해야 하고,
어떤 공포 속에서도 승리해야 하고,
그 길이 아무리 멀고 험해도 승리해야 한다.
승리 없이는 생존도 없기 때문이다.”

– 윈스턴 처칠

머리말

군인들에게 전쟁은 무엇인가? 전쟁에 참가한 선배님들은 "반드시 승리하는 것"이라 답한다. 그러면 어떻게 해야 승리할 수 있는가?

승리 요인은 너무나 다양하다. 매 전쟁이 다르다. 그리고 승리 요인은 하나가 아니다. 많은 요인들이 복합적으로 작용한 또 다른 요인이 나타나기도 한다. 그래서 승리 요인을 찾는 것은 흥미롭지만 어려운 과정이기도 하다. 이 흥미 있는 승리 요인을 제대로 찾으려면 전쟁의 본래 모습을, 전쟁 진행과정 속에 담긴 본질을 파악해야 한다. 그래야 진짜를 볼 수 있다.

열정으로 가득 찬 현역군인들이 모여서 책을 냈다. 합동군사대학교 전쟁사 교관들이 전쟁과 전투에 대한 평소의 관심 분야를 쉽게 풀어내는 방식으로 엮었다. 책을 내보자고 한 것은 꽤 오래전 일이다. 여건이 맞지 않고 자신 없어 주저하고 용기를 내지 못했다. 그러나 '시작이 반'이라는 속담을 믿고 해보자 하면서 현역장교 교관과 교수 9명이 뭉쳐서 시작을 선언하고 밀어붙였다.

처음에는 전쟁사를 폭넓게 연구하자는 의미에서 연구를 시작하였다. 현역장교들에게 전쟁사를 가르치면서 수많은 전쟁이나 전투 사례를 속속들이 연구하고 강의하는 입장이었으나, 연구내용이 쌓이면서 이것을 가치 있게 정리해보자는 의견으로 발전하게 되었다. 열정만 넘치는 초보 저자들의 어리숙함을 숨길 수 없겠지만 독자들에게 작은 도움이라도 될 수 있도록 노력하자는 취지였다.

9명이 각자 관심 있는 전쟁 사례를 선택하고 우선 개성에 따라 저술하다 보니 문제가 발생했다. 이 책에서 '독자들이 무엇을 얻을 수 있을 것인가'에 대한 관점과 서술방식에 관한 문제였다. 여러 차례 토의 끝에 우리는 다음의 명확한 방향을 설정하였다. 우리는 이 글을 읽는 독자들이 전쟁에 대해 자연스럽게 관심을 가질 수 있도록 하는 데 목적을 두고 전쟁에 관한 객관적 사실을 비중 있게 다루되, 각 저술자의 개성은 인정하기로 하였다. 그 다음 서술방식은 전쟁에 대한 이해의 폭을 넓히기 위해 각 사례별로 다양한 분석 관점을 대입하여 풀어가는 방식을 적용하기로 하였다. 관점은 군사적 교리와 원리를 응용한 방식을 이용하였다. 용병술 차원의 어렵고 접근하기 힘든 관점이라도 전쟁 사례로 설명하면 군인이 아닌 일반인이라도 쉽게 이해되고 또 반대로 전쟁을 이해하는 도구로써 매우 유용할 것이라는 의견 일치를 보았다. 방법이 결정되니 한결 연구의 속도가 붙고 작성의 즐거움이 생겼다.

대한민국에서의 군인들은 북한과 대치하고 있는 현실상 자기 목소리를 내기 어렵다. 일상 업무가 군사비밀이다 보니 함부로 입을, 손을 놀리기 어려운 현실 속에서 외부로 향한 창구가 막혀있다고 해도 과언이 아니다. 그러나 전쟁사 분야만큼은 열려있는 대문이다. 있었던 사실이기에, 나타난 현상의 기록이기에, 얼마든지 활용할 수 있는 분야이다. 이러한 내용은 군사뿐만 아니라 국가 또는 회사 경영에도 응용할 수 있기에, 군(軍)에서 민(民)으로 흘러가야 하는 분야이기 때문이다.

나폴레옹 전쟁을 연구했던 조미니나 미국의 마셜과 같은 장군들은 한결같이 전쟁사 연구를 강조했다. "군인들은 전쟁을 직접 겪어야 한다. 그러나 전쟁을 직접 경험하지 못하기 때문에 간접적으로 경험해야 되는데, 그 최적의 방법이 전쟁사를 연구하는 것이다." 또한 클라우제비츠는 전쟁을 불확실의 영역으로 묘사하면서 "장군은 짙은 안개 속을 헤치며 나아가는 부대를 이끌어가는 인솔자"라고 말한 바 있다. 이 말은 불확실한 전장 상황에서 지휘자에게 꼭 필요한 것은 명철한 이성이며, 이를 구비하기 위해서는 끊임없는 전쟁사 연구가 중요하다는 것을 강조하는 말이다. 『손자병법』이 전쟁에 관한 정치적 · 군사적 운용법 등 대부분 군사적인 내용으로 구성되어 있지만 군인 외에도 일반인들에게 꼭 필요한 고전인 것처럼 전쟁사도 동일하게 일반인에게도 유용하게 적용할 수 있는 분야이다.

이 책에서는 전쟁(전투)의 성패보다는 뒤에 감추어진 본질적인 내용을 살펴보고자 했다. 전쟁이나 전투에서 나타난 지휘관의 상황판단과 결심, 그리고 그 결심을 행동으로 옮겼던 예하 지휘관과 병사들의 고통과 희생이 쌓여 성패를 이루어냈다는 것을 정리하였다. 이러한 각각의 내용에 대해 독자들은 저자의 관점이라는 잣대를 공유하여 읽어주기를 바란다. 그리하여 전쟁사 속에 웅크리고 있는 보물과도 같은 원리나 방식을 독자들의 고유 분야에 응용하여 많은 성과를 거두기를 기대한다.

2019년 6월

자운대에서 저자 일동

CONTENTS

CONTENTS

CONTENTS

Solutions of victory

I

8월 15일까지 부산을 점령하라!

6·25전쟁 시 북한군의 기동전(선제타격계획)

"전쟁은 반드시 전격적으로 이루어져야 하며 적이 제정신을 차릴 틈을 절대 허용해선 안 된다."

이오시프 스탈린 (1950. 4. 10.)

6·25전쟁은 1950년 8월 15일까지 한반도를 석권하기 위해 김일성의 주동하에 스탈린의 설계와 지도, 마오쩌둥의 지원으로 계획되고, 수행되었다. 스탈린은 이 전쟁을 통하여 '한반도의 공산화'라는 정치적 목적을 달성하기 위해서 '전격전' 개념의 공격계획을 구상하였다. 이러한 지침에 따라 소련 군사고문단은 북한의 남침계획을 소련의 기동전을 바탕으로 수립하였으며, 이 남침계획을 '선제타격계획'이라고 불렀다.

1950년대만 하더라도 독일, 소련을 제외하고는 미국과 영국, 프랑스 등 서구의 강대국들은 기동전이 아닌 화력 위주의 소모전략을 구사하고 있었던 점을 고려해볼 때 북한이 70여 년 전에 벌써 현대의 기동전을 수행했다는 사실이 놀랍다고 할 수 있다. 소련 최고의 군사전문가인 바실리예프 중장을 중심으로 작성한 선제타격계획은 선제기습과 포위소멸전략을 기반으로 한 속전속결의 단기결전 계획이었다. 그러나 결과적으로 북한의 남침은 전략목표인 한반도 공산화를 달성하지 못하고 실패하고 말았다.

그렇다면 북한군은 소련 최고의 전략가가 구상한 선제타격계획을 수행하였음에도 불구하고 왜 실패하였는가? 필자는 그 답에 기동전의 개념을 적용하였다.

북한의 전쟁수행전략

전격전으로 남한을 점령하라

손자가 말한 '知彼知己, 百戰不殆(지피지기, 백전불태)'[1]는 전쟁의 승리를 위해서는 적을 알아야 함을 아무리 강조해도 지나침이 없다는 뜻이다. 6 · 25전쟁 당시 정전협정(1953. 7. 27.)이 체결된 이후 한반도는 여전히 군사분계선을 경계로 대치하고 있다. 그러나 우리는 과연 주적(主敵)인 북한과 북한군에 대해서 얼마나 알고 있을까? 북한의 전쟁수행전략은 기본적으로 1950년대부터 지금까지 속전속결의 포위 · 섬멸전략이다. 특히 소련의 전략 · 전술에 많은 영향을 받았으며, 6 · 25전쟁 시 북한의 남침계획도 소련의 기동전[2]을 토대로 한 소련 군사고문단을 중심으로 수립되었다. 그래서 북한은 전쟁 지도의 중요한 원칙으로 강조하는 것이 바로 불의의 기습을 통한 주도권 장악이다. 북한의 김일성은 1948년 공산정권을 수립한 이후 '한반도의 공산화'를 당면 최우선 과업으로 추진하면서,

---

1) 『손자병법』 제3편 「모공」: 적을 알고 나를 알면 백 번 싸워도 위태롭지 않다.

2) 합동참모본부, 합동교범 10-2 『합동 · 연합작전 군사용어사전』, 2014, p. 84.: 적의 군사력을 물리적으로 파괴하기보다는 기동을 통하여 심리적 마비를 추구함으로써 최소의 전투로 결정적 승리를 달성하게 하는 전쟁수행방식.

1950년 6월 25일 일요일 새벽, 기습적인 전면 남침을 감행했다.

6 · 25전쟁 시 북한군은 소련의 전략 · 전술을 그대로 모방하여 기동전을 수행하였다. 제2차 세계대전을 시작으로 주류를 이루는 군사전략은 최소의 전투로 승리를 추구하는 기동전이었다. 오늘날에도 기동전이 현재와 미래전 양상을 이해할 수 있는 필수적인 전쟁수행방식임을 모두가 인식하고 있는데, 여기서 놀라운 점은 북한은 벌써 70년 전인 6 · 25전쟁부터 선진 군사강국의 기동전을 구사했다는 점이다. 제2차 세계대전 이후 1950년대에는 독일과 소련을 제외하고, 미국을 포함한 프랑스, 영국 등 서구의 강대국은 여전히 화력을 중심으로 한 소모전략을 구사하고 있었기 때문이다.

북한의 김일성은 1950년 3월 30일부터 4월 25일까지 스탈린과 남한에 대한 선제공격에 대해 결론을 내었고, 스탈린은 3단계의 공격계획[3]을 구상하였다. 스탈린은 남침 전쟁수행전략을 "속전속결의 전격전으로 이루어져야 된다."라고 강조[4]하였다. 이에 따라 북한의 남침계획은 기동전을 바탕으로 전쟁계획을 수립하도록 소련 군사고문단에게 지침을 하달하였다.

---

3) 정병준, 『한국전쟁: 38선 충돌과 전쟁의 형성』, 돌베개, 2006, p. 494. 스탈린과 김일성이 합의한 3단계 남침계획은 1단계 - 38도선 근처에 병력의 집중배치, 2단계 - 북한의 평화통일 제안, 3단계 - 남한의 평화통일 제안 거부 후 속전속결의 군사작전 개시이며, 마오쩌둥도 이 계획에 전적으로 찬성했다.

4) 위의 책, p. 497.

소련군 기동전의 축소판, 북한군의 기동전!

북한군의 기동전 수행 배경은 세 가지 측면에서 알아볼 수 있다.

① 김일성의 군사사상

② 북한군의 군 구조 및 편성

③ 북한군의 군사교리

첫 번째는 북한의 지도자인 김일성(金日成)의 군사사상에서 찾아볼 수 있다. 김일성의 군사사상을 알아보기 위해서 아래의 내용으로 그의 과거 군사경력을 살펴보고, 이에 따른 김일성의 전쟁 지도방식, 즉 북한군의 전쟁수행방법을 이해할 수 있다.

- 1932년 : 중국 공산당에 입당(김일성으로 개명)
- 1941~45년 : 일본군 대토벌작전에 쫓겨 소련으로 도주, 소련 제25군 특수부대 근무(소위~대위)
- 1945년 8월 : 소련군 소좌로 입북
- 1948년 9월 9일 : 조선민주주의 인민공화국 수상
- 1950월 6월 25일 : 군사위원장 및 인민군 최고사령관

김일성은 1932년 중국 공산당원이 되면서부터 동만주 일대에서 항일유격대로 활동하다가 일본 관동군의 토벌작전에 의해 소련으로 도망쳤다. 1941년 소련으로 입국한 후 적군(赤軍)에 입대하고 소련 공산당원이 되었으며, 1945년 8월 입북할 때까지 소련군 장교로서 적군 교리를

접촉할 수 있는 기회가 많았다. 김일성은 '소련 종심전투 이론의 아버지'라 불리는 투하첸스키 원수가 저술한 소련군 야외교령을 연구하였고, 독소 전역에서 소련이 승리한 요인을 나름대로 분석도 하였을 것이다.[5]

소련 군정(軍政)은 1945년 10월 14일 평양에서 군중대회를 열고 소련군 소좌 김일성을 북한 주민 앞에 내세웠으며, 이때부터 김일성이 북한의 권력자로 부상하기 시작하였다. 북한군 군사사상의 실제적인 형성은 김일성이 1930년대 만주에서 경험한 중국식 유격전과 1940년 초반 소련군 복무시기의 참전경험, 이러한 군 경력을 혼합한 토대 위에서 치른 6·25전쟁의 패인 등 여러 전쟁의 교훈으로부터 형성되어 정착된 것이다.[6]

두 번째로 6·25전쟁 당시 북한군은 군사전략과 전술, 군 구조 및 편성 등 거의 대부분이 소련 군정에 의해서 구축되었고, 전투장비와 탄약, 군수 분야 등 군사력의 대부분을 지원받아 북한군을 편성하였다. 결국 북한군은 축소된 소련군이라 볼 수 있으며, 소련 군사고문단은 북한군을 기계화 부대를 중심으로 군사력을 증강시켰다. 당시 소련은 미국과 한반도에서 양국의 철군(1947)을 결정하였고, 소련군은 1948년 12월 25일부로 철수를 완료했다. 이때 북한에 150대의 전차를 포함하여 중화기를 이양하고, 북한군 1개 사단마다 약 150명씩, 총 3,000명 정도의 소련 군사고문단을 잔류시켜 군사력 증강과 교육훈련 등에 크게 기여하였다.

특히 1948년 12월 중순 모스크바에서 소련 국방상 불가닌 원수의 주재 아래 소련, 중국, 북한의 군사대표가 참석한 가운데 북한군의 전력을 증강시키기 위한 회담을 하였다. 회담 결과 주요 내용으로 먼저 18개

---

5) 정보사령부, 『북한군 군사사상』, 2007, pp. 20-22.

6) 위의 책, p. 20.

월 내에 북한군을 남한 침략에 충분하게끔 증강시킨다는 목표를 설정하고, ① 6개의 돌격사단, 16개의 전투 및 예비사단을 편성, ② 기갑부대는 소련이 제공하는 500대의 전차로 2개의 기갑사단 편성 등을 골자로 하였다. 소련 군사고문단으로 북한에 파견된 소련군 장군들 대부분이 기갑분야 전문가였고, 소련은 제2차 세계대전 중 독일전에서 전차부대의 활약에 의한 전과가 컸기 때문에 소련 군사고문단도 북한군의 전차부대를 강력하게 육성할 계획을 가지고 있었다.[7] 즉, 기갑사단을 중심으로 하여 기동전을 수행할 수 있는 제병협동전력을 편성하였던 것이다.

세 번째로 북한군의 기동전은 소련군 교리의 직접적인 영향을 받았고, 이를 근간으로 6 · 25전쟁이 수행되었다. 북한군은 1946년도판 소련군 전투교범(투하쳅스키가 1936년 발간한 야전교범 신판)의 번역판을 북한군의 교범으로 그대로 사용하였고, 키예프에 있는 티모셴코 전차학교의 교관단에 의해 편찬된 '전투에서의 전차'(독소 전역의 실전 경험을 반영함)라는 교범이 북한군 전차 승무원 훈련 시 기본 교범으로 사용되었다는 사실에서도 알 수가 있다.

그리고 북한에 잔류한 소련 군사고문단은 기계화 부대 전문가로서 기동전술을 바탕으로 북한군의 소규모 부대부터 군단급 대부대 훈련과 합동훈련까지 모두 훈련시키고, 수준을 평가하였다. 소련 군사고문단이 북한군의 전쟁수행능력을 갖추는 데 '처음부터 끝까지' 책임지고 담당했던 것이다. 북한군은 소련군의 기동전을 모방하였으며, 북한군의 기동전은 우리가 지금까지 알고 있는 독일의 전격전과는 다소 차이가 있었다.[8]

---

7) 국방부 군사편찬연구소, 『6 · 25전쟁사(1)』, 2004, pp. 533-534.

8) 소련군의 기동전은 1920~1930년대 정착된 종심전투 이론에 따라 발전되었으며, 이를 바탕으로 첨단무기체계와 기계화 부대, 전투기 등을 이용하여 종심전투 이론을 더욱 발전시켜 1982년 작전기동군(OMG) 개념을 전파하며, 소련식 기동전을 정착시켰다. 그리고 독일군의

선제타격계획(북한의 남침계획)

소련의 스탈린은 남침을 위한 공격계획을 구상하였다. 그중 주목할 점은 "전쟁은 반드시 전격적으로 이루어져야 하며, 적이 제정신을 차릴 틈을 절대 허용해서는 안 된다."라고 강조한 것으로, 스탈린이 강조한 전쟁의 핵심 개념은 바로 전격전이었다.[9] 〈그림 1.1〉과 같이 북한군의 남침계획인 선제타격계획은 소련 군사고문단장인 바실리예프 중장을 중심으로 러시아어로 작성되었다. 러시아어로 작성되었다는 사실은 소련 군사고문단이 중심이 되어 전쟁계획을 수립했다는 증거이다.

당시 북한군 총사령부 간부들의 군사경력으로서는 전쟁계획을 작성하는 데 능력이 부족했던 반면,[10] 소련 군사고문단은 제1 · 2차 세계대전과 독소 전역에서 전쟁을 치른 전문가들이었고, 군사고문단장인 바실리예프 중장은 독소전쟁으로 '영웅' 칭호를 받은 인물로 소련군의 종심전투 이론(소련의 기동전 수행방법을 말함)을 실전에서 구사할 수 있는 능력을 보유하고 있었다. 북한군 총참모부 작전국장이었던 유성철의 증언에 따르면, 선제타격계획은 전투명령서, 부대이동계획, 병참보급계획, 기만계획으로 구성된 대단히 완벽한 계획이었다고 평가한 바 있다. 소련 군사고문

전격전은 임무형 지휘를 특징으로 하여 전차와 항공기를 이용하여 번개와도 같은 전격전을 수행하였다. 소련군은 중앙통제식 지휘방식과 주요 목표를 적 부대 격멸로 둔 반면 독일군의 기동전은 임무형 지휘를 토대로 적을 마비시킨다는 점에서 차이점이 있으며, 공통점은 적의 강점을 피하고, 약점을 공격한다는 것으로 요약할 수 있다.

9) 정병준, 앞의 책, 2006, pp. 497-498.

10) 유성철에 따르면 5월 초에 소련 군사고문단으로부터 전쟁에 대한 작전계획을 넘겨받아 한국어로 재작성하기 시작했다. 소련 군사고문단의 포스토니코프 소장은 "우리(소련)가 작전을 짤 테니 번역하라."고 지시하였고, 며칠 후 고문단이 작성한 '선제타격계획'이라는 공격작전계획을 '번역하라'고 해서 넘겨받았다. (박명림, 『한국전쟁의 발발과 기원』, 나남출판, 1996, p. 353.)

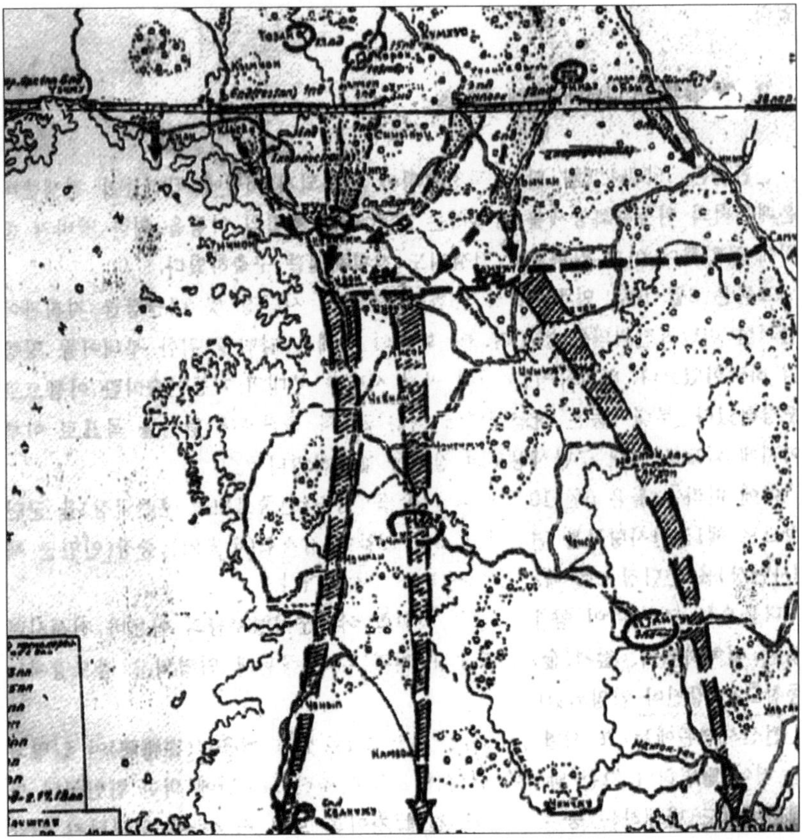

〈그림 1.1〉 러시아어로 작성된 북한군의 선제타격계획[11)]

단으로부터 1950년 5월 초 선제타격계획을 넘겨받고, 유성철은 총참모장 강건의 감독하에 소련군 출신인 포병사령관, 공병국장 등과 함께 극비리에 이를 한글로 옮겼다.[12)]

11) 인민군의 선제타격계획 상황도 사본. 이 상황도는 1992년 8월 29일 연합통신이 러시아 군사연구소 수석연구원 코르트코프 박사로부터 입수한 것으로서, 원본은 모스크바와 평양에 각 1부씩 보관되어 있다.

12) 국방부 군사편찬연구소, 앞의 책, 2004, pp. 598-601. 1950년 5월 29일 선제타격계획을 완성

북한군은 남침 개시일자를 1950년 6월 25일 04시[13])로 결정하였는데, 그렇게 일자를 선정한 이유는 소련 외교문서의 기록을 통해 세 가지로 확인할 수 있다. 첫째, 군의 전투준비에 관한 정보가 남한 측에 유출될 수 있기 때문이었는데, 김일성은 공격징후가 남한에 알려지는 것에 대해 우려하고 있었고, 그것이 알려지지 않고서 공격을 시작하는 것, 즉 기습적인 전격전에 의한 단기결전에 상당한 노력을 기울이고 있었음을 보여준다.[14]) 둘째, 7월 중에는 장마가 시작되기 때문이었다. 공격계획을 수립한 소련 군사고문단은 최초 7월경으로 판단하고 있었는데 김일성의 의견에 따라 기상관계를 고려하여 6월로 변경하였다. 셋째, 북한의 선제타격계획은 공격 개시일을 일요일로 선정하여 한국군의 경계가 소홀할 것을 예상하여 기습효과를 극대화하려고 하였다.

여기서 북한의 공식간행 전쟁사인 『조선전사』를 보면 당시 북한의 작전 기도를 알 수 있는데, 그 내용은 다음과 같다.

> 우리의 전략계획은 미 제국주의자들의 대병력이 동원되기 전에 이승만 괴뢰군대와 이미 우리 강토에 침습한 미군을 단시일 내에 소탕하고 인민군대가 부산, 마산, 목포, 여수, 남해 계선까지 진출하여 우리 조국강토를 완전히 해방하며 인민군대를 전 조선땅에 기동성 있게 배

하고 6월 16일 북한 주재 소련대사인 스티코프에 의해서 남침계획이 보고되었으며, 스탈린의 최종승인을 받았다.

13) 공격 개시일자와 관련하여 최초 소련군이 한반도에서 미소 합의에 따라 철군할 시기인 1948년 12월 모스크바에서 소련 불가닌 원수를 중심으로 개최된 조 · 중 · 소의 군사대표가 북한군의 군사력 증강과 전투훈련 완료일을 18개월 후로 결정하였는데 그것이 바로 1950년 6월이 된다는 사실도 흥미로운 내용이다.

14) 박명림, 앞의 책, 1996, p. 352.

치함으로써 미 제국주의자들이 상륙하지 못하도록 하는 데 있다.[15)]

결국 북한군의 선제타격계획은 '속전속결의 기습전략'을 기본으로 한 것이다. 김일성과 스탈린의 남침전략의 기본은 미국의 지원부대가 전개하기 전에 신속히 서울을 점령하여 승리를 굳힌 다음 남해안까지 진출하는 것이었다.[16)] 선제타격계획은 38도선에서 부산까지의 거리를 약 480km로 보고 하루 평균 10km의 진격 속도로 전진한다면 공격 개시 50일 만에 부산을 점령할 수 있을 것이라고 판단한 것이다. 50일 후면 8월 15일이 되며 이 해는 바로 해방 제5주년이었다. 북한군은 대대적인 해방 기념행사를 서울과 부산 그리고 평양에서 동시에 거행하여 적화통일된 모습을 세계 만방에 선포할 정치적인 목적까지도 계산하고 있었던 것이다.[17)]

북한군의 선제타격계획은 병력의 할당, 전차의 전격전, 기동계획 측면에서 모두 제2차 세계대전 초기 독일군 만슈타인의 기동계획과 로멜의 전격전을 방불케 한 그야말로 훌륭한 계획이었다.[18)] 〈그림 1.2〉와 같이 계획은 총 3단계 작전으로 구분되어 있다. 제1단계는 국군의 방어선 돌파 및 주력 섬멸단계로서 2일 내에 서울을 점령하고, 수원-원주-삼척까지 진출하는 것이고, 제2단계는 전과 확대 및 예비대 섬멸단계로서 군산-대구-포항까지 진출하는 것이었다. 마지막 제3단계는 소탕 및 남해안으로의 진출단계로서 부산-여수-목포를 연하는 선까지 진출하여 한

15) 국방군사연구소, 『한국전쟁(上)』, 1995, p. 76.

16) 국방부 군사편찬연구소, 앞의 책, 2004, p. 595.

17) 박명림, 앞의 책, 1996, p. 51.

18) 안용현, 『한국 전쟁의 허와 실』, 1987, p. 51.

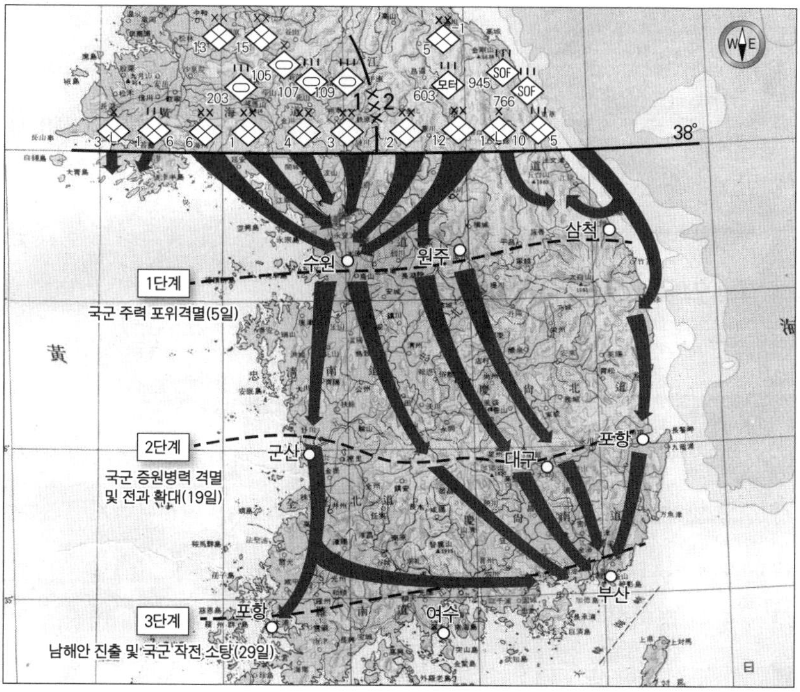

〈그림 1.2〉 북한군의 선제타격계획(3단계 작전)

반도를 점령하는 것이다.

이 계획에서 가장 핵심적인 부분은 제1단계 작전이다. 북한은 1단계 작전을 통하여 '서울 확보'와 '한국군 주력 격멸'이 된다면 전쟁은 쉽게 끝날 것이라고 낙관하였다. 이를 위해서 지상군 총 10개 사단을 2개 군단의 공격집단으로 편조하고, 그중 제1군단을 주공으로 금천－구화리, 연천－철원에서 38도선을 돌파하여 북으로부터 서울을 압박하도록 했다. 제2군단을 조공으로 화천－양구에서 38도선을 넘어 서울 동측방과 수원 방향으로 우회시켜, 양개 군단의 협조된 포위공격으로 서울을 점령한 후 수원－원주－삼척선(약 90km)을 확보하도록 계획하였다.

이에 따라 제1군단(주공)은 자체의 주공부대인 제3사단과 제4사단을 제105전차여단(-)의 지원하에 철원－포천－의정부 축선과 연천－동두천－의정부 축선으로, 제6사단(-1)과 제1사단을 제203전차연대의 지원하에 금천－개성－문산 축선과 구화리－고랑포－문산 축선으로 투입하도록 하였으며, 제6사단 일부로 옹진반도 및 김포반도를 공격하도록 하였다. 제2군단(조공)은 주력인 제2사단과 제12사단을 화천－춘천－가평 방향과 양구－홍천－수원 및 원주 방향으로 투입하고, 제5사단을 양양에서 강릉－삼척으로 진출하도록 하였다.

제2 · 3단계 작전은 제1단계 작전에 이어 실시되나, 전쟁계획 자체가 서울을 점령하면 민중봉기가 일어나고, 한국군 주력이 격멸되면 한국군의 조직적인 저항은 없을 것으로 판단했다. 제2 · 3단계 작전은 한국군의 저항이 경미할 것으로 판단한 데 이어 미(美) 증원군의 전개 이전에 남해안까지 진출하여 부대 배치를 끝낸다는 전략이었다.

여기서 북한군의 선제타격계획의 전제조건을 세 가지로 판단할 수 있다. 첫 번째는 1단계 작전의 핵심적인 작전목표인 '서울'만 점령하면 남한 내에 있던 남로당원 약 20만 명이 인민봉기하여 이승만 정부를 전복시켜 쉽게 한반도를 점령할 수 있을 것이라고 판단했고, 두 번째는 국군 주력 격멸과 서울을 점령하면 제2 · 3단계 작전 시에는 국군의 전투의지가 약화되어 저항이 경미할 것으로 예상했다. 세 번째는 결정적인 실책으로 미국의 개입 가능성을 충분히 계산하지 못했다는 것인데 소련 당국은 미국이 한반도 분쟁에 개입하지 않거나 개입하더라도 대응하려면 2개월 이상은 소요될 것으로 판단하고 있었다.[19] 그러나 소련과 북한의

19) 국방부 군사편찬연구소, 앞의 책, 2004, pp. 601-604.

이러한 오판으로 인해서 전쟁 양상은 그들이 예상한 바와는 완전히 다른 방향으로 진행되었고, 전쟁은 그들의 계획대로 이루어지지 않았다. 스탈린과 김일성의 정보망이 부족한 가운데 전쟁에 대한 오만과 과신, 안일함으로 연루되었다고 볼 수 있겠다.

선제타격계획의 특징과 문제점

국군에 비해 월등한 전투력을 보유한 북한군

북한군의 선제타격계획은 소련 군사고문단에 의해 기동전 수행을 중점으로 속전속결의 기습전략으로 작성되었다. 이러한 전쟁계획을 수행하기 위해서는 그 계획을 수행할 수 있는 부대 편성과 능력이 구축되어 있어야 한다.[20] 그러한 기본조건을 선제타격계획의 특징 및 문제점과 연계하여 부대 편성, 지휘 및 통제, 전투준비, 작전지속지원 측면에서 분석할 수 있다. 먼저 부대 편성 측면에서 알아보면 기동전을 수행하기 위해서는 적의 방어선을 붕괴시키는 압도적인 화력과 적진 깊숙이 기동할 수 있는 전차 및 기계화 부대, 그리고 적 후방에 대한 공중폭격기 등 기계화 부대를 중심으로 편성되어야 한다.

우선 전차부대인 제105전차여단의 편성과 능력을 살펴보면, 제105전차여단은 기존의 제115전차연대가 제105전차여단(1949. 5. 16.)으로

20) 북한군의 선제타격계획은 소련 군사고문단에 의해 러시아어로 작성되었다. 독소 전역 시 소련의 승리에 크게 기여한 바실리예프 중장을 중심으로 계획이 작성되었는데, 결과적으로는 당시 북한군은 군 지휘체계 및 부대 편성상 선제타격계획을 수행할 수 있는 능력을 갖추지 못했다고 볼 수 있다.

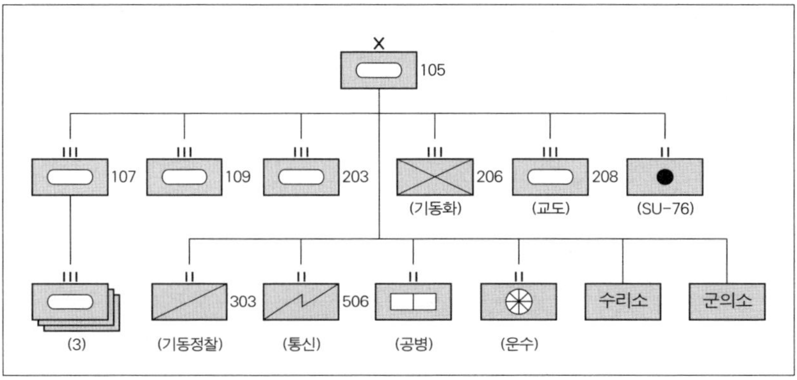

〈그림 1.3〉 북한군 전차여단 편성[22]

증편되었다.[21] 〈그림 1.3〉과 같이 전차여단은 3개 연대(연대별 전차 40대), 기계화 보병연대, 교도연대(전차 30대), SU-76대대 등으로 편성되어 사실상 사단급 전력을 보유하였다. 특히 북한군 T-34 전차는 소련군의 최신예 주포(85mm)를 장착한 성능이 개량된 전차였으며, 당시 세계 최고의 전차 중의 하나로 평가받고 있었다. 그러나 최초 소련은 북한에 500대의 전차를 지원하는 것으로 협의하였으나, 전쟁계획을 추진하는 과정에서 한반도의 지형적 특성상 전차의 집중적 운용이 제한된다는 이유로 최초의 절반 정도인 242대의 전차가 지원되었다.[23]

반면 당시 국군은 전차가 한 대도 없었으며, 수경사 예하에 독립기갑연대가 편성되어 있었으나, 미군이 지원한 장갑차(M8 그레이 하운드: 27대)

21) 국방부 군사편찬연구소, 앞의 책, 2004, p. 285.

22) 위의 책, p. 275.

23) 1948년 12월 중순 소련 불가닌 원수 주재 북·중·소 전략회담을 실시하였고, 그 목표는 18개월 내 기계화 부대를 중심으로 북한군을 증강시켜서 남침에 충분하게끔 하는 것이었으며, 최초 2개 기갑사단을 편성하려고 하였으나, 소련 군사고문단이 현지 확인 결과 한반도의 산악지형을 고려하여 전차의 집중적 운용이 제한되는 것으로 판단하여 전차 지원을 절반으로 줄였다.

〈표 1.1〉 북한군 포병 편성[24)]

구분	자주포	박격포		사단포			
		82mm	120mm	45mm	76mm	76mm ZIS-3	122mm
보병사단	16	81	18	48	12	24	12
보병연대	-	27	6	18	4	-	-

만 보유하고 있었다.

다음으로 포병부대 편성에 대해 알아보면, 보병사단 예하 포병은 포병연대로 구성되어 있으며, 포병연대는 4개 포병대대(76mm 2개 대대, 122mm 1개 대대, SU-76 1개 대대)로 편성되어 있다. 개전 초기 북한군 보병사단이 보유한 화포 및 박격포는 〈표 1.1〉과 같다.

이 외에도 122mm 평사포와 122mm 곡사포를 보유한 3개 대대(122mm 평사포: 24문, 122mm 곡사포: 12문)[25)]로 편성된 군단 포병연대가 있었고, 필요시 전방사단에 포병대대를 배속시켜 운용하였다.

이에 비해 당시 국군은 전방 4개 사단과 수경사에 각각 포병 1개 대대(105mm)를 보유하고 있어서 화력의 사거리를 포함해서 화력의 질과 양 측면에서 북한군에 비해 열세한 전력을 보유하고 있었다.

다음으로 북한군의 항공부대 편성에 대해 알아보면 북한은 지상군의 전차와 포병부대 등과 비교해볼 때 공군력은 그다지 강력하지 않았다. 북한군 공군의 전투기 총 수를 보면 YAK형 100대 중 60대는 훈련기(물론 전투기로 사용도 가능하다)이고 40대가 전투기이다. 그리고 전폭기(IL형)

---

24) 국방부 군사편찬연구소, 『소련 군사고문단장 라주바예프의 6 · 25전쟁 보고서(1)』, 2001, pp. 276-280.

25) 위의 책, pp. 276-281.

70대와 정찰기 10대를 합하면 실 전투기 총 수는 120~180대 정도의 규모이다. 전투기의 총 대수가 지상군의 전차와 보병 10개 사단에 비교해 보면 소련이 북한 공군에 대해서는 제한된 지원을 했음을 알 수 있다. 그 이유는 한국 공군의 열세한 전력(연락기 22대 보유)에 비해서 그 이상의 공군력이 불필요하다고 판단하였으며 전차부대를 보유한 북한의 지상군만으로도 충분히 남한을 석권할 수 있다는 것이었다.[26] 지금까지 살펴보았듯이 북한군은 기동전 수행을 위한 전력과 장비 등 부대 편성 면에서는 충분한 능력을 갖추고 있었다고 볼 수 있다.

그럼, 북한은 이러한 전투부대를 운용할 수 있는 능력을 가지고 있었을까? 북한은 소련 군사고문단에 의해서 전쟁계획과 교육훈련 그리고 훈련평가를 받았고, 전쟁 전(前) 군단급 훈련평가에서 훈련수준이 우수하다고 평가받았다. 북한군은 소련 군사고문단에 의해서 약 2년간에 걸쳐서 군단급 기동훈련까지 소화할 수 있을 정도로 충분한 교육훈련을 받았고, 이에 소련 군사고문단은 충분히 전쟁을 치를 수 있다고 평가한 바 있다. 또한 북한은 이미 민족보위성을 중심으로 그 예하 부대 편성을 총참모부, 각 군단, 사단으로 편제를 두고 있었으며, 그에 따른 제대별 지휘통제체계를 구축하고 있었다. 여기서 소련군의 축소판이라 볼 수 있는 북한군은 작전적 · 전술적인 측면에서도 소련과 유사하였는데, 소련군의 지휘체계와 전투수행방식 등 소련의 기동전 개념인 종심전투 이론을 바탕으로 북한군의 교육훈련이 이루어졌다. 그러나 서방(독일, 영국, 미국 등) 측

26) 국방부 군사편찬연구소, 앞의 책, 2004, pp. 295-297. 소련은 북한 공군이 막강한 공군력을 갖춘다면 일본까지 공격하게 되어 세계대전으로 확전될 위험이 있다고 판단하고 있었다. 당시 소련 특별군사사절단의 자칼로프 장군의 지적에 잘 드러나 있다. 즉, 그는 북한에 강력한 공군을 창설하지 않은 이유를 "만일 인민군이 강력한 공군력과 우수한 기갑부대를 함께 보유한다면 부산뿐만 아니라 한국해협을 건너 대마도 나아가 사세보까지 갈지 모른다. 우리는 미국과의 전쟁을 원하지 않는다."고 기본입장을 밝혔다.

의 기동전과는 다른 특징이 있는데, 주요 내용은 아래와 같다.[27]

① 중앙집권적 통제방식으로 임무형 명령은 실행 불가능하다.
② 전투준비를 강조하며, 지휘관들은 '과학적인 필연성'에 의해 전쟁에서 승리해야 한다는 압박감을 가지고 있다.
③ 기동전은 '정치'와 밀접하게 연계되어 있어서 정치적 목적과 군사적 목적이 동일하다.
④ '종심(depth)'에 대한 강조로 공격 기세를 유지하여 적 후방 깊숙이 결정적인 지점으로 기동함으로써 작전적 · 전략적 승리를 목표로 한다.

선제타격계획의 문제점 1
전투준비: 소대 훈련부터 대부대 훈련까지

선제타격계획에서 주공(主攻) 방향은 서울을 점령하기 위해 전차의 기동로가 가장 양호하고, 서울에 이르는 최단거리인 철원-포천-의정부를 연결하는 축선으로 선정하였다. 따라서 북한군은 전차와 연계한 사단급 기동훈련을 중점적으로 훈련하였다. 전반적인 북한군의 교육훈련은 1948년 전까지는 각 부대 단위별로 기초 군사훈련을 완성하였고, 소련군이 철수한 후 특별 군사사절단이 도착하면서부터 주로 공격전투에 중점을 둔 전투훈련이 시작되었다. 1949년 7월 전반기까지는 사단 또

27) 로버트 레오나드, 『병법의 진수 기동전 대해부』, 문경출판사, 2001, pp. 96-103.

는 여단별로 훈련을 실시하다가 1949년 7월부터는 민족보위성 전투훈련국(국장 김웅 소장)에서 통제하는 대부대 훈련이 실시되었다. 1949년 7월 초순, 북한군 창설 후 최초의 민족보위성 주관의 '전차 및 포병을 동반하는 보병사단 공격에 대한 지휘관 및 참모의 야전훈련'이라는 '군단급 지휘조 야외기동훈련'이 평양 남방 중화로부터 황주 사이의 구릉지대에서 실시되었다.

군단장에는 강건 총참모장이, 군단 참모장으로 김광협(金光俠) 소장이 임명되었다. 당시 북한군은 중간 지휘기구로 군단을 편성할 것을 고려한 시험적 훈련의 의미를 띤 것이었다. 이 훈련에 직접 참가한 전투훈련국장 김웅 소장과 김광협 소장이 1950년 6월 10일 새로 편성되는 제1 · 2군단의 초대 군단장으로 각각 임명된다.[28] 이에 따라 북한군은 총참모부－전선사－군단－사단으로 이어지는 지휘체계를 구축하였으나, 군단을 창설한 후에 실질적인 군단급 훈련을 실시할 겨를도 없이 6월 11일부터 38도선 일대로 부대를 이동시킨 후 남침을 준비하였다.

북한은 군 창설 초창기부터 전차를 중요시하였으며 1947년에 제115전차연대를 창설하였고, 약 400명의 전차병을 양성하면서 추가적으로 소련군에서 근무했던 고려인(주로 중앙아시아 출신)[29] 전차병들을 대거 편입하여 입대시켰다.[30] 그리고 당시 보병 2사단 4연대장으로 있던 유경수[31] 중좌를 전차연대장으로 임명하였다. 그 이후 북한은 소련으로부터 추가

28) 국방부 군사편찬연구소, 앞의 책, 2004, pp. 564-565.

29) 소련군은 키가 작은 전차병을 차출하였는데, 그 이유는 피탄 면적을 줄이기 위해 전통적으로 소련의 전차는 미국, 독일, 영국의 전차보다 높이가 약 30~50cm 정도 낮게 만들어졌기 때문이다. 이에 고려인의 경우는 소련인보다 키가 작아서 많은 고려인 젊은이들이 전차병으로 차출되어 독일군과의 전투에 참가하였다.

30) 권주혁, 『기갑전으로 본 한국전쟁』, 지식산업사, 2008, p. 64.

31) 유경수 중좌는 소련군 전차부대 대위 출신으로서 독일과의 전쟁에 참전한 경력을 갖고 있었다.

적인 전차와 장갑차 등을 지원받아 남침 시 선봉으로 운용한 전차부대인 제105전차여단으로 증편하였다. 제105전차여단은 1949년 8월부터 야외 기동훈련으로 전환하여 화력과 기동, 충격의 효과를 극대화시키는 데 전력을 기울여서, 1949년 9월 전군 기동연습 시에는 최우수부대로 선발되기도 하였다. 북한군 T-34 전차[32]는 제2차 세계대전 말기에 소련 육군의 표준 중형(中刑) 전차로서 당시 가장 우수한 전차로 평가되었다.[33]

전차부대의 훈련 중점은 전차 운용기술과 불리한 지형의 기술적 이용에 관한 것이었다. 예를 들면, 전차에 의한 도하작전(보·전·포 협동 도하훈련), 산악지형에서의 전투(매복작전), 공격전진과 정찰 등을 강조했다. 그래서 북한군 전차학교의 임무는 전투 여건의 복잡성에 관계없이 지휘가 가능하고 상대방에게 결정적 타격을 가할 수 있는 잘 통일된 중대, 대대, 연대 혹은 혼성부대를 만드는 것이었다. 소련 군사고문단은 1949년 늦가을부터 각 사단과 특수부대를 대상으로 전투훈련을 실시하였다. 이는 그들이 파견된 지 약 1년이 경과하면서 그동안 육성해 놓은 북한군의 능력을 시험 평가하는 데 있었다. 첫 단계는 각 부대별로 전투훈련을 실

---

32) 육군본부, 『한국전쟁 시 기갑부대 운용』, 2000, pp. 1-6. T-34 전차의 제원을 알아보면 중장갑 철판으로 보호되어 중량이 32톤, 85mm 전차포 이외에 7.62mm 기관총 2정이 장착되어 있으며, 전차포탄은 55발을 적재할 수 있었고, 시속 30~40마일, 전차승무원은 5명이 탑승하였다. 당시 한국군이 장비하고 있었던 대전차화기인 57mm 무반동총과 2.36″ 로켓포로 이 전차의 전면을 명중시켜도 파괴되지 않았다. 또한 제105전차여단은 SU-75 자주포를 보유하고 있었는데, 제2차 세계대전 당시 소련군 사단급 포병대대의 주력 화포였던 ZIS-3 76mm 견인포를 개량하여 제작한 자주포이다. 6·25전쟁 발발 시 약 100여 대가 전차와 함께 보병사단의 선두에 서서 38선을 돌파하였다. 이 자주포는 부족한 전차 전력 대용으로 대량 사용되었고, 유엔군의 M4A3 셔먼 계열 전차와 대적할 수 있었으며 격파하는 것도 가능했다.

33) 참고로 구데리안의 회고록에 의하면 1941년 소련군의 장교시찰단이 독일을 방문했을 때 히틀러의 직접 지시로 최신의 전차 생산시설을 견학시켰는데, 이때 독일은 Panzer IV형 전차를 보여줬지만 소련군은 이것이 독일의 최신 전차라고는 전혀 믿지 않고 어디에다가 더욱 우수한 성능의 전차를 감추어두고 자기들에게 보여주지 않는다고 불평했다는 것이다.

시하고, 다음 단계로 민족보위성 전투훈련국의 작전계획에 의하여 합동훈련이 전개되었다. 전차여단은 이때 최우수부대로 평가받았고, 이어서 1950년 2월, 북한은 소련 군사고문단의 감독하에 2개 보병 돌격사단과 1개 기동화 사단 및 기갑여단으로 또 하나의 협동훈련을 실시하였다. 이 훈련은 적 전선 돌파 후 신속한 전과 확대 상황하에 전개되었으며, 특히 전차부대의 가장 큰 장애물인 적진 후방의 하천 도하훈련 시험이 포함되어 있었다. 소련 군사고문단은 이 훈련을 통하여 전차여단은 6시간 이내에 한국의 평균 폭의 하천을 충분히 도하할 수 있다고 결론지었다.[34)]

하지만 이 당시에는 사단과 연계한 보전협동 기동훈련을 중점적으로 실시하였으며, 작전적 · 전략적 목표를 확보하기 위한 종심 깊은 작전적 기동훈련은 실시하지 않았다. 또한 제105전차여단은 중앙집권적인 통제방식으로 운용되면서 신속한 기동력을 발휘했어야 되나, 보병사단별 전차중대 및 전차대대가 배속되었고, 제203전차연대는 북한군 1사단과 협조하여 문산 축선을 공격하였다. 결국 초기작전 시 제105전차여단은 전차여단(-) 규모로 운용되었고, 2일차에는 신속한 기동력으로 작전적 목표(한강교 점령)를 확보했어야 하나 이것마저도 확보하지 못해서 북한군의 진출속도가 지연되었고, 결국 국군 주력의 포위소멸도 실패하는 결과를 가져왔다.

34) 육군본부, 『6 · 25전쟁 시 기갑부대 운용』, 2009, pp. 13-14.

선제타격계획의 문제점 2
지휘 및 통제: 이중적이고 경직된 작전지휘

북한군의 지휘체계는 소련군과 거의 유사한 지휘체계로 이루어졌고, 그 특징은 다음과 같이 나타낼 수 있다.

① 군 지휘관과 정치부(정치위원)에 의한 이원적 조직체계

② 다양한 통제방법으로 예하 부대 지휘통제(임무 부여, 부대 편성)

③ 중앙집권적 통제방식

④ 정치적 목적을 고려한 작전목표 변경(서울 확보 측면)

첫 번째로 북한의 군대는 지휘관과 정치위원에 의한 이원적 조직체계를 유지하였다. 이것은 소련군의 경우 민주진영의 군대와는 달리 이원적으로 조직되어 있었는데, 북한에 주둔한 소련 극동방면군 25군의 정치위원 레베데프 소장은 정치 문제에 관한 한 제25군의 상급부대인 제1극동전선군의 군사회의 정치위원인 스티코프 상장의 지시를 받아 소련군의 북한 점령 정책을 시행하였다. 스티코프 장군은 북한에 대한 총체적인 통제를 맡고 있었던 북한 주재 소련대사 역할까지 겸하였고, 북한군의 정치 · 군사적 측면 모든 업무에 관여하였다. 그리고 소련의 스탈린에게 보고하면서 스탈린의 지시에 따라 북한에 대한 정책을 추진했다.[35)]

북한도 소련과 마찬가지로 이원화된 지휘체계를 구축하고 있었다. 군사위원회 조직위원장에 김일성, 위원으로 박헌영 · 홍명희 · 김책 · 최

---

35) 국방부 군사편찬연구소, 앞의 책, 2004, pp. 166-167.

용건 · 박일우 · 정준택으로 군사위원회를 구성하였다. 그리고 이 위원회에 모든 권한을 집중시켰으며, 이 위원회의 결정 지시에 절대 복종하여야 한다고 규정하였다. 최고인민회의는 군사위원회의 결정사항을 북한군 최고사령관을 통하여 집행하도록 하였고, 그들의 법률에 따라 1950년 7월 4일부로 김일성을 북한군 최고사령관에 임명한다고 결정하였다. 결국 김일성은 내각 수상과 군사위원장, 북한군 최고사령관을 겸함으로써 절대권력을 장악하고, 군사위원회 위원장－총사령관－전선사령관－군단장－사단장에 이르는 전시 전쟁지도 및 지휘체제를 완전하게 갖추어 전쟁에 임하였다.[36)]

하지만 각 제대마다 지휘관을 보좌하는 정치위원(장교)[37)]이 편성되어 있어서 지휘관들은 적절한 지휘 조치에 어려움을 겪기도 하였다. 이렇게 소련군 식으로 만들어진 정치위원은 병력 지휘 또는 작전과는 전혀 상관없이 지휘관을 감시하기 위한 용도로만 만들어졌으며, 작전 및 전투를 지휘함에 있어서 군 지휘관과 정치위원들을 함께 편성하였고, 이는 곧 정치활동 보장을 위해서 정치와 군사적 측면을 결합시켜 실제 전투 시 정치위원과 군 지휘관 간의 부대 지휘를 놓고 혼선을 빚었다.

두 번째로 북한군 총참모부는 작전목적을 달성하기 위해 공격제대에 다양한 통제방법을 적용하여 부대를 지휘통제하였다. 먼저 각 군단의 주공사단과 조공사단에는 상이한 전투지대를 부여하였다. 즉, 주공사단에는 20km라는 협소한 전투정면을 부여한 반면, 조공사단에는 보통 45~60km에 달하는 비교적 광정면을 부여하였다.

---

36) 위의 책, p. 608.

37) 소련군, 인민해방군, 조선인민군 등 공산국가의 군대 내부에서 중대급 이상 단위의 부대 내부에서 정치적 임무를 담당하는 군인의 보직이다. 다른 말로는 정치장교라고도 한다.

〈표 1.2〉 북한군의 전투 임무[38]

<table>
<tr><th rowspan="2">구 분</th><th rowspan="2">최근 임무계선</th><th rowspan="2">차후 임무계선</th><th rowspan="2">1일차 진출목표</th><th colspan="2">전투지대(폭)</th></tr>
<tr><th>주공사단</th><th>조공사단</th></tr>
<tr><td>거리/폭</td><td>3~5km</td><td>13~15km</td><td>18~35km</td><td rowspan="2">20km</td><td rowspan="2">45~60km</td></tr>
<tr><td>진출선</td><td>전방사단
주 방어지대 후방</td><td>전방사단
예비연대 지역</td><td>작전목표 달성
기여지점</td></tr>
</table>

또한 각 사단별로 최근 임무계선과 차후 임무계선, 그리고 1일차 진출목표를 설정하여 예하 공격부대에 대한 통제수단으로 활용하였다. 그리고 사단별로 부여된 1일차 진출목표는 총참모부가 지형, 기동로, 부대 임무 등을 고려하여 설정하였는데, 통상 38도선으로부터 18~35km 지점에 위치한 지점으로 1단계 작전목표 달성에 기여할 수 있는 지점을 연하여 선정되었다. 북한군 총참모부가 최초 공격사단에 부여한 1일차 진출목표를 연결하면 서에서 동으로, 문산 이남－덕정－축석령 북쪽－홍천 이북－주문진을 연결하는 선으로 이들 지역은 모두 서울로 진격하는 데 사전에 반드시 확보해야 될 요충지임을 알 수 있다.[39]

이를 위해서 제1단계 작전을 핵심적인 작전단계로 설정한 후 1 · 2군단의 편성을 1제대와 2제대 그리고 고속기동부대로 구분하여 편성하였다. 보병사단이 1일차 진출목표에 도달하면, 2일차에 포천 축선으로 고속기동부대인 제105전차여단(-)을 투입하여 한강교를 조기 점령하여 국군의 퇴로를 차단하도록 하였다. 또한 제2군단의 1개 사단을 홍천－원

38) 국방부 군사편찬연구소, 『6 · 25전쟁사(2)』, 2005, p. 20. 전투 임무의 거리를 제외하면 현재의 북한군 전술과 거의 유사하다고 볼 수 있다.

39) 위의 책, pp. 20–21.

〈표 1.3〉 북한군의 3단계 작전계획[40]

구 분	작전단계명	공격목표 및 진출계선	작전 지속일	작전 종심
1단계	한국군 주력 포위격멸	수원-원주-삼척	5일	90km
2단계	한국군 증원병력 격멸 및 전과 확대	군산-대구-포항	14일	180km
3단계	남해안 진출 및 한국군 잔적 소탕	목포-여수-부산	10일	80km

주 지역에서 투입하여 국군의 전선을 한반도 중앙지역에서 분리하여 국군이 상호 증원하지 못하도록 쐐기 역할을 부여하였다. 특히 홍천 축선으로 고속기동부대인 제603모터사이클연대를 투입하여 경부선과 1번 도로가 지나는 수원 이남지역을 차단하여 국군 전방사단의 퇴로와 후방의 국군 증원병력을 차단하도록 하였다. 총참모부는 작전수행 간 각 제대별로 일익 또는 양익 포위로 국군의 방어지대를 돌파하는 기동형태를 주로 사용하였다.[41]

여기서 주목할 사항은 전쟁 1단계 작전은 수원-원주-삼척을 연하는 선(약 90km)까지 5일 이내 점령한다는 계획으로 전체 전쟁계획 중 가장 빠른 진출속도를 설정했다는 것이다. 즉, 서울과 수원 지역을 점령하는 것이 가장 중요한 목표였으며, 1단계에서 한국군을 포위·섬멸하기 위해 신속한 기동속도가 요구되었던 것이다. 이것이 북한군 작전계획의 핵심이자 기동전의 요체였다.[42]

북한은 전략적 목표인 서울 점령과 국군 주력 포위격멸을 위하여 이중 양익 포위를 계획하였다. 전쟁 1일차에 공격하던 보병사단들은 망치

40) 정병준, 앞의 책, 2006, p. 8.

41) 국방부 군사편찬연구소, 앞의 책, 2005, pp. 21-22.

42) 정병준, 앞의 책, 2006, 539.

가 되고, 2일차에 작전적 목표를 점령하는 고속기동부대(제105전차여단, 제603모터사이클연대)는 모루의 역할을 하여 국군 주력을 완벽하게 분쇄시키려는 기동전을 계획하였다.

포병의 경우는 보병사단 예하에 편제되어 있었고, 추가적으로 군단은 총참모부로부터 군단에 배속된 군단 포병연대를 서울을 압박하는 주공 방향에 제1 · 4 · 3사단을 배치하고, 이들 사단에 군단 포병연대의 예하 대대를 각각 배속하여 운용하는 등[43] 전방부대의 전력을 대폭 강화하였다.

북한 공군은 남한 지역의 주요 도로, 비행장, 교통시설 등 기간시설에 대해 집중적으로 파괴하는 임무로 인하여 기동전을 위한 화력수단으로 운용되지 않고, 독립적으로 민족보위성 통제하에 후방 차단 및 종심타격 위주로 운용되었다.

북한군의 공격제대 통제방법을 분석해보면 공격방법 면에서 북한군의 모든 전방사단과 기동부대는 임무계선을 확보하기 위한 돌파부대로만 계획되었다. 소련군 전술상 전방부대는 광범위한 지역에 돌파를 시도하되, 견제부대를 운용하여 적의 주력을 고착하면서 돌파구가 형성되면 기동군을 투입하여 종심(지휘통제시설, 병참기지, 주요 기동로 등)을 확보하는 것이 핵심이었다.

그러나 북한군은 국군 주력 격멸을 위해서 고착하기 위한 견제는 계획하지 않고, 제대별 임무만 신속히 달성하기 위해 계획된 임무계선만 확보하고 국군 주력을 밀어내기만 하면서 소련군의 제1원칙인 포위소멸을 실시하지 않았던 것이다.[44] 결과적으로 국군 주력이었던 7사단과 1사

43) 국방부 군사편찬연구소, 앞의 책, 2005, p. 23.

44) 소련군의 종심전투의 원리는 지역목표에 국한하지 않고 적 부대 섬멸에 중점을 두고, 적 방어

단이 축차적으로 철수하여 지연방어를 실시할 수 있게 기회를 주게 된 셈이었다.

세 번째는 북한군은 중앙집권적 통제로 운용된다는 점이다. 군사위원회 위원장 및 총사령관인 김일성의 지시로부터 총참모장, 전선사령관, 군단장, 사단장에 이르는 군 지휘체계를 유지한다. 이러한 지휘방식은 단일화된 명령체계로 인해 통제가 용이한 반면에 실 전장에서는 '전장의 마찰과 우연성'을 항상 염두에 두고 판단해야 하는 지휘관의 입장에서는 융통성이 없는 전투지휘방식이라 할 수 있다. 즉, 실시간 전투지휘과정에서 위협과 호기를 식별하여 위협은 제거 및 회피하고 호기는 확대할 수 있어야 한다.

그러나 중앙집권적 통제방식은 어디까지나 지시된 명령에 의한 임무달성만 추구함으로써 통신수단 단절, 명령의 지연 및 미수령, 상급지휘관의 의도 미식별, 지휘력 부재 등 여러 가지 예상치 못한 상황이 발생할 시에 지휘관의 상황판단－결심－대응의 지휘조치가 적시적절하게 이루어지기 어렵다. 북한군도 마찬가지로 6·25전쟁 초기작전 시 개성－문산지구 전투와 포천－의정부지구 전투, 춘선－홍천지구 전투 등에서 이러한 지휘방식의 문제점이 여실히 드러났고, 우발상황 발생 시 지휘관들의 조치능력이 현저하게 떨어졌던 사례를 찾아볼 수가 있다.

네 번째는 정치적 목적 달성을 위하여 실제 계획과는 다른 작전목표를 확보하는 것으로 변경하였다. 능력 초과의 임무를 부여한 것이다. 선제타격계획 제1단계 작전의 핵심은 수도 서울을 확보하는 것이었다. 당시 북한의 헌법상 '서울'을 북한의 수도로 명시하고 있었으며, 서울만 점

정면에 틈이 형성되면, 이 간격으로 전차군, 기계화 보병 등을 투입시켜 전술적 성공을 작전적 성공으로 확대하는 것으로 볼 수 있다.

령하면 남한은 정신적 붕괴로 인하여 2단계 작전부터는 국군의 저항이 미비할 것으로 판단하고 있었다. 따라서 북한군 편성 중 대부분의 부대는 서울을 목표로 공격을 하였고,[45] 고속기동부대인 제105전차여단에 한강교 점령 임무를 부여하는 등 서울 점령이 사활적 목표였던 것이다. 이에 따라 한강교를 조기에 점령하여 국군 주력을 격멸하기 위해 양익 포위를 기도하였다.

그러나 김일성은 1950년 6월 27일 제105전차여단의 임무를 변경하였는데, 제105전차여단(-)에게 한강교 점령 대신 중앙청을 비롯한 서대문 형무소와 방송국 등 주요 시설들을 먼저 점령하도록 지시하였다. 지시에 따라 제105전차여단(-)은 한강교를 확보하는 대신 서울 공격과 동시에 방송국, 중앙청 등 주요 시설물을 우선적으로 점령하였다. 결국 김일성의 의도대로 정치적 선전활동과 점령지역에 대한 통제체제 구축, 각종 매체 및 방송으로 공산주의를 선동하는 등 북한의 정치적 성향을 단적으로 보여주었다. 그러나 제105전차여단은 최초 공격계획과는 다른 임무를 수행하게 되었고, 결과적으로 김일성은 한강교를 점령하지 못하면서 국군 주력의 퇴로 차단에 실패함으로써 차후 국군이 한강 방어선을 구축할 수 있는 빌미를 제공하는 전략적 실수를 하고 말았다.

---

45) 당시 북한군 10개 사단 중 평양 위수 임무가 부여된 10사단을 제외한 9개 사단이 38도선에서 전면 남침을 하였다. 그중 2제대의 3개 사단을 제외한 6개 사단이 서울 점령을 목표로 참가하였다(1군단: 6 · 1 · 4 · 3사단, 105전차여단, 2군단: 2 · 12사단, 603모터사이클연대).

선제타격계획의 문제점 3
군수지원: 신장된 전선에 따른 군수지원 곤란

기동전을 효과적으로 수행하기 위해서는 공격 기세를 유지하면서 작전속도를 주도적으로 확보해야 하는데, 이를 위해서는 병력과 장비의 재보충 및 보급 등 작전지속지원이 대단히 중요하다. 전차부대를 중심으로 지원체계를 살펴보면 병력 보충 면에서 제105전차여단은 교도연대가 38도선 부근에 위치하여 전차병 양성과 보충을 담당하도록 하였으며, 전투물자 보충 면에서는 소련 군사고문단이 소련으로부터 수송되는 군수물자의 수송 및 인수방법과 절차, 유류 저장시설과 정유시설 2개소를 신설하였다.[46] 소련 군사고문단은 전차부대를 무력남침의 주력부대로 육성하면서 연료 문제의 해결책도 아울러 강구하였다.

또한 북한은 선제타격계획을 작성할 때 작전일 수를 50일로 계획하였는데, 그 이유는 소련 군사고문단의 계산에 의한 것으로서 38도선에서 부산까지 480km로 1일 진격속도를 평균 10km로 판단한 근거를 기준으로 했기 때문이었다.[47] 이에 따른 보급능력도 50일분[48]을 보유하고 있었으며, 소요되는 전쟁물자의 대부분을 소련으로부터 획득하여 비축하였고, 일부 단발 소총 등 무기류 및 보급품 등은 북한의 군수산업으로도 충분히 생산할 능력을 갖추고 있었다.

---

46) 소련 군사고문단은 전차 및 해·공군의 연료 문제 해결을 위해서 원산(연간 10만 톤 규모)과 천길호(12만 5,000톤 규모) 근처에 정유공장을 건설하였다.

47) 육군본부, 『한국전쟁과 전투근무지원』, 1994, p. 45.

48) 1950년 8월 15일을 한반도 공산화 완성일로 설정한 이유도 6월 25일 전면 남침 후 50일째인 8월 15일(일제 치하 조국해방 5주년 기념일)로 유추할 수 있고, 이에 따른 공격속도 산출도 가능할 것이다.

그리고 북한은 단기결전에 필요한 군수지원 대책을 사전에 수립하여 후방지원체제를 확립한 상태였으며, 이를 위한 병참기지로 서울을 선정하였는데, 그 이유는 당시 한반도의 도로망은 빈약해서 대부분의 교통망이 서울로 집중되어 있었기 때문이다. 평양을 출발한 보급품과 원산, 청진 등지에서 양륙한 군수품도 반드시 서울을 통과해야 했다.

이렇게 개전 초에는 북한군은 군수지원태세를 갖춘 상태에서 남침을 개시하여 우세한 전투력 발휘로 계속 남진이 가능했으나, 수원 점령 이후 병참선이 점차 신장되고, 미군의 참전으로 인해 제공권을 상실함으로써 미군의 공중폭격에 따라 주간공격은 시도하지 못하고 야간 위주의 공격을 실시하였다. 이는 북한군의 공격속도를 현저히 둔화시키는 결과를 초래하였다.

또한 최초 계획한 해상수송이 유엔군의 제해권 장악에 따라 불가해짐으로써 보급은 고갈되고, 병력은 턱없이 부족해지는 등 북한군의 전투력은 날이 갈수록 떨어졌고, 결국 전쟁목표를 달성하는 데 차질이 발생하게 된 것이다.

북한군의 기동전은 왜 성공하지 못했나?

소련군의 입장에서 본 북한군 기동전의 과오(過誤)

북한군은 선제타격계획 1단계 작전의 핵심목표인 '서울' 점령을 3일 이내에 가능한 것으로 판단하였고, 이에 따라 2일차(6. 26.)에 서울 점령을 기도했다. 그러나 북한군은 전차 기동로의 오판, 지휘통제 부실 등 여러 가지 원인 등으로 인하여 4일차(6. 28.)에 서울을 점령할 수 있었다. 북한군의 과오를 소련 군사고문단장인 라주바예프의 보고서를 통하여 알 수 있다.[49)]

1. 각 부대에 대한 지휘가 평양으로부터 직접 이루어지도록 계획되었다. 통신장비가 부족하고 전선과 총참모부가 매우 멀리 떨어져 있는 상황에서, 그리고 군단 및 군급 지휘부가 부재하고 각 사단이 총참모부의 직접지휘를 받는 조직구조 상황에서, 이러한 행위는 각 부대의 효율적 지휘를 곤란하게 만들었다.

---

49) 국방부 군사편찬연구소, 앞의 책, 2001, pp. 182-184.

2. 각급 참모부의 불충분한 준비는 전투 시 각 부대에 대한 지휘체계를 조직하고 실행하는 데 부정적으로 반영되었다. 일부 지휘관의 경우 하루 혹은 이틀간 자신 예하 부대들이 어떤 상황에 있는지 알지 못하였으며, 그에 따라 전투 시 영향력을 행사하지 못하였다.
3. 다수의 군관요원이 전투 시에 스스로 임무를 결심할 수 있는 창의성을 지니지 못하였기 때문에, 상급지휘관의 명령이 없을 경우 부대들이 아무런 행동도 취하지 못하는 상황이 자주 발생하였다.
4. 모든 공격이 전선에 집중되어 적에 대한 포위 및 섬멸이 이루어지지 않았다.
5. 공격작전 간 적에 대한 추격이 효과적으로 이루어지지 않았다. 공격부대가 진출할 때까지 주요 목표물들을 점령, 유지하는 임무를 수행하는 기동부대들이 투입되지 않았기 때문에, 적에게 교량, 도로 등을 파괴할 수 있는 여유를 주었다.
6. 서울을 점령한 후 각 부대가 행한 극단적으로 완만한 행동과 지휘관들의 임무 유기로 적은 한강을 도하하고, 교량을 파괴하였으며, 한강 방어선을 조직하였다.

6·25전쟁 경과로 본 북한군 기동전의 과오

[1] 고속기동부대(제105전차여단)의 부적절한 운용: 작전목표 확보 실패

북한군 제1군단장 김웅 중장은 제1단계 작전을 수행하기 위해 최초

5개 축선에서 제1제대로 4개 보병사단 및 1개 경비여단을 투입하여 국군의 방어편성을 무력화시킨 다음 고속기동부대인 제105전차여단 주력을 2일차에 투입하여 조기에 서울을 점령한다는 개념하에 부대를 운용하였다.[50] 제105전차여단의 운용은 한마디로 표현하면 소련군 개념을 모방한 것이었다. 그러나 기동전력 운용상 작전속도 및 종심상 목표 확보, 포위 소멸과 심리적 마비를 위한 기동전이 아니었으며, 부적절한 부대 운용으로 인하여 고속기동부대의 장점을 극대화하지 못했다.

이와 같은 북한군 기동전의 과오는 〈그림 1.4〉와 같이 의정부 전투에서 잘 나타난다. 의정부 전투는 북한군 주력[52]의 공격을 맞아 국군 7사단이 포천과 동두천 일대에서 2일간 방어작전을 치른 전투이다. 국군은 북한군 전차에 대한 대전차 방어수단이 없었기 때문에 전차를 앞세운 북한군의 보전협동공격에 속수무책이었다. 북한군은 6월 25일 당일 덕정과 포천을 점령하고 서울의 관문인 의정부를 2일차인 6월 26일 13시에 점령하였다.

그러나 의정부를 점령한 후에 북한군은 하루 동안 정비와 휴식을 취하면서 시간을 허비하였고, 2일 만에 서울을 점령한다는 계획은 수포로 돌아갔다. 또한 제105전차여단은 38도선 돌파를 위하여 제1제대의 사단별로 1~2개 중대 또는 1개 대대를 배속해주었고, 제203전차연대는 1사단과 함께 서울 서쪽을 점령하도록 하였으며, 제105전차여단(-)은 2일차에 작전적 목표인 한강교를 점령하는 임무를 부여받았다. 그러나 제105전차여단은 임무 수행을 위한 부대 운용상에 있어서 세 가지 측면에

50) 국방부 군사편찬연구소, 앞의 책, 2005, p. 23.

51) 국방부 군사편찬연구소, 앞의 책, 2005, p. 30.

52) 북한군 3 · 4사단, 105전차여단(-), 13사단.

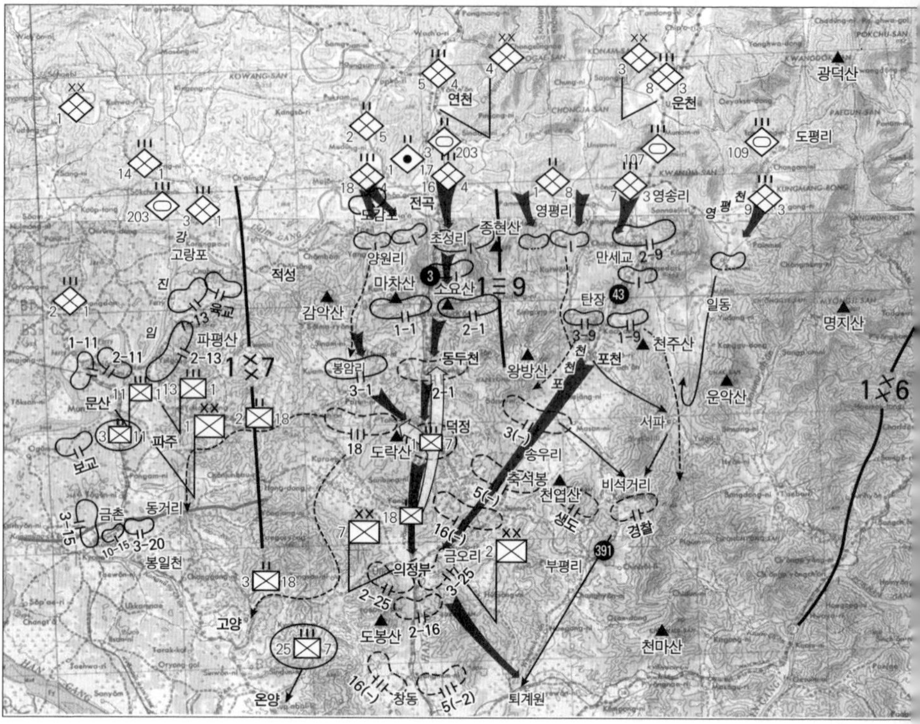

〈그림 1.4〉 의정부 전투(1950. 6. 25.~27.)

서 문제가 있었다.

먼저 제105전차여단의 분산된 운용으로 고속기동부대의 효과를 발휘하지 못했다. 최초부터 전차여단의 임무는 전선 돌파 후 연대별로 3개 축선에 투입되어 서울로 진입한 뒤 한강교를 점령하여 국군 주력의 퇴로를 차단하는 것이었다. 그러나 각 전차연대는 보병사단의 진출속도에 맞추어 공격했기 때문에 작전속도를 유지하여 작전적 목표를 확보하는 데 실패하고 말았다. 공격 기세와 작전속도, 호기를 놓치고 만 것이다.

여기서 북한군의 전투 편성을 통해 제105전차여단의 운용상 문제점

〈표 1.4〉 제105전차여단의 작전 개념 및 부대 운용[51)]

작전 개념	• 여단은 전쟁 개시 둘째 날 아침에 의정부 지역 돌파에 투입 • 서울 동측에서 서울로 진입한 후, 국군 주력의 퇴로를 차단하고 한강 교량 점령
부대 운용	• 여단은 서울 공격에 가담한 제1 · 4 · 3사단 및 개성에 투입된 제6사단에 최초 38도선 돌파를 위해 사단별로 1~2개 전차중대를 배속 운용 • 여단(-)은 전선 돌파 후 연대별로 3개 축선에 투입되어 서울 진입 후, 한강 교량을 점령함으로써 국군 주력의 퇴로 차단 임무
	• 서울을 직접 공격하는 제1 · 4 · 3사단 지역에 투입되어 공격 - 제107전차연대: 3사단 주공연대(7연대) 후속, 포천-의정부-서울 동북쪽 - 제109전차연대: 3사단 조공연대(9연대) 후속, 일동-서파-서울 동쪽 - 제203연차연대(-1): 1사단 주공연대(3연대) 후속, 개성-문산-서울 서쪽

을 알 수 있다. 소련은 1948년 12월 불가닌회담에서 "북한에게 500여 대의 전차를 지원하여 2개 기갑사단을 편성한다"고 하였다. 그러나 한반도 지형적 여건을 고려, 대규모의 기갑전력이 불필요하다고 판단하여 최초 계획의 절반 수준인 242대의 전차만을 지원하였다. 그럼 여기서 최초 제시된 '2개의 기갑사단'의 의미는 무엇일까?

그것은 소련군의 종심전투 이론(소련식 기동전 이론)과 연계되어 있다. 소련은 독소 전역 시 쿠르스크 전투(1943. 7.~1944. 6.)에서 승리한 후에 1944년 6월 22일부터 1개월간 독일 중앙집단군 정면에 대한 대공세를 취하였다. 당시 독일 중앙집단군은 350km에 달하는 정면에 34개 사단을 배치하고 예비는 불과 1개 기갑사단뿐인 그야말로 종잇장 같이 얄팍한 방어 편성으로 전선을 지탱하고 있었다. 이에 소련군은 이 정면에 140개 보병사단과 43개 기갑 및 기계화 제병연합부대로 구성된 4개 집단군을 투입시켰다. 소련군의 대공세는 독일군의 방어선을 순식간에 돌파하고 독일 3기갑군과 9군을 전면 포위하였고 민스크로 돌진하였다. 이로써 소련군은 독일군을 산산조각 내고 약 한 달간 400km를 돌진함으로써 그들의 종심공세 전략을 구현했던 것이다.

소련군은 독일군의 기갑부대 주축의 돌파 및 종심돌진 전법과는 달리 먼저 제병협동부대의 협조된 공격으로 적 진지를 돌파하고, 곧이어 전술적 고속기동부대를 투입하여 돌파구를 확장한 다음 전략적 고속기동집단의 투입으로 적의 작전종심지역을 석권하는 데 주안을 둔 것이다.[53] 그래서 소련은 북한의 전쟁을 지원하기에 앞서 군사력 증강에 우선 힘써왔는데 독소 전역에서처럼 기갑전력에 대한 중요성을 잘 알고 있었다. 따라서 한반도의 영토 면적을 고려하여 2개 기갑사단 규모로 판단하였지만, 산악 위주의 지형적 여건으로 인하여 기동로가 제한된다고 판단하였고, 결국 1개 전차여단 규모만 편성한 것이다. 이렇게 북한의 전차 대수를 대폭 감축함으로써 소련의 종심전투, 즉 기동전을 완벽하게 수행하기에 제한되는 전력을 가지게 된 것이다.

북한군은 제105전차여단을 적 전선을 돌파하기 위한 보·전·포 협동작전과 적 진지를 돌파한 후에 고속기동부대로 투입할 전차여단(-)을 3개 축선에 투입하여 작전적 목표를 확보하려고 하였다. 따라서 3개의 전차연대 중 북한군 1사단을 지원하는 제203전차연대를 제외한 제107·109전차연대가 한강교 점령 임무를 수행하게 되는 것이었고, 더 정확히 말하면 제109전차연대가 2일차에 서울 동쪽으로 진출하여 한강교를 점령한다는 것이 타당할 것이다. 북한군은 최초 계획한 대로 제105전차여단 예하 전차연대를 고속기동부대로 전술적 돌파 이후 작전적 종심으로 기동하여 목표를 확보하도록 해야 했으나, 전차 운용 시 전차부대를 보병사단을 지원하는 형태, 즉 보병사단의 화력자산 위주로만 운용되어 작

53) 육군군사연구소, 『기동전: 어떻게 싸울 것인가』, 1987, pp. 113-115.

전속도를 발휘할 수가 없었던 것이다.

두 번째 문제점은 제105전차여단에게 부여된 추가적인 전략적 과업이었다. 김일성은 최초 고속기동부대로 전쟁 개시 2일차에 한강교 점령을 임무로 진출하고 있었던 제105전차여단(-)에게 6월 27일, 한강교 점령 대신 이승만 정부의 중앙청을 비롯한 서대문형무소와 방송국 등 주요 시설들을 점령할 것을 지시함으로써 커다란 전략적 실수를 하게 되었다. 제105전차여단(-)에게 전혀 다른 과업이 부여된 것이었으며, 이로 인해 6월 28일 05시 30분부터 전차여단(-)은 주로 중앙청, 방송국, 발전소, 우체국, 전신국 및 도시의 행정기관들을 점령하였다. 그와 동시에 일부 전차[54)]는 한강교를 점령하기 위해서 시가지 전투를 치르면서 한강교에 도착하였으나, 이미 폭약이 설치되어 도하하지 못하였고, 결국 한강교는 폭파되어 최초의 작전목표(한강교 조기 점령)를 달성하는 데 실패하고 말았다. 이는 1단계 작전목표인 국군 주력 격멸에 대한 실패를 의미한다.

만약 최초 계획대로 제105전차여단(-)을 신속히 기동시켜 한강교를 조기에 확보했다면 국군 퇴로를 차단하여 섬멸적인 타격을 가했을 것이다. 또한 북한군이 도하장비가 없는 상태에서 한강교가 폭파됨에 따라 서울에서 3일간 지체하는 치명적인 실수도 없었을 것이다. 그러나 북한 김일성의 입장에서 판단해볼 때 중앙청과 방송국 등은 전략적 군사시설로 지역주민 통제와 선동활동 등 북한의 정치적 활동을 보장해줄 수 있는 중요한 목표(시설)로, 국군이 파괴하기 전 확보함으로써 정치적 목적을

---

54) 국방부 군사편찬연구소, 앞의 책, 2001, p. 16. 6대의 전차는 6월 28일 새벽 0시 30분경에 서울로 돌입해 들어갔으며, 6월 28일 06시 무렵에는 5대의 전차가 사전에 부여된 임무에 따라 서울 시가에서 먼저 이승만 정부의 중앙청, 교도소, 전신국 등을 점령하였다. 5대의 전차가 이 목표물로 분산 투입되었다. 한강교 점령의 임무를 부여받은 전차는 교량으로 가는 경로를 알지 못한 채 오랜 시간 동안 시가지를 배회하였으며, 겨우 교량에 진출하였을 때는 이미 교량에 폭약이 설치된 후였다.

구현할 수 있는 도구로 활용되었다. 결국 작전목표의 변경에 따른 오류로 인하여 전쟁의 승패를 가를 수도 있는 한강교를 확보하지 못하는 과오를 낳았다.

세 번째로 전차여단 예하의 전차연대에 대한 지휘관계 문제이다. 당시 전차여단의 지휘관계를 볼 때 전차부대가 보병사단에 배속되어 운용되었다는 점이다. 국방부에서 공식적으로 편찬한 『6 · 25전쟁사』를 보면 "한반도의 지형 여건, 기갑여단의 규모, 소련군의 보전협동전술 개념 등을 고려하여 보병사단의 지원 개념으로 사단에 배속 운용되었다. 그러나 이 여단은 소련군 편성에 비하여 50% 이하의 수준이었고, 중전차연대, 박격포연대, 대공포연대, 로켓발사연대가 없는 상황이었다."[55]라고 명시되어 있다. 그리고 육본에서 발간한 참고서적(육군 기계화학교에서 작성)을 보면 "남침작전 간 제105전차여단은 120여 대의 전차를 보유하고 있었으면서도 여단 단위로 집중 운용되지는 않고, 전차연대별로 보병사단에 배속되어 공격을 선도하는 임무를 주로 수행하였으며, 전차연대는 보병 지휘관의 통제를 받았다."[56]고 명시되어 있어서 사단에 배속 운용된 것으로 보인다.

다른 참고자료인 『라주바예프 보고서』를 보면 제105탱크여단 예하부대의 임무에서 각 전차연대(203 · 107 · 109연대)의 임무를 보면 제107전차연대는 북쪽에서 서울을 점령하고, 제109전차연대는 동쪽에서 서울을 점령하고 제203전차연대는 서울 서북방을 점령[57]하는 것으로 명시되어 있다. 후일 영국의 전략이론가 리델 하트는 북한의 작전 실패에 대하여

55) 국방부 군사편찬연구소, 앞의 책, 2004, p. 286.

56) 육군본부, 앞의 책, 2009, p. 15.

57) 국방부 군사편찬연구소, 앞의 책, 2001, pp. 12-13.

"북한은 전차를 분산 운용하여 패인을 자초하였다."[58]고 하였고, 전차부대에 의해서 기동속도를 발휘하여 집중공격을 했다면 미국이 참전하기 전에 부산까지 점령할 수 있었을 것이라고 분석하였다.

이와 같은 전차부대 운용은 당시 지휘통신능력이나 도로 및 지형적 여건, 지휘능력 등을 고려해볼 때 제105전차여단의 각 전차연대를 각 사단과 연계하여야 보병사단들의 임무를 달성할 수 있다고 판단하였다고 볼 수 있고, 전차부대는 종심 깊은 작전수행을 위한 중앙통제방식의 고속기동부대 역할은 하지 않았던 것이다.[59] 전차여단의 예하 전차연대는 보병부대와 진격선을 평행하게 두고, 산개대형으로 도로를 따라 보병 진출속도에 맞추어서 공격하면서 화력지원 위주로 운용되어 작전속도 발휘는 기대할 수 없었다.

② 기동전을 이해하지 못한 지휘관들의 미숙한 작전 지휘: 작전속도 상실

스탈린이 김일성의 무력통일 남침계획을 승인하게 된 주된 이유는 1950년 1월 12일 미 국무장관 애치슨의 연설과, 같은 해 2월 14일 중국과 중소우호동맹 및 상호원조조약을 체결하였기 때문이라고 볼 수 있다. 이에 스탈린은 1950년 2월 바실리예프 중장을 북한 주둔 소련 군사고문단장에 임명하였다. 그 후 북한의 전쟁 준비와 교육훈련의 강도는 더욱

58) 안용현, 앞의 책, 1987, p. 51.

59) 『한국전쟁 시 기갑부대 운용』(육본)을 보면 "북한군은 6월 28일 새벽부터 서울에 대한 총공격을 실시하였는데, 먼저 전차부대들이 돌격하여 보병부대의 진출로를 개척하고, 제105전차여단장 유경수가 탄 100호 전차가 주력의 선두에 서서 기계화 보병 구분대와 협동으로 진출하였다."고 명시되어 있다(pp. 2-10). 따라서 전차의 운용은 보전협동공격 방식이 주를 이루었다.

더 강화되었고, 속전속결의 기동전략을 수행하기 위한 철저한 준비를 하였다.

북한군은 전쟁 전까지 사단급 기동훈련과 군단급 보 · 전 · 포 합동훈련까지 완료한 상태였다. 또한 1950년에 접어들면서 북한군의 훈련형태는 적극적인 기동전 수행형태로 변경되었는데, 그들은 주로 남한의 지형, 산악, 하천, 도로, 철로, 교량, 특히 한강과 임진강에 대해 더욱 철저히 분석하고, 서울을 중심으로 의정부, 평택, 수원 등의 지리를 집중적으로 연구했다.[60)]

이후 1950년 5월 29일 북한은 선제타격계획을 완성하고, 6월 11일부터 사단급 기동훈련을 가장하여 38도선 일대로 부대를 이동시켰으며, 6월 18일 정찰명령 제1호를 하달하여 국군 주력의 위치를 파악한 다음 전투명령 제1호를 하달함으로써 6월 23일까지 모든 공격준비를 마쳤다. 북한은 소련 군사고문단의 지도 아래서 많은 훈련과 예행연습으로 전쟁의 승리에 자신감이 있었다. 그러나 겉으로는 모든 전쟁 준비가 완료된 것처럼 보이지만 실제로는 많은 문제점이 있었다.

먼저 전투준비에 있어서 전장정보 분석에 실패하였다. 특히 전차의 작전속도를 보장하기 위한 선행조건인 기동로를 중심으로 한 지형분석이 제대로 이루어지지 않았다. 의정부 전투에서 제105전차여단 예하 제109전차연대는 47번 도로 축선으로 일동-서파-서울 동쪽으로 진출한 후에 한강교를 점령하는 임무를 부여받았다.

그렇지만 최초 47번 도로로 기동하였다가 도로의 유실로 역행군하여 다시 43번 도로로 기동했던 제109전차연대는 26일 오후 늦게 의정부

---

60) 당시 훈련 및 연구에 사용된 지도는 소련에서 제작된 1:25,000 전술지도였다.

지역에 도착하였다.[61] 역행군한 이유는 서파에 도달한 후 47번 도로가 유실되어 전차가 기동할 수 있는 적합한 도로가 없어졌고, 이에 따라 계획된 기동로로 계속 진격하는 것이 불가능했기 때문이다. 그 영향은 작전상 실로 큰 과오였다고 볼 수 있다. 우선 제107전차연대의 기동축선인 43번 도로로 전환하여 신읍리(포천)로 기동하였는데,[62] 결국 제109전차연대는 제107전차연대의 후미를 따라 의정부까지 진출할 수밖에 없었으며, 전투대형을 갖추지 못하고 행군제대 대형으로 이동하여 전투력 발휘가 제한되었고, 핵심적 임무였던 한강교 조기점령도 지체될 수밖에 없었다. 이에 더해서 의정부를 점령한 후에 기동속도를 유지하지 않은 채 안일한 지휘로 인하여 휴식을 취하는 등 낮은 수준의 부대 지휘와 포병의 혼잡스러운 배치 전환 때문에 제3·4사단 및 제105전차여단 예하 부대들이 의정부 일대에 집중되어 기동이 제한되는 상황이 발생하였다. 즉, 각 사단 예하 포병 전부와 전차연대, 보병병력이 1개 도로로 몰려 혼잡한 교통정체가 초래되었다.

결국 의정부-창동 간 통로에 2개 보병사단과 2개 전차연대, 포병부대가 한꺼번에 몰리면서 교통체증이 생겨 북한의 전차부대는 오도 가도 못하게 되는 사태가 발생했다. 그 결과는 실로 대단해서 북한군은 6월 26일 13시에 의정부를 점령하고도 미아리 방어선까지 15km를 더 진출하는 데 무려 35시간이나 걸렸다. 이 때문에 서울 점령이 최소한 하루 이상 늦어진 것으로 평가하고 있다.[63]

또한 북한군의 공격부대 지휘관들은 충분한 지휘능력을 보유하고

61) 국방부 군사편찬연구소, 앞의 책, 2005, p. 639.

62) 국방부 군사편찬연구소, 앞의 책, 2001, p. 14.

63) 남도현, 『끝나지 않은 전쟁 6·25』, 플래닛미디어, 2010, p. 29.

있지 못했기 때문에 의정부 점령 이후 의정부 남쪽에서 제3 · 4사단의 포병과 제105전차여단이 도로 우선권에 대한 상급부대의 지침 없이 기동한 관계로 도로의 혼선으로 계획된 기동을 하지 못하였다.[64] 결과적으로 계획상 기계화 부대의 기동로 분석이 잘못되었고, 이로 인하여 부대의 정체를 가져왔으며, 1단계의 핵심적인 작전목표인 '서울 점령'이 하루가 지연되는 악순환으로 이어졌다. 그리고 북한군의 지체된 시간만큼 국군은 부대를 수습하여 방어진지 편성과 지연방어를 수행할 수 있는 귀중한 시간을 확보하였으나, 북한군은 또 다른 핵심적 목표인 '국군 주력 격멸'에도 실패하고 말았다.

다음으로 융통성이 결여된 전투지휘로 전격적인 기동속도 발휘가 제한되었다. 북한군 지휘관은 주로 대대급 이하에서 활동한 소련군(32%) 또는 중국 의용군 출신(34%)이었다. 김일성을 포함한 거의 대부분의 지휘관은 88특별저격여단과 중국 의용군으로 유격전 및 게릴라 활동에 능통하였다. 결과적으로 소련 군사고문단에 의해 수립된 선제타격계획과 기동전 수행방법을 이해하고 시행하는 데 많은 제한사항이 있었다. 특히 제105전차여단의 지휘관 중 여단장 유경수 소장 외 연대장들은 소련군 한인 2세로 독소전쟁 시 전차병으로 참전한 경험을 가지고 있었으나, 전술적 · 작전적 · 전략적 종심에 돌진하는 남침계획을 충분히 이해하는 데 어려움이 있었다.

또한 북한군은 소련 군사사상에 의해서 중앙집권적 지휘체계를 갖추고 있었으며, 상급부대 및 지휘관의 지시에 의해서만 움직이고, 주어진 임무 완수에 모든 것을 투사했다. 그래서 전장의 변화에 따른 시시각

---

64) 국방부 군사편찬연구소, 앞의 책, 2005, p. 692.

각의 호기에 대해서는 관여하지 않고 주어진 작전 임무만 달성하려고 했다. 이러한 북한군의 전투지휘능력의 부재로 인한 과오를 순차적으로 알아보면 포천-의정부 전투에서 북한군은 의정부를 6월 26일 13시부로 점령하였으나, 다음 돌파지역인 창동을 돌파하기까지 약 36시간 동안 공격을 시도하지 않고, 안일한 지휘통제로 인하여 정비와 휴식을 취하였으며 결국 서울을 점령하는 시기가 하루 이상 지연된 것으로 이것이 가장 큰 첫 번째 실책이다. 두 번째 실수는 서울을 점령한 북한군이 3일간 진격을 지체한 것으로 애초부터 북한군은 서울 점령 후에 정지할 계획은 없었으며, 이는 우발적인 상황이라 볼 수 있다. 북한군이 3일을 소모한 것에 대해서는 스탈린도 이해하지 못한 상황으로 북한군의 어이없는 행동에 스탈린은 1950년 7월 1일자 긴급전문으로 스티코프 북한 대사에게 다음과 같이 지적했다.[65]

> 조선 군사당국은 전진하려는 생각을 갖고 있는가? 또는 진격을 멈추기로 결정하였는가? 우리의 견해는 진격은 의심할 나위 없이 계속되어야 하며, 남조선이 빨리 해방되면 될수록 그만치 더 미국의 개입 가능성이 줄어들게 될 것이다.[66]

그리고 서울을 점령한 북한군 사단장들은 서울에서 퇴각하는 국군을 적극적으로 추격하거나 한강 도선장을 점령하지 않은 채, 결단을 내리지 못하고 모호하게 행동하였다. 또한 제105전차여단 예하 부대들도 서울을 점령한 후 3일 동안 국군을 추격하지 않은 채 아무런 행동도 취

65) 육군군사연구소, 『6 · 25전쟁의 실패 사례와 교훈』, 2014, pp. 118-119.

66) 예프게니 바자노프, 『소련의 자료로 본 한국전쟁의 전말』, 도서출판 열림, 1998, p. 77.

하지 않음으로써 국군에게 한강 방어선을 구축하고, 한강 교량을 파괴할 수 있는 여유를 주었다.[67] 결과적으로 북한군은 서울을 점령한 후에 한강교가 폭파됨으로써 3일 동안 부대 정비와 더불어 '승리의 축배'를 들고 있었다. 실제 북한군의 전술제대급 부대에서는 서울만 점령하면 전쟁이 끝나는 줄 알고 있었고, 총참모부의 지시가 있기 전까지는 도하할 생각을 하지 못했다.

또한 도하장비가 부족하여 한강을 도하할 엄두를 내지 못했다. 최초 북한군은 2개의 부교대대를 보유하고 있었는데, 임진강 도하를 위해서 북한군 1사단에 1개 부교대대가 배속되었고, 화천의 모진교 폭파에 대비하여 북한군 2사단에 1개 부교대대를 배속해주었을 것으로 판단된다. 따라서 정작 한강을 도하하기 위한 도하장비가 부족하였다.

그리고 한강교 점령 임무를 수행할 전차는 한강교를 찾지 못해서 방황하였으며, 지휘관들 역시 허둥대게 되었다. 당시 북한군의 지휘관들 역시 대부대를 지휘해본 경험이 없었을 뿐만 아니라, 전적으로 소련 군사고문단이 만들어 놓은 계획에 의해 움직이는 로봇과 같았기 때문에 융통성 있는 전술적 조치를 강구하는 것은 어려웠다.[68]

북한군의 이 같은 실책으로 국군은 6월 28일 시흥지구 전투사령부를 창설하고 한강을 도하하는 국군 병력을 수습하여 한강 방어선을 구축할 수 있었으며, 북한군은 서울을 점령한 6월 28일부터 7월 1일까지 신속히 진격할 기회와 국군 주력을 격멸할 수 있는 호기를 상실하고 말았다. 결과적으로 북한군 지휘관은 부여된 작전 임무(최근 임무, 차후 임무 등) 달성에만 급급하여 부여된 임무계선만 확보하고, 종심 깊은 후방침투와 차

67) 국방부 군사편찬연구소, 앞의 책, 2005, p. 680.

68) 육군군사연구소, 앞의 책, 2014, p. 120.

단을 통하여 국군 주력을 포위격멸하는 작전목표를 달성하지 못했다.

그리고 춘천－홍천 전투에서 북한군 2사단은 춘천을 확보한 후 가평을 통하여 2차 양익 포위에 참가하도록 되어 있었다. 이에 북한군 2군단장은 국군 6사단의 성공적인 방어로 춘천 점령이 어려워지자 12사단 31연대를 추가적으로 춘천 축선에 투입한다. 북한군 2사단과 협동공격으로 춘천을 점령하려던 북한군 12사단 31연대는 춘천 동북 6km 지점 하천전리까지 진출 후 지휘통신의 단절로 인하여 추가적인 명령을 수령하지 못하였다. 이에 사단장의 명령을 기다리면서 진격을 멈추고 하루 동안 휴식을 취하였다.

이는 2사단과 협조체제가 제대로 이루어지지 않았기 때문이며, 이후 26일 하루 동안 협조체제를 구축하고, 27일 아침이 되어서야 공격을 재개하였다. 이 과정도 역시 춘천 바로 북방에서 진격을 멈춘 북한군 12사단 31연대장이 북한군 2사단과 협동공격하라는 임무를 고려하여 춘천을 향하여 계속해서 진출했다면 춘천－홍천 전투는 북한군에게 유리한 방향으로 갈 수도 있었을 것이며, 춘천을 하루 만에 점령하고, 북한군 1군단과 상호 연계하 최초 계획한 2차 양익 포위를 달성하여 국군 주력을 섬멸할 수 있는 기회도 있었다. 그러나 12사단 31연대장의 전술적인 과오가 춘천 점령의 시기를 지연시켰고, 작전속도에 악영향을 미쳤다고 볼 수 있으며, 이는 전술적 과오가 작전적 · 전략적 수준의 목표에 영향을 준 대표적인 예라 할 수 있겠다.

김일성도 인정한 북한군의 과오

별오리회의[69]는 1950년 12월에 개최된 대규모의 남침작전 평가회의로서 김일성이 주재한 가운데 실시되었는데, 여기서 김일성은 다음과 같이 강조하였다.

> 군대 내에서도 전술을 비롯한 기타 문제들을 다른 나라들의 경험에서 배워야 하지만 그것을 우리나라의 실정에 맞게 창조적으로 적용해야 한다는 것을 잊지 말아야 하겠다.[70]

이것은 6개월간의 6 · 25전쟁 과정에서 소련식 전술 · 전략을 위주로 전쟁을 수행함으로써 초래된 과오들이 나타났기 때문이다. 김일성은 소련의 전략 개념에서 벗어나 나름대로의 전략 · 전술체계를 갖추기 위해 다음과 같은 반성을 하였으며, 현재의 북한군 전략 · 전술에 많은 영향을 주었다.

1 초기작전 시 예비대 부족

북한군은 선제타격계획상 남침 시 북한군 1군단과 2군단의 7개 사단을 배치하여 공격하였다. 따라서 각 공격축선에 예비로 운용할 수 있

---

69) 평안북도 자강도의 별오리에서 개최된 조선노동당 제2기 제3차 전원회의(1950. 12. 21.~23.)로서 북한은 인천상륙작전과 낙동강선에서의 반격작전으로 북한군이 사실상 괴멸되었으나 중공군의 6 · 25전쟁 개입과 제1차 공세의 성공을 계기로 그동안의 6 · 25전쟁을 분석하여 차후 전쟁에 대한 지침을 하달하기 위한 회의를 개최하였다.

70) 합동군사대학교, 『6 · 25전쟁사(下)』, 국군인쇄창, 2013, pp. 10-16~17.

는 사단이 없어서 종심상 배비가 되지 않았다. 또한 2제대로 편성된 13 · 15사단은 전력이 정비되지 않았고, 10사단은 평양 위수 임무로 활용성이 부족하였다. 이러한 상태에서 북한군 2군단은 국군 6사단의 완강한 방어로 인해 진출이 부진하자 홍천 축선상의 12사단 1개 연대를 춘천으로 전환시켰다. 이것은 군단 내의 예비대가 부족하다는 것을 보여주는 사례이다.[71]

그리고 속전속결의 전격전을 수행하기 위한 기갑 · 기계화 부대가 부족하였다. 소련군은 집단군 내에서 제1제대에 전차연대를 편성하고 보병사단과 편조하여 보전협동공격을 하고, 이어서 종심돌진 집단으로 전차군단을 편성하였고, 전선군 예비로 수 개의 사단과 집단군 예비로 수 개의 군단 및 전차군단을 보유하고 있었다. 이에 비해 북한군은 1개 전차여단만 보유하고 있어서 전선에서의 보전협동공격에 치우쳐 보병과 진격속도를 맞추는 과오가 발생하게 되었고, 종심상으로 집중적으로 돌파해갈 수 있는 전차기동군은 보유하고 있지 못하였다.

그래서 작전속도를 잃어버리고, 최초의 기습효과를 이어갈 수 없었으며, 전술적인 과오로 인하여 작전속도가 지연되는 결과를 가져왔다. 이에 따라 현재의 북한군은 전력을 확보하여 각 제대별 예비대를 확보하고 있으며, 일반병종 예비대와 각 병종별 예비대를 보유하는 등 융통성 있는 공격전법을 갖추고 있다.

71) 위의 책, pp. 10-20.

2 지휘관들의 부대지휘능력 부족

6 · 25전쟁 당시 남북 지도자층은 군 경력으로 말하자면, 소련 및 일본군의 대대장과 중대장 경험을 가진 소령 · 대위급 장교였으며, 연령으로 말하자면 30대의 대대장급 장교들이 갑자기 최고사령관 또는 총참모장, 군단장, 사단장의 직책으로 대부대를 지휘하였던 것이다. 당연히 부대운용능력이 부족할 수밖에 없었다. 따라서 소련 군사고문단이 작성한 선제타격계획을 기계적으로 수행하는 것이 고작이고, 지형이나 상황에 맞추어 실시간으로 지휘하는 것은 어려웠던 것이다.

또한 북한군은 군단 편성을 남침 직전인 6월 11일에 만들어서 부대이동과 동시에 곧바로 실전으로 전쟁 수행에 투입되었기 때문에 지휘능력을 보장하기 힘들었다. 남침 직전 작전부장이었던 2군단장 김광협 소장은 2군단의 역할을 가장 잘 이해하고 있었기 때문에 어떻게 해서든지 춘천을 공격하여 통과하려고 12사단 1개 연대를 돌려 홍천에서 전용했지만 전진할 수 없었고, 이는 연대 및 사단장이 직접 현장에서 제한사항을 확인하고 꼭 춘천이 아닌 가평 축선으로 주공 방향을 전환했다면 북한군 2사단의 국군 양익 포위는 가능했을 것이다.

그러나 결과적으로 지휘관들의 실시간 전투지휘능력이 부족했기 때문에 의정부 전투와 춘천 전투, 그리고 문산 전투 등에서 시간을 지연하는 결과를 가져왔고, 그 결과로 인하여 작전목표였던 한강교 점령과 국군 주력 격멸, 그리고 수원 점령 등 계획된 시간 내 달성하는 것에 실패하고 말았던 것이다.

3 유생역량 소멸 실패

김일성의 1단계 작전 시 가장 큰 실책이 유생역량을 소멸하지 않고 밀어내기만 했다는 것인데, 당시 소련군 전술의 제1원칙은 포위소멸이었다. 국군 주력에 대한 포위소멸에 실패한 결과로 밀려나온 국군이 전열을 다듬어서 새로운 방어진지를 구축할 수 있는 시간을 제공하고 말았다. 특히 초기작전 시 국군의 방어진지를 돌파한 후 다음 목표 계선으로 신속히 진출할 생각만 가지고 있었기 때문에 분산된 국군의 후방 퇴로를 차단하여 섬멸하려는 노력을 하지 않았다. 그래서 현재의 북한군의 공격임무는 부여된 책임지대를 확보하고 지대 내에 있는 유생역량을 격멸하는 것에 중점을 두고 있으며, 각 제대별 포위소멸구역을 선정하여 주 타격 방향과 연계하여 국군을 완전히 격멸하는 전술체계를 구축하였다.

선제타격계획의 실패 원인

6 · 25전쟁 당시 유엔군사령관인 맥아더 원수는 "북한군은 부산까지 진격할 수 있었을 텐데도 불구하고 한강 도하 후 수원까지 10일간의 귀중한 시간을 허비했고, 북한군은 초전의 성공을 종심 깊은 돌파로 전과를 확대하지 못하고, 결국 전략적 승리로 이끌어가지 못했다."라고 말했다. 또한 『전략론』의 저자 리델 하트는 "북한군이 제2차 세계대전 당시 독일군 식으로 어느 한 방향에 집중적으로 투입해 종심 깊은 돌파와 전과 확대, 신속한 추격을 실시했더라면 미군이 한반도에 투입되기 전에 부산까지 점령할 수 있었을 것이다."라고 언급하였다.[72)]

결론적으로 선제타격계획의 실패 원인은 북한군의 부실한 지휘통제와 지형분석에 실패한 전투준비, 그리고 지휘관들의 단기속결전 및 기동전에 대한 이해력과 수행능력 부족에서 찾을 수 있다. 결국 작전속도와 공격 기세를 유지하지 못함으로써 작전적 · 전략적 목표 달성에 실패했고, 미 증원군이 오기 전에 한반도를 석권하는 것이 좌절되었다. 초기기습 달성을 제외하고는 속전속결의 전략 유지, 작전속도, 종심상 작전적

72) 남도현, 앞의 책, 2010, p. 31.

목표(한강교) 확보, 국군 주력 격멸 등 제대로 성공한 것이 없었다.

그 예로 전차부대 운용에 있어서 공병과 보병이 증강된 전차중대로 선견대 임무를 부여하고, 보병부대와 측방에서 진격선과 평행하게 두어 산개대형으로 도로를 따라 공격하였다. 이런 경우 전차부대는 보병부대의 속도에 전차속도를 맞추어야 하고, 전차의 화력과 충격력을 통하여 보병을 지원하는 임무를 수행한 것이다. 이는 전격적인 작전속도 발휘가 되지 않았고, 독일군인지 소련군인지 어느 한쪽의 기동전이 아닌 모호한 전술, 즉 보병을 지원하는 전차부대가 되고 말았다. 북한은 초기작전 시 기동전의 수행 실패로 인하여 초전 기습효과를 유지하지 못하고, 미군의 증원과 국군이 재편성할 수 있는 시간을 허용함으로써 북한군의 전쟁기도는 완전히 좌절되고 말았다.

Solutions of victory

II

성공확률 5,000:1을 극복하라

6·25전쟁의 인천상륙작전

"기습은 전쟁에서 승리하기 위한 가장 중요한 요소입니다."

존 톨랜드 (『존 톨랜드의 6 · 25전쟁』 중에서)

6·25전쟁이 발발한 지도 반세기가 훌쩍 지났다. 대한민국의 고속성장과 삶의 윤택함 속에서, 이제는 전쟁에 대한 희미한 기억과 얕은 흔적만이 우리를 부르고 있는 듯하다. 하지만, 무심코 지나치기에는 6·25전쟁이 우리에게 주는 역사적인 의미와 교훈들이 너무나도 많기에 결코 간과해서는 안 될 것이다.

특히, 북한군의 기습적인 남침에 패색이 짙던 9월 중순, 유엔군이 감행한 인천으로의 상륙작전은 영화의 클라이맥스만큼이나 결정적이며, 전쟁사의 극적인 한 부분을 차지하고 있다. 이는 군복을 입은 군인은 물론, 대한민국 국민이라면 누구나 공감하리라 생각한다. 인천상륙작전의 대성공으로 전세는 순식간에 역전되었으며, 기존의 전쟁목표였던, '전쟁 이전 상태로의 회복'[1)]으로부터 38도선을 넘어 통일 한반도로 변경하는 결정적인 계기가 되었기 때문이다.

하지만, 성공확률이 5,000 : 1이라고 하는 도박에 가까운 작전을 실현시킨 맥아더 장군의 과감한 결단력과 적극적이고 헌신적인 유엔군 사령부의 참모들이 없었다면 불가능했을 것이다. 이와 더불어 맥아더 장군의 전쟁사에 대한 꾸준한 연구와 적과 지형에 대한 치밀한 판단, 그리고 교리와 전술을 뛰어넘는 안목과 혜안(慧眼)이 있었기 때문에 가능했다.

---

1) 양영조 외, 『6·25전쟁사(3)』, 국방부 군사편찬연구소, 2006, p. 266.

전쟁의 발발과 유엔군 창설

북한의 공격으로부터 한반도를 구하라

소련제 T-34 전차를 앞세운 북한의 기습적인 남침으로 6 · 25전쟁이 발발하였을 때, 미국은 제2차 세계대전 이후 냉전관계에 있던 소련과의 전면전쟁만을 계획하고 있었을 뿐 한국과 같은 지역에서 일어나는 국지전에 대해서는 구체적인 구상을 하지 못하고 있었다.[2)]

당시 한국을 책임지고 있었던 미 극동군사령부 역시 군사적 가치가 낮은 한국보다는 일본에 더 큰 비중을 두고 있었다. 그럼에도 불구하고 미국의 전쟁지도부는 1주일 만에 지상군 투입을 결정하여 일본에 있던 사단들이 신속히 참전하게 됨으로써, 미국이 한반도에서의 전쟁에 소극적일 것이라는 북한의 예측을 완전히 빗나가게 하였다. 미국은 어떻게 구체적인 전쟁계획이 없었음에도 불구하고 신속하게 지상군을 투입할 수 있었을까?

그것은 전쟁의 원인에 대한 확고한 신념과 체계적인 의사결정 시스

---

2) 남정옥, 『미국은 왜 한국전쟁에서 휴전할 수밖에 없었을까』, 한국학술정보, 2010, p. 127.

템 덕분이었다. 첫 번째로 트루먼 미 대통령은 이번 전쟁이 결코 북한 단독의 계획이 아니라 배후에 소련이라는 세력이 있다는 확신이 있었다. 미국은 북한의 공격이 팽창정책을 통해 주변 국가들을 공산화하려는 소련의 탐색행동(probing action)의 일환으로, 이를 저지하기 위해서는 그리스에서의 조치[3]와 같은 강력하고도 즉각적인 대응이 필요하다는 판단을 내렸기 때문에 트루먼 대통령을 중심으로 신속한 의사결정을 해나갈 수 있었던 것이다.

또한, 미국은 장차 한국에서 전쟁이 일어날 경우 국제적인 명분과 정당성을 확보하기 위해서 유엔의 집단안전보장에 의해 해결한다는 방침을 세워두고 있었기 때문에 트루먼 대통령은 유엔안전보장이사회에 침략행위를 상정하자는 국무장관의 건의를 즉각 받아들였고, 유엔한국위원단에 의한 현 사태의 심각성에 관련된 보고와 함께 유엔사무총장에게 유엔안보리의 소집을 요청함으로써 6월 25일 14시에 유엔안보리 제1차 결의안이 가결되도록 주도하였다. 그 주된 내용은 북한의 전투행위에 대한 금지와 38도선까지의 철수를 요구하는 것이었다.

두 번째로 미국이 예상하지 못한 사태가 벌어졌음에도 신속하고 일관적인 의사결정을 할 수 있게 된 데에는, 제2차 세계대전을 수행하면서 각 군을 비롯한 군사령부를 국가 수준의 단일 통제 군사기구로 통합시키고 군 통수권자인 대통령 직속하에 국방에 관한 일체의 계획과 정책을 추진해나갈 합법적 국방기구의 설치를 추진해온 배경이 있었다.

미국은 이미 1947년도와 1949년도에 국가안전보장법(National Security

---

3) 그리스는 전후 영국의 점령지로 영국의 지원을 받고 있었는데, 그리스 공산당의 게릴라전에 의해 내전 상태가 되었고, 영국의 경제사정 악화 및 혹한으로 인해 더 이상 그리스를 지원할 수 없게 되자 미국은 소련의 위성국가로 전락하게 될 그리스에 대해 4억 달러 규모의 경제적 · 군사적 원조를 제공해줌으로써, 소련의 팽창을 저지하였다.

Amendments Acts)을 제정하였고, 이에 근거하여 국가안보체제를 개편하였다. 즉, 미국의 안보에 관련된 국내외 정책과 국방정책 전반에 관해 대통령에게 조언을 하고 국가안보와 관련된 주요 정책을 조정하기 위한 국가안보회의(NSC: National Security Council)와 이러한 국가안보회의에서 정책이 결정되는 데 고급정보를 제공하기 위한 중앙정보국(CIA: Central Intelligence Agency)이 신설되었다. 또한 대통령에게 국방에 관한 사항을 조언하고, 각 군 장군을 지휘 감독하는 국방부(DOD: Department of Defense)와 더불어 군 통수권자인 대통령 · 국가안보회의 · 국방장관이 내린 전략지침과 명령을 해당 전구의 통합사령관에게 하달하는 합동참모본부(JCS: Joint Chief of Staff)가 있었기 때문에 신속하면서도 한쪽에 치우치는 문제없이 균형 있고, 일관된 지침을 하달할 수 있었다.[4]

유엔군의 편성과 군사전략

6 · 25전쟁에 참여한 각국의 군대들은 각자의 노력을 통합하기 위해 전쟁을 지도할 공식적인 지휘관계가 필요해짐에 따라, 안전보장이사회의 결의안을 통해 7월 7일부로 미국에서 통합군사령부를 임명하고, 미국이 유엔을 대신하여 집행해줄 것을 요청하였다.

이로써 미 극동군사령관이었던 맥아더 장군은 7월 25일 공포된 일반명령 제1호에 의해 일본 동경에 있는 미 극동군사령부에 유엔군사령부를 공식 설치하였으며,[5] 유엔군으로 국제적인 정당성과 합법적인 군사적

4) 위의 책, p. 48.

5) 위의 책, p. 226.

활용을 인정받게 된다. 그리하여 전구 사령관인 맥아더 장군은 유엔의 이름으로 활동하는 미국의 전쟁지도부와 합동참모본부 등 상급군사기관으로부터 하달된 전략적 지시에 따라 유엔군사령관으로서 작전을 지휘하게 되었다.

한편 전쟁 기간 내내 이승만 대통령의 전쟁목표는 한반도의 통일이었는데 전쟁 초기에는 미군과 유엔군의 지원을 얻는 데 총력을 기울였고, 미국이 참전한 이후에는 전쟁 국면과 상관없이 북진통일을 위해 매진하였다. 다만 와해된 한국군의 효율적인 통제를 위해 7월 14일부로 작전지휘권을 맥아더 장군에게 이양하였고, 맥아더 장군은 미 제8군사령관인 워커 장군에게 한국군에 대한 지휘권을 행사하도록 위임하였다.[6)]

6 · 25전쟁이 수행되는 동안 미국의 전반적인 전쟁지침은 NSC와 유엔안전보장이사회 및 유엔총회의 결의를 통해 나왔으며, 보다 세부적인 군사작전을 위한 전략적 지도는 합동참모본부가 담당하여 유엔군사령부로 하달했다.[7)]

전쟁 발발 직후 미국의 해 · 공군은 한국 내에서 미국인 비전투원의 철수를 위한 작전을 위주로 활동하였으나 유엔안전보장이사회의 '6 · 26 결의'를 토대로 해 · 공군의 참전을 결정하였으며, 6 · 28 결의를 통해 국제적인 승인을 받게 되었다.

안전보장이사회는 국제평화와 안전을 위한 유엔군의 군사적 조치를 통과시켰으며, 미국은 이러한 대북제재 결의안을 근거로 '한반도에서 평화를 회복하고 38도선을 다시 복구하려는 목적'하에 군사적인 작전을 구상하였다.

---

6) 위의 책, p. 227.

7) 위의 책, p. 222.

미국은 6 · 25전쟁을 지도함에 있어서 대소 봉쇄정책에 기초를 두고, 전쟁의 목표를 '전쟁 이전 상태로의 회복'으로 정하였다. 북한의 전면남침을 예상하지 못했던 미국 정부는 전쟁의 목적을 분단된 한반도의 통일이 아니라 38도선으로 분단 상태에 있던 한반도 정치상황을 전쟁 이전 상태로 회복하는 데에 한정했던 것이다. 따라서 맥아더 장군에게는 '전쟁 이전 상태로의 회복'과 '북한군 격멸'이라는 임무형 명령의 형태로 하달되었다.[8]

8) 양영조 외, 앞의 책, 2006, p. 266.

인천상륙작전 계획과 미 제10군단의 창설

작전명 '블루하트(Blue Hearts)'

전쟁 초기 미국과 유엔으로부터 전략지침을 하달받은 맥아더 장군은 1950년 6월 29일 한강 방어선을 시찰하고 난 후, 2개 사단이면 한국의 질서를 회복하는 데 충분하리라 판단하고, 이를 트루먼 미 대통령에게 건의하였다. 이에 트루먼은 지상군의 파병을 요청한 맥아더 장군에게 '그의 휘하에 있는 병력을 사용할 전권'을 부여하였으며, 이로써 맥아더 장군은 이미 투입된 해군과 공군뿐 아니라 지상군까지도 재량에 따라 사

〈그림 2.1〉 한강 방어선을 시찰 중인 맥아더 장군

용할 수 있게 되었다.[9)]

미 극동군사령부의 모든 전력에 대한 사용을 승인받은 맥아더 장군은 한강 전선을 시찰하고 복귀한 직후인 7월 첫 주에 그의 참모장 알몬드 소장에게 '서울의 적 병참선 중심부를 타격하기 위한 상륙작전계획을 고려하고 상륙지점을 연구하라'는 지시를 하달하였고, 이에 따라 상륙작전 계획은 조기에 수립되기 시작하였다.[10)]

공교롭게도 북한이 남침하기 며칠 전인 6월 19일 미 국방부의 참모였던 도널드 맥비 커티스가 북한의 침공을 전제로 남으로의 후퇴와 낙동강 유역에 방어선 구축, 낙동강 전선이 강화된 뒤 반격을 지원하기 위해 적의 측면을 우회하는 상륙작전을 주 내용으로 하는 '우발계획 SL-17'을 수립하였으며, 맥아더 장군이 이를 국방부에 요청하면서 '블루하트(Blue Hearts)'라는 작전명으로 구체화되기 시작하였다.[11)]

블루하트 작전은 작전참모부장인 라이트(Edwin K. Wright) 준장이 이끄는 합동전략기획 및 작전단(JSPOG)에 의해 연구되었는데, 주요 개념은 일본에서 주둔군 임무를 수행 중인 제24사단과 25사단의 1개 연대 전투단을 통해 적의 남침을 차령산맥과 소백산맥의 이북에서 저지하고, 미 해병대와 제1기병사단을 7월 22일 인천으로 상륙시켜 북한군을 양쪽에서 공격한다는 것이었다. 즉, 가용한 선박들을 모두 이용하여, 해병대를 포함한 상륙부대를 기습적으로 후방 깊숙이 공격함으로써 적의 중심인 병참선을 차단하고 파괴한다는 간접접근을 통해 전쟁을 승리로 이끌겠다는 것이다. 이는 곧 맥아더 장군이 부여받은 '북한군 격멸'과 '전쟁 이전

9) 남정옥, 앞의 책, 2010, p. 167.

10) 민항기 외, 『6 · 25전쟁사(6)』, 국방부 군사편찬연구소, 2009, p. 100.

11) 고든 L. 리트먼, 『인천 1950』, 플래닛미디어, 2006, p. 73.

상태로의 회복'이라고 하는 정책 및 군사목표를 달성하는 것이었다.[12)]

크로마이트(Chromite)[13)] 작전으로의 수정

상륙작전을 위한 부대는 제1해병임시여단으로서 7월 7일 에드워드 A. 크레이그 준장의 지휘하에 캘리포니아 캠프 펜들턴에서 제5해병연대와 제33해병비행전대를 근간으로 신속하게 조직되었다. 제1해병사단에서 불필요한 병력을 이용하여 여단체제를 형성하고, 제2해병사단에서 병력을 차출하였으며 M26 퍼싱 전차와 T-34 전차에 대적할 수 있는 3.5인치 바주카포 및 코르세어 전투기로 무장했다.

하지만, 북한군의 남진을 최대한 지연하라는 지시를 받고 7월 1일 한국에 가장 먼저 투입한 미 제24사단의 21연대 1대대를 주축으로 한 스미스 특수 임무부대가 7월 5일 죽미령 전투에서 전차로 강화된 북한군 제4사단과의 전투에서 패배하고 말았으며, 뒤이어 한반도에 진출한 미 제34연대가 7월 8일 평택-안성-천안 전투에서 전투력 손실을 입고 철수하고 말았다. 결국, 북한군의 T-34 전차를 저지할 수 있는 수단을 갖지 못한 미군은 참전 이후 지속적인 패배 속에서, 차령-소백산맥 선에서 북한군의 남침을 저지하려는 최초 계획을 포기할 수밖에 없었다.

---

12) 남정옥, 앞의 책, 2010, p. 229.

13) 코드 네임 'Blue Hearts' 또는 'Chromite'라는 작전명의 의미와 그렇게 지어진 이유는 정확히 알 수 없다(각종 서적 및 자료 분석, 전사 전문가 문의). 다만, 보안유지를 위해서 작전명을 통해 적으로 하여금 작전 성격을 유추하지 못하도록 선정하였다는 것과, 알파벳순으로 작성했을 것이라는 추측만이 가능할 뿐이다. 즉, 푸른 심장이라든지 크롬철광이라는 용어를 작전의 개념과 무리하게 연계시킬 필요는 없다는 뜻이다.

제1해병임시여단은 미 본토에서 일본으로 향하고 있던 중 블루하트 작전이 취소됨에 따라 진로를 변경하여 부산으로 이동한 뒤 낙동강 전선에 투입하게 되었다. 하지만 인천으로의 상륙작전을 통해 전쟁의 결정적인 승리를 달성함으로써 전략지침을 이행한다는 맥아더 장군의 기본적인 개념을 바꾸지는 못하였다.

7월 23일 맥아더 장군은 북한군을 이격된 2개 전선에서 전투를 벌이도록 강요함으로써 정신적 · 물질적인 타격을 주고자 하였고 수도 서울이 가지고 있는 전략적인 이점을 확보하기 위해 블루하트 작전을 대체하기 위한 크로마이트(Chromite) 작전을 구상하였다. 크로마이트 작전의 개념은 미국으로부터 한국으로 이동 중인 미 제1임시해병여단을 사단으로 증강시킴과 동시에 미국에서 일본으로 출발하도록 되어 있는 미 제2보병사단을 상륙공격부대로 운용하고, 이들 부대의 상륙과 동시에 지상군이 남에서 반격으로 전환한다는 것이었다. 그러던 중 8월 초가 되자 북한군의 거센 공세로 인해 낙동강 방어선이 붕괴될 위기에 처하자 상륙부대로 지정된 2개 부대가 낙동강 전선에 투입되면서 크로마이트 작전마저 실현되기 어렵게 되었다.

하지만 미 제8군사령관인 워커 장군이 낙동강 방어선을 유지함에 있어 적의 압력이 상대적으로 미약한 장소에서 전투력을 보존하고 돌파구가 형성된 곳으로 신속히 기동하는 '기동을 통한 역습'의 작전 개념을 효과적으로 구사하면서 미 제1해병사단의 인천상륙작전 투입이 가능하도록 조치하였으며 미 제2사단을 대체하여 일본에 주둔하고 있는 마지막 미군 부대인 미 제7사단을 상륙작전에 투입토록 하였다.[14] 이때 이동

14) 민항기 외, 앞의 책, 2009, pp. 40-41.

시간으로 인해 상륙작전에 참가할 수 없는 제7해병연대를 대신하여 국군 제1해병연대를 상륙부대에 포함시켰다.

한편 8월 하순 워커 중장이 주재하는 한미연합 지휘관회의에서 워커 장군이 한국 육군 중에서는 상륙전 경험이 있는 부대가 없다는 점을 들어 "인천상륙작전에서 한국군은 해병대만 참가하고 육군은 제외되었다."고 하자 정일권 장군이 수도 서울을 탈환하는 작전의 중요성을 인식하여 "지금부터라도 상륙훈련을 실시하겠다."고 주장하면서 개전 초기 옹진반도에서 해상 철수했던 제17연대를 포함시켜 달라고 요청하였다. 결국 이를 받아들여 백인엽 대령의 지휘하에 미 제7사단의 예비로 국군의 독립 제17연대가 상륙작전에 투입되었다.[15]

사실 인천이라는 곳으로의 상륙작전이 쉽게 결정된 것은 아니었다. 당시 미 합동참모본부는 인천을 상륙작전에 최악의 조건을 갖춘 지역이라고 생각하였기 때문이다. 북한군의 8월 공세가 한창이던 23일, 도쿄의 다이이치 빌딩에서 미 합참과 극동군사령부는 인천이라는 상륙장소에 대해 논쟁을 벌이게 되었다. 육군참모총장인 콜린스 대장과 해군참모총장인 셔먼, 극동해군사령관 조이 중장 등은 인천으로의 상륙작전에 대해 부정적인 입장을 내비쳤다. 인천 지역의 조수간만 차이는 9.7m를 보이고 있는데 이는 전 세계를 둘러보아도 20m의 차이를 보이는 캐나다의 펀디 만(灣) 다음으로 높은 곳이며, 소수의 부대가 상륙작전을 성공하더라도 미 제8군과의 연결작전이 늦어진다면 각개격파당할 것이라는 점, 그리고 미 제7사단마저 상륙작전에 투입된다면 일본의 치안유지와 소련으로부터의 공격으로부터 위험해진다는 논리로 맥아더 장군을 설득하려

15) 남정옥, 『6 · 25전쟁의 재인식과 이해』, 경인문화사, 2014, p. 109.

했다.

하지만 맥아더 장군은 모든 위험을 역으로 이용했다. 즉, 적도 동일하게 생각하고 있기 때문에 기습이 가능하리라는 것이었다. 약 6시간에 걸친 과거 전쟁 사례들을 마치 연극배우처럼 명확하면서도 우아하게 설명하면서 합동참모들을 매료시켰다.[16] 특히, 1759년 영국과 프랑스군의 퀘벡(Quebec) 전투에서 가파른 세인트 로렌스(Saint Lawrence) 강둑의 고지를 넘어 승리를 쟁취한 영국의 제임스 울프(James Wolfe) 장군을 예로 들며, 적이 예상하지 못한 시간과 방법을 통해 반드시 승리하리라고 설득하였다. 결국 미 합참은 맥아더의 인천상륙작전을 승인하였고, 8월 26일 유엔군 사령부의 참모장인 알몬드 소장을 필두로 하여 인천상륙작전을 수행할 미 제10군단을 구성하게 되었다.

인천상륙작전을 시행하기 위해서 극복해야 할 장애물은 이뿐만이 아니었다. 전차 상륙함이 방파제와 부두에 접안할 수 있는 최소 수위인 8.8m를 만족할 수 있는 날짜는 9월 15일과 10월 11일 이틀밖에 없었다. 9월 15일에 조수 예상 수위는 9.5m였고, 그 다음으로 조수가 9m를 넘는 날은 10월 11일이었다. 그러나 10월까지 기다릴 수는 없는 노릇이었다. 미군이 모두 부산 방어선으로 밀린 상황에서 인민군에게 인천을 폭파할 시간을 더 내주면서 조수가 높아지길 기다리는 건 무의미했다. 또한 미 제8군의 전투피로와 혹서, 그리고 남한 지역의 추수기에 곡식을 탈취당하지 않기 위해서 맥아더는 9월 15일에 사활을 거는 수밖에 없었다.[17]

디데이(D-Day)로 결정한 9월 15일에 첫 번째 만조는 06시 30분에, 두 번째 만조는 일몰 후 30분인 18시 30분이었다. 지형 여건상 인천으로 직

---

16) 에드워드 L. 로우니, 『운명의 1도』, 후아이엠, 2014, p. 61.

17) 데이비드 핼버스탬, 『콜디스트 윈터』, 살림출판사, 2009, p. 446.

접 진입하는 것은 제한되었으며 인천 앞바다에 있는 월미도(반달의 꼬리라는 뜻)라는 곳을 사전에 장악해야 했다. 따라서 첫 번째 만조에는 일부 상륙부대를 투입하여 월미도를 장악하고 저녁이 될 때까지 기다렸다가 인천에 주력 상륙부대를 투입할 수밖에 없었는데, 월미도를 점령할 부대로는 낙동강선에서 실전 경험을 한 미 해병 제5연대 3대대가 선정되었다.

적을 속여라!: 기만작전

인천상륙작전은 기습이 생명인 만큼 인천 지역에 대한 적의 대비를 최소화하는 것이 최우선이었다. 이를 위해서 제7합동기동부대 산하 항공기들은 9월 5일에서 10일 사이 인천-서울 지역뿐 아니라 평양으로부터 군산까지 서해안의 상륙이 가능한 지역에 항공폭격을 가하였으며, 특히 상륙이 가장 용이한 군산에 집중되었다. 미 제5공군은 9월 5일부터 13일에 걸쳐서 군산 주변 50km 이내의 도로, 교량, 철도시설 등에 맹폭을 가했으며, 9월 12일 밤에는 미 육군 엘리 대령의 지휘하에 미국과 육군 코만도 부대가 군산 해변에 상륙하여 위력수색을 하는 등 활발한 상륙작전을 실시하였다.

그런가 하면 동해안 전대가 9월 14일과 15일 삼척 일대에 맹렬한 포격을 가하기도 하였으며, 14일 영덕 장사에서는 육본 독립 제1유격대대(일명 명부대)가 양동상륙작전을 전개하여 북한군을 기만하였다.[18] 그 결과 군산에 대한 북한군의 병력 증강 및 방어시설이 견고화된 반면 인천

18) 민항기 외, 앞의 책, 2009, p. 123.

〈그림 2.2〉
장사동상륙작전 중 해안에
좌초된 문산호

에 대해서는 이러한 사실이 확인되지 않아 북한군이 주로 군산에 대한 상륙을 준비한다는 사실을 확인하였다.

그러나 상륙작전 자체를 숨기는 것은 불가능했다. 도쿄 프레스 클럽 주변에서는 인천상륙작전 개시 몇 주 전에 이미 알려졌기 때문에 '누구나 다 아는 작전'이라는 별명이 붙어 있었으며,[19] 8월 초, 전쟁의 진행이 지지부진하자 불안해진 마오쩌둥이 중공군의 정보요원을 일본으로 잠입시킨 결과, 미군이 상륙작전 훈련을 실시 중에 있으며, 일본의 모든 항구가 세계 각지에서 온 선박들로 붐빈다는 사실을 확인하였다. 게다가 태평양 전쟁에서 상륙작전을 수행한 맥아더의 전력과 평소 공격성이 강한 성격을 기초로 여섯 군데의 상륙 가능지점 중 인천으로 상륙할 것으로 지목했다. 마오쩌둥이 이러한 사실을 김일성에게 경고하였음에도 불구하고 김일성은 중국의 정보 제공을 귀담아듣지 않았고, 9월 10일 전략상 후퇴하는 것이 좋겠다는 조언에도 '후퇴할 생각이 전혀 없다'며 고집을 꺾지 않았다.

19) 마거리트 히긴스, 『자유를 위한 희생』, 코러스, 2009, p. 188.

결국 인천상륙작전이 성공할 수 있었던 이유는 유엔군사령부의 치밀한 계획뿐만 아니라, 전쟁에 대한 예리한 안목보다는 정치적으로 불안정한 시기에 새로운 이데올로기를 포용한 덕분에 권력을 잡은 김일성이 전쟁을 지도했다는 점도 작용했다. 결론적으로 다양한 기만작전을 통해 상륙작전 자체를 숨기기보다는 마지막 일격이 언제 어디로 가해질지를 모르도록 하여 적이 '알고도 대처할 수 없도록' 하였고, 이와 더불어 북한의 전략과 미래를 내다보는 안목의 부재가 어우러지면서 기습의 효과가 극대화되었다고 할 수 있다.

제7합동기동부대의 편성: 성공확률을 높이기 위해 합동성 극대화를 추구하라

맥아더 장군은 이미 8월 15일 러프너 소장의 주도 아래 '특별계획참모단본부'를 구성하여 미 제10군단을 재창설[20]하였다. 이 부대는 인천에 상륙하여 서울을 점령함으로써 북한군의 병참선을 차단하는 임무를 부여받았다.

미 제1해병임시여단은 8월 6일부터 미 제25보병사단 및 24사단과 낙동강 전선의 돌파구를 저지하는 임무를 수행하다가, 9월 7일이 되어서야 부산에 집결하여 보충병과, 낙동강 전선 투입 시 편성되지 않았던 각 대대의 세 번째 중대와 합류했다. 그러고는 한국 제1해병연대를 훈련시

20) 미 제10군단은 제2차 세계대전 시 뉴기니 전투와 남부 필리핀의 레이테 전투에 참가하였다. 1946년 1월 일본에서 해체되었다가 1950년 8월 26일 미 극동군사령부에서 재창설되었다. (남정옥, 앞의 책, 2014, p. 197.)

키고 최종적으로 배에 승선하면서 9월 15일 공식적으로 해체되어 제1해병사단에 통합되었다.[21)]

일본에 주둔 중이던 미 제7사단은 한국으로 투입되는 다른 사단들을 지원하면서 병력이 감소되고, 기존 사단들이 점령하고 있던 일본의 각 지역들에 분산 배치되면서 훈련 및 사기가 매우 낮은 수준이었다. 이러한 미 제7사단은 7월 26일이 되어서야 일본 주둔군 임무를 벗어나게 되었고, 8월 중순까지 미 육군 배속 한국군(KATUSA)을 포함한 8,000여 명을 지원받아 편제 대비 90% 이상의 병력을 회복하였다.[22)] 이것은 미군 1명당 한국군 1명을 붙여주어 짧은 시간 안에 무기의 사용법 및 전투 기술을 전수한다는, 소위 '버디(buddy: 단짝)'라는 훈련방식 덕분에 가능하였으며, 미 제7사단뿐 아니라 미 제8군의 전력이 빠른 속도로 증강될 수 있었던 주된 요인이었다.

미 제10군단은 상륙작전의 기본 성격이나 이 작전이 감행될 지역적인 위치로 보아, 미 제8군과는 별도의 지휘계통을 필요로 하였다. 실제로도 워커 장군은 그의 관심이나 노력을 낙동강 방어선 이외의 지역에 돌린다거나 그의 참모들을 분산시킬 수도 없는 형편에 처해 있었다. 이러한 관점에서 결정된 미 제10군단의 지휘계통은 이 작전 이후에도 계속 미 제8군과는 별도로 유지되다가[23)] 북진작전 간 흥남을 철수하면서 12월 24일부로 미 제8군의 예하 부대로 변경되었다.

하지만 맥아더 장군이 워커 장군을 신뢰하지 못했다는 의견도 있다. 일본에서 점령군 임무를 수행할 당시 워커 장군이 주일미군의 점령 임무

21) 고든 L. 리트먼, 앞의 책, 2006, p. 24.

22) 위의 책, p. 29.

23) 위의 책, p. 104.

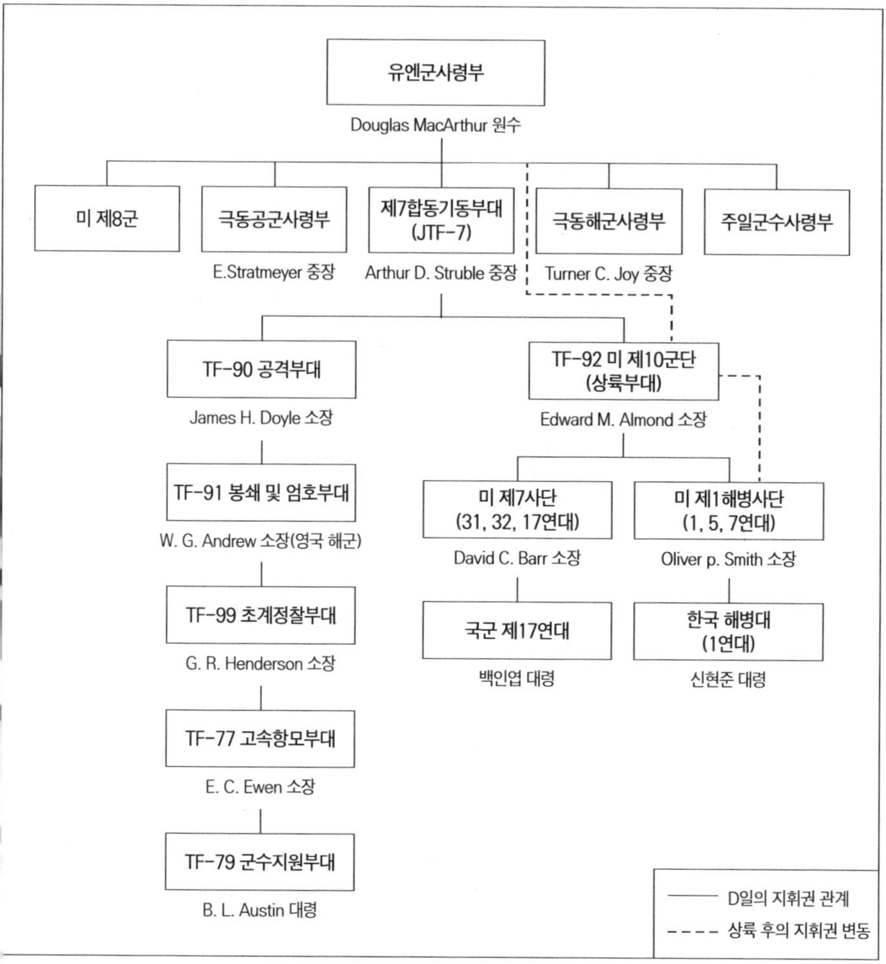

〈그림 2.3〉 크로마이트 작전단계의 지휘체계[24)]

해제를 적극적으로 실시하지 않았고 재편된 미 제8군의 장교들과 사병들을 더욱 엄격하게 훈련시켜야 했는데 그렇게 하지 않았다고 생각했다

24) 김영인, "인천상륙작전의 작전술 차원분석", 『군사평론』 제334호, 육군대학, 1998, p. 7.

는 것이다.[25)]

인천상륙작전은 제7합동기동부대(JTF-7)가 지휘하였으며, 제7함대사령관인 스트러블 중장이 겸임했다. 제7합동기동부대에는 공격함대와 봉쇄 및 엄호함대, 초계정찰함대, 고속항모함대 등으로 이루어져 있었으며, 알몬드 소장이 지휘하는 미 제10군단이 상륙부대로 구성되었다.

제7합동기동부대는 상륙작전 시 각종 함대 및 미 제1해병사단을 이용하여 상륙을 지휘하였으며, 상륙작전이 종료되고 난 이후에는 미 제1해병사단에 대한 지휘권을 미 제10군단으로 이양하고 유엔군사령부의 직접 통제를 받도록 조정하였다.

1 제7합동기동부대의 작전 개념[26)]

상륙작전계획의 작성과 실행의 책임을 맡은 장성급 장교는 스트러블과 TF-90 공격함대 사령관인 도일 제독, 그리고 제1해병사단장인 스미스 소장이었다. 스트러블 제독은 전반적인 계획을 담당하고 스미스 소장은 상륙군 작전계획을 맡았다.

제7합동기동부대의 작전 개념

① 주력부대 상륙 이전에 월미도를 확보(D일, L시 해병 1개 대대 상륙돌격으로 탈취, L시는 아침 만조시인 06:30경)한다.

---

25) 에드워드 L. 로우니, 앞의 책, 2014, p. 65.

26) 위의 글, pp. 8-10.

② 월미도 상륙 이후 인천의 적색, 청색 해안에 대하여 제1해병사단에 의해 상륙돌격으로 주력부대 상륙 실시(주력부대 상륙 H시 오후 만조시인 17:00경) 후, 사단 주력 인천 지역의 해안 두보를 탈취 확보한다.

③ 해안 두보는 서울 서쪽의 김포공항과 한강선을 점령하기 위하여 신속히 확장되어야 하며, 전진을 계속 서울시를 탈취 확보한다.

④ 증강된 제7보병사단과 제10군단 병력은 D일 이후 지정된 시간에 제2, 제3제대로써 행정 상륙을 실시, 제10군단장의 지시에 의거 작전을 수행한다.

⑤ 이 작전에 관련된 제반 포격과 화력지원은 순양함과 구축함이 제공한다. 항공엄호, 항공강습 및 근접항공지원은 목표지역에 있는 고속항모 및 호위항모에서 제공한다.

상륙군의 임무

① 인천항만의 확보와 해안 두보(Beach Head) 점령
② 가능한 한 신속히 진출하여 김포비행장 확보
③ 한강 도하
④ 수도 탈환
⑤ 미 제8군과 연결되기까지 서울 근교의 차단 진지 점령

[2] 항공지원계획[27]

항공작전의 책임은 미 극동공군사령관인 스트레이트 메이어 중장에게 있었으며, 미 제5공군은 한국 지역에서 제공권을 장악하고, 전투지역 후방 차단과 미 제8군의 근접항공지원 작전을 실시하며, 필요시 미 제10군단의 지상군 지휘관의 요청에 응하도록 지시하였다.

27) 위의 글, p. 11.

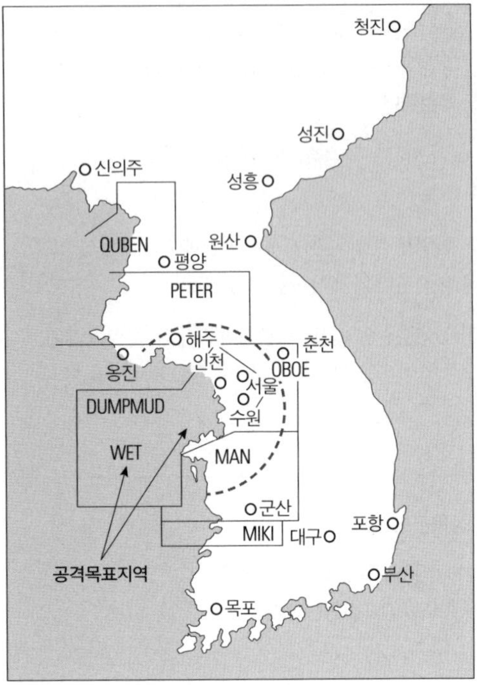

〈그림 2.4〉
인천상륙작전 항공지원계획

9월 8일 편성된 미 제10군단 전술항공대는 목표지역인 DUMP-MUD, WET 지역에 대한 항공작전은 D-3일부터 지휘통제하며 목표 외곽 점선지역 내의 통신 및 수송로 차단을 담당하였다. 기타 지역에 대해서는 미 극동공군과 해군 및 해병항공대가 협조하며 D-10일부터 D-3일까지 전장 차단과 제공권 장악 임무를 수행하며 필요시 목표지역에 대한 근접지원도 실시하도록 지시하였다.

3 해상지원계획[28)]

해상지원계획은 인천 앞바다를 3개의 화력지원구역으로 나누고 순양함과 구축함은 H-45~H-2시에, 로켓함은 H-15~H-2시에 공격준비포격을 실시하고, 아울러 상륙 중, 상륙 후에도 요청에 따라 지원 및 차단 포격을 실시한다는 개념을 수립하였다.

인천상륙작전에서 함포사격의 개시는 기습효과를 위주로 실시되었다. 목표지역 전반에 대한 항공폭격은 D-4일부터 실시하게 되었으나 월미도에 대한 함포사격은 기습효과와 관련하여 D-2일부터 개시하였다. 해안 교두보 안의 표적은 월미도에 2개소, 소월미도에 1개소 등 포함 모두 52개소로 분할되었다. 상륙지역 근해에는 가상적인 선을 그어 3개 구역으로 나누고 남쪽으로부터 화력지원구역 I · II · III이라는 명칭을 부여하여 구체화된 계획하에 지원하였다. 항공지원은 기본적으로 이 작전에 참가하는 미 해군, 해병부대에 광범위한 행동반경을 필요로 하는 만큼, 상대적으로 좁은 한반도 안에서의 다른 항공작전과의 사이에 각각 작전 수행의 중요한 문제가 야기되었다. 작전상의 혼란을 방지하고 항공력을 보다 효율적으로 운용하기 위해서 작전영역과 임무를 구분하였는데 상륙장소로부터 반경 55km(30마일)의 고선(孤線)으로 구획되는 상륙목표지역[29)]

---

28) 위의 글, p. 12.

29) 목표지역(Obective Area)이란 군사적 수단으로 탈취 또는 확보해야 하는 목표가 포함된 일정한 지리적 지역을 말하며, 상륙작전 시에는 이 목표지역을 경계 짓는 해상, 지상 및 공격범위가 최초지시로 규정된다. 이 목표지역의 일부로서 상륙작전이 실시되는 곳을 상륙지역(Landing Area)이라 하는데, 여기에는 해안 교두보를 설치하는 데 요구되는 해상, 공중 및 지상지역이 포함된다. 이 상륙지역 안에 해상수단으로 병력, 장비 및 보급품을 상륙시킬 수 있는 해안선의 계속된 상륙장소(Landing Site)라고 하며, 돌격상륙이 가능한 해안선 부분이 상륙해안(Landing Beach)이다.

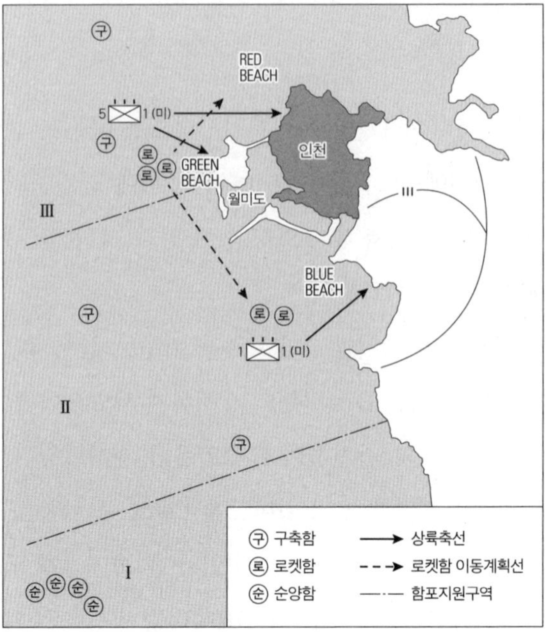

〈그림 2.5〉
인천상륙작전 해상지원계획

안에서의 항공작전은 제7합동기동부대 예하의 고속항모기동부대가 전담하고 극동 미 공군은 목표지역 밖에서의 차단작전을 담당하였다. 상륙 시 근접항공지원은 당시 항모 시실리호와 바뎅 스트레이트의 2개 대대들이 제공하였다.

운명의 인천상륙작전

D-Day!

상륙시간은 9월 15일의 아침 만조시간인 06시 30분을 L시, 오후 만조시간인 17시 30분을 H시로 설정하였으며, 상륙해안은 월미도 북단, 인천 북단 해안벽 지역, 인천 남단 갯벌지역 등 3곳을 선정하고 이를 순서대로 '녹색해안, 적색해안, 청색해안'으로 명명하였다. 최초 미 제5해병연대 3대대 상륙단이 L시에 월미도의 녹색해안에 상륙하고 제5해병연대(-)는 적색해안에, 제1해병연대는 청색해안에 상륙하여 상호협조하에 해안 교두보선을 확보하도록 되어 있었다.

한편 미 제7보병사단은 D+4일경에 해병대를 따라 상륙하여 서울과 한강 이남의 고지대를 확보하고 미 제1해병사단과 함께 병진 공격하여 미 제8군의 공격에 밀려 북으로 후퇴하는 인민군을 맞이할 모루로서 남쪽을 바라보는 전선을 구축하기로 되어 있었다. 그 이후에는 낙동강에서 반격작전을 실시하는 미 제8군과의 연결작전을 통해 적 부대를 격멸시키는 것이 인천상륙작전의 최종 상태였다.

인천을 향해 출항준비를 하고 있을 때에 뜻하지 않은 복병이 나타나게 되는데, 그것은 바로 북위 20도의 태평양상에서 올라오고 있던 케지아(Kezia)라는 태풍이었다. 특히 9월 12일에는 사세보 남방 200마일에서 945헥토파스칼의 A급 태풍으로 북상함으로써 도일 제독이 "내가 경험했던 어떤 태풍보다도 가장 최악이었다."고 회상할 정도로 상황이 좋지 않았다. 결국 일부 선박들이 엔진 고장으로 예인되기도 하였지만, 다행히도 9월 13일 일본 큐슈 남단에 상륙하여 진로를 변경함으로써 무사히 덕적도 근해인 포인트 캘리포니아에 집결할 수 있었다.[30)]

사전공습은 D-5일부터 시작되었다. 해병의 코르세어 전폭기가 네이팜탄으로 월미도를 초토화시켰으며, 이로써 초목에 가려져 있던 북한군의 방어진지들이 노출되었다. 해군 항모에 탑재된 비행기들은 9월 12일과 13일에 인천과 서울을 폭격했으며, 9월 13일에는 구축함과 순양함들이 영흥수로 안으로 들어가 목표지점들을 무력화시켰다.

인천 해안은 수로적 · 지리적으로 상륙작전에 불리하였기 때문에 인천수로에 대한 정확한 정보 파악이 중요했는데 이러한 임무는 클라크 해군 대위에게 하달되었다. 8년간의 군 복무 중 4개월을 제외한 기간을 동양에서 근무한 클라크 대위는 동양인들의 사고방식을 어느 정도 파악할 수 있었으며, 인천상륙작전 이전에도 영흥도에 상륙하여 인천 지역에 대한 정보를 유엔군사령부에 전송하기도 하였다.

특히, 9월 15일 00시에 인천수로에 위치한 팔미도의 등대를 밝히라는 임무를 부여받고 팔미도의 등대 현장에 도착하였지만 연료탱크와 램프 사이를 연결하는 파이프 중간에 설치되어 있어야 할 드레인 노즐이 없어서 이를 찾기 위해 어둠 속에서 몇 시간 동안 주위를 손으로 더듬은

---

30) 민항기 외, 앞의 책, 2009, p. 602.

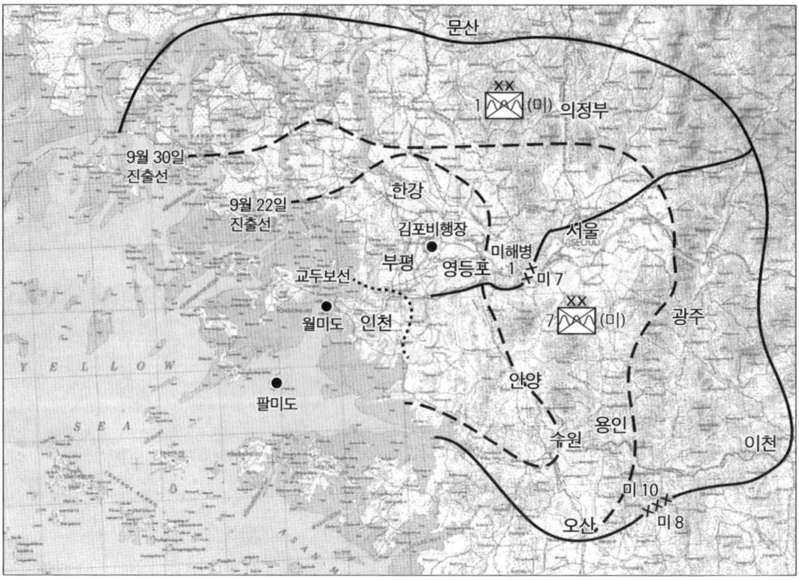

〈그림 2.6〉 인천상륙작전 요도(1)

끝에 그 부품을 찾아내어 결국 등대를 밝힘으로써 인천상륙작전에 참가한 함정들이 신속하고 용이하게 인천의 협수로를 항해하도록 하였다.[31)]

05시가 되자 고속항모부대의 함재기들이 월미도와 인천 내륙지역에 맹렬한 공중폭격을 실시하고, 그 뒤를 이어 1,000여 발의 포탄을 녹색해안 주변에 퍼부었다. 이윽고, 상륙시간인 L시가 되자 제5해병연대 3대대는 녹색해안에 상륙하였고 수중폭파대가 해안에 있는 침몰선의 잔해를 제거하는 데 실패하여 차량 및 병력 상륙정들이 우회하기는 하였지만, 08시부로 목표인 월미도의 105고지를 점령하고, 12시까지 G중대가 월미도의 무선전신국을 점령하였으며, 불도저 전차로 북한군을 참호에

31) 위의 책, p. 597.

몰아넣은 해병 전차소대의 지원하에 H중대가 월미도의 잔적을 소탕하는 데 성공하였다.

월미도 상륙 결과, 미 해병의 피해는 부상자 17명인 데 반해 북한군은 108명이 사망하고, 포로 136명 외에도 150여 명 정도가 참호에 매몰된 것으로 추정되었다. 10시에는 소월미도로 진격하여 해병 전투기의 네이팜탄 지원과 함께 11시 15분부로 이를 점령하는 데 성공함으로써 맥아더로부터 "해군과 해병이 오늘 아침보다 더 빛난 적은 없었다."는 찬사를 받기도 하였다.[32)]

오후의 만조시간이 가까워 오자 적색해안과 청색해안에 미 제5, 1해병연대 전투단들이 접근하기 시작했다. 해군 코르세어 전투기와 해군 A-1스카이레이더 공격기들이 폭격을 가하였고, H-180분부터는 함포사격이 실시되었다. 비가 오는 와중에도 해병대 및 해군 항공기는 인천 및 경인 국도를 연하는 내륙지역에 대한 도로와 목표물에 대해 차단공격을 가하였으며, 상륙로켓함들이 20분간에 걸쳐 로켓 6,000발을 인천 시내로 발사하는 동안 적색해안과 청색해안에 미 해병대가 상륙을 실시하였다.

H-8분, 제5해병연대전투단은 상륙로켓함의 로켓이 미치지 못하는 방파제 뒤를 공격하는 해병 전투기들의 지원을 받으며 적색해안으로 돌격하였다. 17시 33분에 제5해병연대 A중대가 사다리를 이용하여 제방을 넘은 뒤 공동묘지 고지를 점령하였고, E중대는 영국 영사관 고지를 향해 돌격하였다. 후속하는 C중대와 D중대는 응봉산을 북쪽과 남쪽으로 구분하여 각각 확보하였다. 한편, 응봉산의 북한군이 전차 상륙함을 향해 기관총과 박격포 사격을 실시하자 전차 상륙함이 응사한 40mm와 20mm

---

32) 고든 L. 리트먼, 앞의 책, 2006, p. 100.

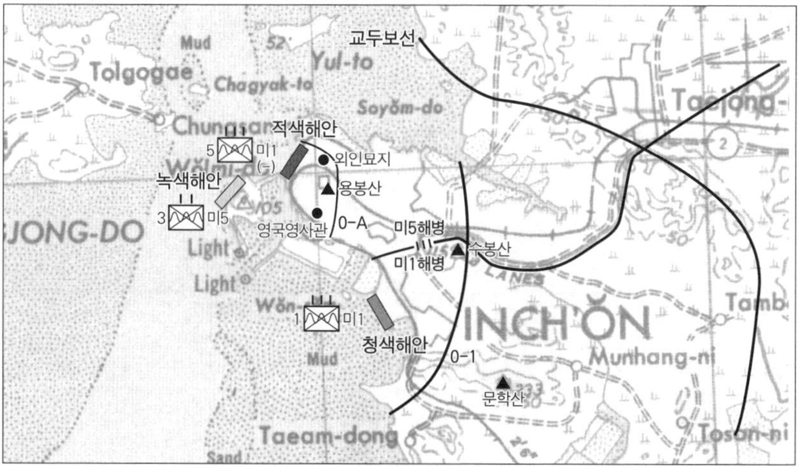

〈그림 2.7〉 인천상륙작전 요도(2)

의 포에 일부 해병이 피해를 입기도 하였다.[33]

미 제1해병연대가 상륙할 청색해안은 2개 돌격대대가 남쪽과 북쪽 해안에 병행 상륙하고 좌측 제2대대가 해안으로부터 북동쪽 목표지점과 수봉산을 확보하는 동안, 우측 제3대대가 해안선을 따라 남쪽으로 진출하면서 감제고지들을 탈취하도록 되어 있었다.

제2대대 2개 중대가 제1진으로 청색해안 1에 상륙 및 진격하는 동안 제2진인 2개 중대가 염전 제방 쪽으로 상륙하여 117고지를 점령하였다.[34]

이튿날 새벽에는 인천을 통제할 수 있는 0-A선 및 0-1선이 확보되었다. 9월 16일 아침에는 양개 연대가 연결되어 인천의 방어선을 더욱 강화시켰고 일몰 무렵이 되자 상륙지역으로부터 10km 지점까지 진출함

33) 위의 책, p. 105.

34) 민항기 외, 앞의 책, 2009, p. 138.

〈그림 2.8〉
특수제작한 사다리를 이용해서
방벽을 넘는 10군단 장병들

으로써 상륙 24시간 만에 해안 두보를 확보하였다.

타군작전의 개념에 대한 이해가 부족해서 문제가 되는 경우도 있었다. 상륙작전의 경험이 없고, 성격이 급한 미 제10군단장 알몬드 소장은 상륙작전이 한창 진행되던 중 제1해병사단의 풀러 대령이 이끄는 연대가 적의 저항이 강하지 않은데도 한강을 향해 계속 나아가지 않는 이유를 물었다. 그러자 "해병대 교리에 따르면 상륙한 병사들은 모든 야포가 해변에 내려질 때까지 기다렸다가 진격해야 합니다."라고 하였다. 알몬드 소장은 빨리 이동할 것을 독촉하였으나 풀러는 지휘계통을 통해서만 명령을 받는다고 하여 이를 거절하자 하는 수 없이 스미스 소장에게 풀러 대령이 진격하도록 지시하였다. 그러나 이번에는 스미스 사단장이 이를 거절하였고 알몬드 소장이 강하게 다시 한번 지시하여 결국 진격을 실시

하게 되었다.[35)]

서울의 점령이 생각보다 더디게 되자, 이를 참지 못한 알몬드 소장이 작은 전용 정찰기를 타고 다니면서 미 제1해병사단 예하의 연대 및 대대, 중대장들에게 직접 명령을 하달하기도 하였다. 스미스 사단장은 "제게 명령을 내리면 반드시 전달해서 시행하겠습니다."라고 했지만 막무가내여서 결국 사단의 확인 없이는 알몬드 소장이 하달하는 명령을 따르지 않도록 지시하는 등 갈등을 빚기도 하였다.[36)]

다급해진 북한군의 대응

인천상륙작전 당시 북한군은 병력이 2,000명인 제226독립육전연대와 제918해안포연대 예하 제2포병대대의 2개 포병중대가 인천 방어를 담당하였으며, 각종 부대들을 급조하여 편성된 제1항공사단이 김포비행장을 담당하는 등 유엔군의 인천상륙작전에 제대로 대응하지 못하였다.[37)]

북한에서 발행한 『조선전사』에 "8월 28일, 김일성의 명령으로 인천방어지구가 창설되고, 9월 15일까지 예성지구에서 금강하구까지 반상륙방어를 조직, 있는 전체 화력으로써 상륙을 불허할 것"이라고 기술되었음을 고려해볼 때, 북한은 2주일여 전부터 예상하고 있었지만 적극적인 대책은 미흡했음을 할 수 있다. 또한 한반도 석권의 마지막 단계인 '부산

35) 에드워드 L. 로우니, 앞의 책, 2014, p. 80.

36) 데이비드 핼버스탬, 앞의 책, 2009, p. 469.

37) 고든 L. 리트먼, 앞의 책, 2006, p. 64.

점령'을 위해 낙동강 전선에 모든 관심과 역량을 투입하고 있었기 때문에 상륙작전을 알고도 대처할 수가 없었다.

『소련 군사고문단장 라주바예프의 6 · 25전쟁 보고서』에 의하면 "월미도 및 인천 지역의 경우 적 함정에 대한 대항수단이 전혀 없을 뿐만 아니라, 대공포나 항공기의 엄호도 받지 못하는 상황에서 극히 적은 군사력만을 가지고는 대규모 병력과 장비를 갖춘 유엔군의 상륙을 저지하는 것이 불가능하고, 준비된 예비전력과 상륙에 대비한 해안포병의 부재가 적시에 해안방어를 강화하거나 해안에 상륙한 적을 역습으로 격퇴시킬 수 있는 가능성을 박탈하였다."[38]고 기술하고 있어 맥아더 장군의 기습작전이 북한군의 허를 찔렀음을 간접적으로 엿볼 수 있다.

특히, 북한군이 유엔군의 상륙을 저지하기 위해 월미도에서 강력한 요새의 기초공사를 해놓은 것이나, 김포공항의 기지 주위 전체에 견고한 스탠드와 방벽이 설치되어 있는 것은 최고 수준의 공군력이 개입할 예정이었다는 것을 보여주는데,[39] 이것은 상륙작전의 타이밍이 얼마나 절묘했는지를 보여주는 대목이다.

---

38) 라주바예프, 『소련 군사고문단장 라주바예프의 6 · 25전쟁 보고서(1)』, 국방부 군사편찬연구소, 2001, p. 388.

39) 윌리엄 맨체스터, 『아메리칸 시저 2: 맥아더 평전』, 미래사, 2007, p. 1019.

승리의 가능성을 높여라

전략지침의 정확한 이해

7월 7일 유엔안보리 결의에 의거하여 유엔군사령관으로 임명된 맥아더 장군은 미 합참으로부터 '전쟁 이전 상태의 회복'이라는 전략지침을 부여받았다. 이보다 앞선 6월 30일, 미 합참에서는 맥아더 장군에게 '그의 휘하에 있는 병력을 사용할 전권(예하 부대 병력을 재량에 따라 사용할 수 있음)을 부여'하기로 결정하였으며, 전날 취해졌던 '육군병력의 투입 제한, 북한 지역에서 소만 국경 접근 주의, 소련의 한국전 개입 시 사태 악화 금지' 등 각종 제한조치를 해제하였다. 이로써 맥아더 장군은 그의 병력을 운용함에 있어서 38도선 이하에서는 특별한 금지사항을 부여받지 않았다.

할당된 자원을 검토함에 있어서는 현재 낙동강 전선에 투입된 병력을 제외하고 상륙작전을 위한 해병 1개 사단과 보병 1개 사단이 필요하다고 판단하였다. 이를 위해 일본에 주둔 중인 미 제7사단의 투입을 결심하게 되었지만, 이것은 미국의 극동방위선이라는 개념과 상충되면서 소련의 위협과 일본의 치안 문제를 이유로 미 합참의 반대에 부딪히기도 하였다.

군사작전으로 전환

맥아더 장군은 낙동강선 방어작전이 위태롭게 전개되는 와중에서도 인천상륙작전과 낙동강선에서의 반격작전을 통해 북한군의 병참선을 차단하고, 지대 내 적을 격멸한다는 군사작전을 실시함으로써 미 합참의 전략지침을 이행하고자 하였다. 이를 위해 제7합동기동부대를 중심으로 상륙작전을 준비하고, 일본 및 한국의 부산에서 상륙작전을 위한 예행연습을 실시하는가 하면, 261척의 수송선박을 마련함으로써 실행에 옮길 준비를 하게 된다.

한편 미 합참은 전술의 영역으로 그 범위를 확대하면서 맥아더 장군과 이견을 보이게 되고 그로 인해 추가적인 조치를 취하게 되는데, 이를 구체적으로 살펴보도록 하자.

8월에 있었던 동경회의를 살펴보면, 인천으로 상륙을 계획한 맥아더의 작전을 미 합참이 반대하는 과정이 있는데, 그 이유는 이미 기술했듯이 각개격파의 위험과 낙동강 방어선의 유지 곤란, 그리고 선박의 부족이나 인천의 지형적 · 해양적 조건이 부적합하다는 내용들이었다.

하지만 이러한 반대 근거는 다분히 전술적인 수준에서 해결해야 하는 문제들로 전략적 수준을 다루는 미 합참에서 언급할 사항은 아니었다. 특히 유엔군사령부의 모든 전력에 대한 전권을 위임한 상황에서 별도의 제한사항을 제시하지 않았음에도 불구하고 상륙지역을 두고 왈가불가하는 것은 맥아더 장군 입장에서도 상당히 불만스러웠을 것이다. 전략적 제대에서의 모호한 간섭은 이뿐만이 아니었다. 인천상륙작전 이후 38도선의 돌파에 대한 문제가 제기되었을 때, 국방부장관인 조지 마셜은 "우리는 장군이 추가적인 설명이나 통보를 전혀 하지 않고 작전을 진행하고, 전개되는 작전상황에 맞추어 모든 것을 처결해 나가기를 희망합니다. 우리 정부는 아군이 임무를 달성할 때까지 38선이 문제되는 상황을 피할 수 있기를 희망합니다."라는 전문을 보내옴으로써 문제 발생 시 책임에 대한 회피의 의도를 보였다.[40] 다시 말해, 작전적 수준에서 발생한 문제에 대해서는 책임을 지지 않으면서도 이를 결정하는 과정에는 관여하는 이중적인 모습을 보이고 있었다.

한편, 인천으로의 상륙작전이 승인되고, 미 합참의 우려와 달리 대성공으로 끝나게 되지만, 이후 미 합참은 전략지침을 하달할 때에 작전적 지휘관의 행동에 대한 제한사항의 필요성을 절감하고 전략지침을 하달 시에 이를 제시한다. 그것은 바로 9 · 27훈령으로서 "… 어떠한 환경에서도 귀관은 만주나 소련의 국경은 넘어서는 안 되며, 정치적 문제로서, 한국군이 아닌 어떠한 지상군도 소련에 접한 북동지역이나 만주 경계선에 연한 지역에서 운용되어서는 안 된다. 나아가 38도선 남쪽에서나 북쪽에서 실시하는 귀관(맥아더)의 작전에 대한 지원이 만주나 소련 영토에 대한 공중 및 해상작전을 포함해서도 안 된다. …"[41] 등 구체적이고 세부적인 내용으로 작전적 지휘관의 행동을 제한하고 있음을 알 수 있다.

전투의 연속적 · 동시적 조직

유엔군은 인천상륙작전 다음 날인 9월 16일 낙동강 전선에서 방어작전 중이던 미제8군을 반격작전으로 전환시켜 미 제10군단과 연결을

40) 윌리엄 맨체스터, 앞의 책, 2007, p. 1026.

41) 이준성 외(합동군사대학교), 『6 · 25 전쟁사(中)』, 국군인쇄창, 2013, pp. 6-7.

실시한 후 지대 내 적을 격멸토록 하였다. 즉, 적의 중심인 병참선을 차단하여 작전지속능력을 거부하고, 주력을 격멸하고자 하였으며 이를 위해 인천상륙작전은 미 제8군이 낙동강 전선에서 반격작전을 함에 있어서 망치를 세게 내려칠 수 있는 모루의 역할을 하였던 것이다. 특히 낙동강 전선에서는 5개 임시공격집단으로 공격하는 북한군의 9월 공세에 맞서서 미 3개 사단과 영 1개 여단이 남부축선을 담당하고, 국군 5개 사단이 동부축선을 담당하면서 성공적으로 방어해내었고, 인천상륙작전을 수행하는 미 해병임시여단과 국군 해병연대 및 독립 제17연대를 낙동강선의 임무로부터 해제시켰다.

상륙작전은 해 · 공군의 포격 및 폭격으로 상륙지역의 적을 무력화시킨 다음, 돌격부대인 미 제1해병사단으로 하여금 인천 시가지를 점령하고 김포비행장 및 서울을 탈환하며, 미 제7사단은 서울 남쪽 고지군과 한강 남쪽 제방을 점령하여 미 제8군과 연결하였다. 즉, 개별적인 전투들의 지속적인 시행을 통해 연결작전을 실시함으로써 작전적 수준의 목표를 달성했던 것이다.

유엔군은 상륙작전 자체에 대해서는 숨길 수 없었지만 대신 상륙지역과 시기에 대한 다양한 기만작전을 통해 기습효과를 극대화하였다. 또한, 북한군으로 하여금 낙동강 전선에 집중하도록 강요하여 인천 지역에 대한 방어를 상대적으로 소홀히 하도록 함으로써 상륙작전에 대한 성공 가능성을 증대시키고자 하였다.

전술적으로 달성된 성과의 확대

북한은 인천상륙작전의 성공을 의도적으로 은폐하고 독전대의 총부리를 앞세워 낙동강에서 공격하는 북한군을 진군시켰다. 하지만 1개월 안에 끝난다던 전쟁이 3개월 가까이 지속되면서 보급상황이 악화되고, 무더운 날씨와 더불어 유엔군의 효과적인 방어로 인해 공격이 둔화되면서 전의가 저하되기 시작하였다. 결국 9월 21일에는 인천상륙작전의 성공 사실이 전 전선에 전파되자, 22일부터 전선이 급격히 붕괴됨으로써 김일성은 새로운 전선 형성 구상도 단념하고 23일부로 전선사령부를 통해 전 부대를 북으로 후퇴하도록 명령하게 된다.[42] 즉, 상륙작전이 성공했다는 사실 하나만으로도 전쟁에 미치는 파장은 엄청난 것이었다.

42) 민항기 외, 앞의 책, 2009, p. 283.

인천상륙작전, 그 성공의 비결은?

인천상륙작전과 낙동강 전선에서의 반격작전으로 인해 북한군은 급격히 와해되었으며, 부산으로 진격할 때와 같은 경로를 통해 철수할 수밖에 없었다. 제1해병사단과 제7보병사단은 약 1만 8,000여 명의 인민군을 사살하였으며, 6,000여 명의 포로를 획득하였다. 반면 전사자 500여 명, 부상자 4,500여 명으로 아군의 피해는 상대적으로 경미하였다.[43)]

〈그림 2.9〉
마운트 맥간리 호에서 지휘하는 맥아더 장군

43) 고든 L. 리트먼, 앞의 책, 2006, p. 151.

인천상륙작전의 성공으로 인해 유엔군은 많은 회원국들의 지지를 받으며, 기존의 전쟁목표였던 '전쟁 이전 상태로의 회복'을 변경하여 전장을 38도선 이북으로 북상시켰는데, 이것은 작전적 승리가 전략에 영향을 미치는 대표적인 사례라고 할 수 있을 것이다.

물론 미 합참의 승인 없이, 미 제10군단을 지상군사령부인 미 제8군의 예하가 아닌 유엔군사령부의 직접 통제하에 둔 것이나 그 지휘권을 태평양함대 해병사령관인 셰퍼드 중장이 아닌, 상륙작전의 경험이 전무한 유엔군사령부의 참모장 알몬드 소장에게 부여한 것은 자신의 권한을 벗어난 것이라 할 수 있겠다. 또한 인천상륙작전으로부터 한 달 뒤에 실시한 웨이크도 회담에서 절대 참전하지 않을 것이라고 확신하던 중공 정규군이 대규모로 등장하였고 제3차 대전에 대한 우려로 인해 제한적인 전쟁을 희망하였던 트루먼 행정부와 달리, 절대 승리라는 제2차 세계대전에서의 군사전략에서 벗어나지 못하고 확전을 주장하던 맥아더는 결국 해임되고 본국으로 소환을 받게 되어 청문회까지 열게 되지만, 이로 인해 그가 달성한 작전적 수준에서의 성공이 빛을 바래서는 안 될 것이다.

Solutions of victory

III

위기를 승리로 전환하라

1950년 혹한의 장진호 전투

"후퇴라니! 우리는 새로운 방향으로 공격 중이야!"

미 제1해병사단장 올리버 스미스

"전쟁에 수반되는 위험, 육체적 고통 등은 여러 곳에서 우연과 접촉하여 부대를 정지시키거나 규율위반 등 병폐(病廢)를 강요하는 최대의 원인이다. 이 무서운 마찰은 우연과 만나는 어느 곳에서나 존재하며, 사전에 추측할 수 없는 현상을 일으킨다. 이에 대처하기 위해서는 반드시 정의(情意)와 지성의 커다란 힘이 필요하며, 그 근본의 힘은 의지의 힘, 즉 정신력이다. 강철과 같은 의지가 마찰을 제거한다. 큰 도로가 마주치는 광장에 서 있는 오벨리스크처럼, 병술(兵術)의 중앙에 당당히 솟아있는 것이 불굴의 정신을 갖춘 지휘관의 견고한 의지이다."[1)]

1950년 11월 말, 혹한의 추위 속에서 이루어낸 장진호 전투의 승리가 유엔군사령부의 오판이 빚어낸 비극을 보상할 수는 없다. 그러나 미 제1해병사단은 중공군 12개 사단을 장진호 일대에 고착시킴으로써 서부 전선에 대한 중공군의 증원역량을 소멸시키고 미 제8군을 위기에서 구해냈다. 또한 역사적인 흥남철수를 통해 미 제10군단과 국군 제1군단, 9만 8,000명의 민간인을 구출하는 데 결정적인 역할을 했으며 유엔군이 한반도를 포기하고 일본으로 철수할 뻔했던 위기를 극복했다.

장진호 전투! 그곳에서 빛난 인간의 정신력과 지휘관의 의지는 위기에 처한 대한민국을 구해냈다.

1) 클라우제비츠, 이종학 옮김, 『전쟁론』, 일조각, 1990, p. 71.

국군과 유엔군의 국경선 진출

유엔군의 크리스마스 공세: 섶을 메고 불속에 뛰어들다

탁상 위에서 구상한 전쟁은 현실에서 의도하지 않은 모습으로 나타난다. 물론 특정 상황을 완벽하게 통제하여 나의 의지대로 전장상황을 주도할 수 있다면 최초에 설정한 계획대로 작전목적을 달성할 수 있다. 그러나 현실은 예상하지 못한 요소들로 인해 틀어지고 만다. 우리는 이러한 요소들의 집합을 통틀어서 마찰이라고 부른다.

1950년 10월 25일, 한만 국경선 일대로 북진하던 국군과 유엔군은 중공군 제13병단의 13개 사단에 의해 청천강 일대에서 저지되었다. 그러나 유엔군사령부는 왜 중공군이 한반도에 투입되었고 그 규모는 얼마나 되는지 모르고 있었다. 오직 중공군이 조직적으로 공격을 실시하기 이전에 전쟁을 종결한다는 계획으로 서부전선에 미 제8군 3개 군단(미 제1·9군단, 국군 제2군단)과 동부전선에 미 제10군단을 투입하여 1950년 11월 24일 크리스마스 공세를 단행하였다.

그러나 중공군의 총사령관 펑더화이는 국경 진출에 실패한 유엔군이 또다시 공세를 시도할 것으로 예상하고 있었다. 그래서 유엔군이 크리스마스 공세를 시작하자 하루 동안 유엔군을 깊숙이 유인한 후 다음 날인 11월 25일, 서부전선의 미 제8군 정면에 제13병단 18개 사단을 투입하여 대규모의 2차 공세를 시작하였다. 상황은 급속히 악화되었다. 묘향산맥 일대에서 국군 제2군단은 심대한 타격을 받았고 순천 일대에서 미 제9군단은 퇴로가 차단되는 위기에 처했다. 설상가상으로 11월 27일에는 동부전선에서 중공군 제9병단의 공격이 시작되었으며, 미 제1해병사단은 장진호 일대에서 포위되는 상황이 야기되었다. 온 산과 들에는 중공군으로 넘쳐났으며 국군과 유엔군은 섶을 지고 불속에 뛰어드는 격이 되어버렸다.

한반도에 투입된 중공군은 총 30개 사단 규모였으며 더 이상의 북진은 유엔군의 자멸을 초래할 수 있었다. 11월 28일 밤 맥아더 원수는 도쿄에서 긴급작전회의를 열고, 전선의 모든 부대에 대해 평양-원산을 연하는 선으로 철수할 것을 결정하였다.[2] 이러한 상황에서 미 제1해병사단은 장진호 일대에서 중공군 7개 사단 규모가 형성한 포위망을 벗어나기 위해 눈물겨운 포위망 돌파작전을 진행하고 있었다. 그러나 미 해병이 단독으로 100여km에 달하는 포위망을 돌파한다는 것은 기적에 가까운 일이었다.

혼란스러운 공격계획 변경: 북진에서 서진으로

1950년 10월 26일 원산에 상륙한 미 제1해병사단은 군단으로부터

2) 한국전략문제연구소, 『중공군의 한국전쟁사』(항미원조전사), 세경사, 1991, pp. 41-53.

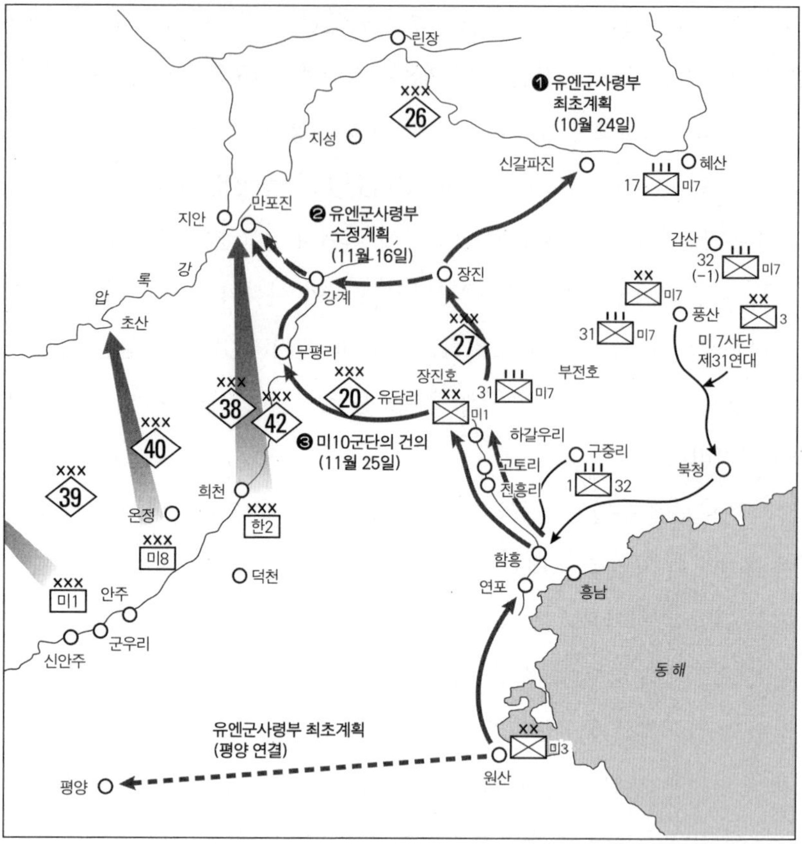

〈그림 3.1〉 미 제1해병사단의 크리스마스 공세계획

압록강까지 진격 임무를 부여받고 북진을 시작하였다. 그러나 낭림산맥에 의해 동부지역의 미 제10군단과 서부지역 미 제8군의 간격이 점점 더 벌어지자 유엔군사령부는 미 제1해병사단의 공격방향을 북한의 임시수도인 강계 방향으로 변경하였다. 하지만 11월 25일, 미 제10군단장의 건의로 미 제1해병사단의 공격방향은 서쪽 무평리 방향으로 다시 변경되었다. 그리고 북진하던 미 제7사단에서 1개 연대가 미 제1해병사단의 우측

을 엄호토록 임무가 부여되었다.[3)]

한편 장진호로부터 100마일 이상 떨어진 풍산 일대에서 혜산진으로 북진하던 미 제7사단 31연대장 맥클레인 대령은 새로운 부대 편성에 정신이 없었다. 사단에서는 자신의 3대대와 연대 전차중대, 제57포병대대와 얼굴도 모르는 32연대 1대대를 연대전투단으로 편성하여 장진호 동쪽의 미 해병 제5연대와 임무를 교대토록 지시했기 때문이다.[4)] 예하 부대들도 정신이 없었다. 각 부대는 자신의 임무가 명확히 무엇인지 모르는 상태에서 11월 27일, 부랴부랴 장진호 동쪽으로 이동하였다.

중공군, 덫을 놓고 유인

황초령 고개를 넘어서며 미 제1해병사단장 올리버 스미스 소장은 중공군이 덫을 만들고 미 해병을 유인하고 있다는 느낌을 강하게 받았다. 미 제1해병사단이 함흥에서 장진호까지 오는 100여km 구간에 도로는 급경사의 S형 굴곡도로 하나밖에 없었다. 그러나 유엔군사령부가 퇴각 중이라고 얘기한 중공군은 북진하는 유엔군을 저지하기 위해 도로 어느 곳에도 장애물을 설치하지 않았고, 황초령에 있는 수문교와 장진강 위의 어떠한 다리도 파괴하지 않았다. 너무도 미심쩍은 현상이었다.

황초령을 넘어서자 미 제1해병사단의 눈앞에는 한반도의 지붕이라 불리는 평균고도 1,200m의 험난한 개마고원이 펼쳐졌고 공격해야 할 서

---

3) 이에 따라 장진호 동쪽에 있던 미 해병 제5연대는 서쪽 유담리로 전환하여 제7연대를 초월공격하도록 임무가 변경되었다.

4) 그 이유는 국경으로 분산되어 진출하던 미 제7사단이 군단의 명령을 받고 어느 한 연대만을 선택할 수 없어서 연대별로 1~2개 대대를 차출하여 제31연대전투단을 편성하였기 때문이다.

쪽으로는 해발 2,000m의 낭림산맥이 길게 뻗어 있었다. 그런데 신기하게도 이 높은 곳에는 1938년 일본이 완공한 저수량 10억 5,900만 톤의 중력식 콘크리트 댐인 인공호수 장진호가 있었다.[5] 더군다나 기상은 점점 나빠지고 있었다. 10월 하순부터 눈이 내리더니 11월 하순부터 기온은 영하 27도까지 급강하하기 시작했다. 하나밖에 없는 도로는 빙판으로 변하고 사단은 50km 반경에 광범위하게 분산되어 있었다.[6] 그러나 미 제10군단장 알몬드 소장은 미 해병이 무평리 방향으로 신속히 공격하여 미 제8군과 연결할 것을 재촉하고 있었다.

올리버 스미스 소장은 어디에선가 중공군이 웅크리고 앉아서 미군이 들어오기만을 기다리는 것 같았다. 그래서 공격작전 간 단 하나밖에 없는 도로가 차단되는 것이 두려웠다. 도로가 차단된다는 것은 곧 자멸을 의미했다. 그래서 사단장은 퓰러 대령의 제1연대에게 하갈우리와 진흥리 간의 병참선 방호 임무를 부여하였다.

한편 쑹스룬(宋時輪)이 지휘하는 중공군 제9병단은 1950년 11월 초순 중국 남부의 절강성에서 이동하여 제13병단 예하의 제42군으로부터 장진호 일대의 작전지역을 인수받았다.[7] 중공군 제9병단은 주력을 집중하여 미 제1해병사단을 장진호 일대에서 섬멸한 후 함흥–흥남 지역으로 추격하여 미 제10군단을 격멸할 계획이었다.[8] 하지만 각 부대들의 행군

---

5) 장진호에서 생산된 전기는 흥남, 원산의 공업지대와 서울 및 평양 지역으로 송전되었다.

6) 미 해병 제7연대는 장진호 서쪽 유담리에, 제5연대는 장진호 동쪽 신흥리로 북상 중이었다.

7) 동부전선에서 북진하는 유엔군 견제 임무를 수행하던 중공군 제13병단 소속의 제42군은 이후 영변으로 이동했다.

8) 이를 위해 장진호 북쪽에서 공격하는 제27군은 장진호의 동서 양방향으로 공격하여 신흥리와 유담리 일대의 적을 포위·섬멸하고, 하갈우리로 공격을 확대하고자 했다. 또한 제20군은 장진호 서쪽으로 우회하여 제27군의 남쪽에서 미 제1해병사단의 유일한 보급로인 하갈우리-함흥 간의 산악도로를 차단 후 미군을 포위·섬멸할 방침을 세우고 제20군과 제27군을 제1제대

속도는 느렸다. 유엔군의 공중정찰을 피해서 밤에만 움직여야 했는데 지형이 너무 험했다. 제20군은 장진호 서쪽 유담리 일대에, 제27군은 장진호 북쪽과 서쪽에 각각 도착하고 있었으나 제26군은 아직도 남하 중이었다.[9] 미 해병사단을 포위해야 하는 중공군 제9병단장에게는 초조한 시간이었다.

로, 그리고 제26군을 예비부대로 편성하여 부대를 전개시켰다.

9) 중공군의 병단은 현재 우리 군의 야전군급에 해당하며 중공군의 군은 우리 군의 군단급에 해당한다. 당시 중공군 제9병단은 3개 군(군단)으로 구성되어 1개 군(군단)은 4개 사단으로 편성되었다.

제1단계: 분산된 부대의 통합

사단장의 구상: 사단의 운명은 하갈우리에 달렸다

서부전선에서 미 제8군이 중공군 제13병단의 공격을 받고 있던 11월 27일 08시 15분, 미 제1해병사단은 공격을 개시하였다. 그러나 이 날 저녁 18시 30분부터 중공군 제9병단 역시 공격을 개시하였다. 공격 중이던 부대들은 장진호 일대의 유담리, 하갈우리, 진흥리 등에서 분산된 채 중공군 7개 사단에게 포위되었다. 예상치 못한 상황이 발생하자 미 제10군단장은 맥아더 장군과 도쿄회의 후인 11월 30일, 하갈우리에서 작전회의를 열고 장진호 부근의 모든 부대를 함흥-흥남 지역으로 집결시킬 것을 결정하였다.

이에 미 제1해병사단장 올리버 스미스 소장은 ① 사단 지휘소가 위치한 하갈우리를 방호하기 위해 전투력을 최우선적으로 증강시키고, ② 장진호 서쪽 유담리에 포위된 미 해병 제5·7연대를 하갈우리로 집결시키며, ③ 장진호 동쪽의 미 제7사단 31연대전투단을 하갈우리로 이동시키는 연결작전을 우선적으로 수행할 것을 구상하였다.

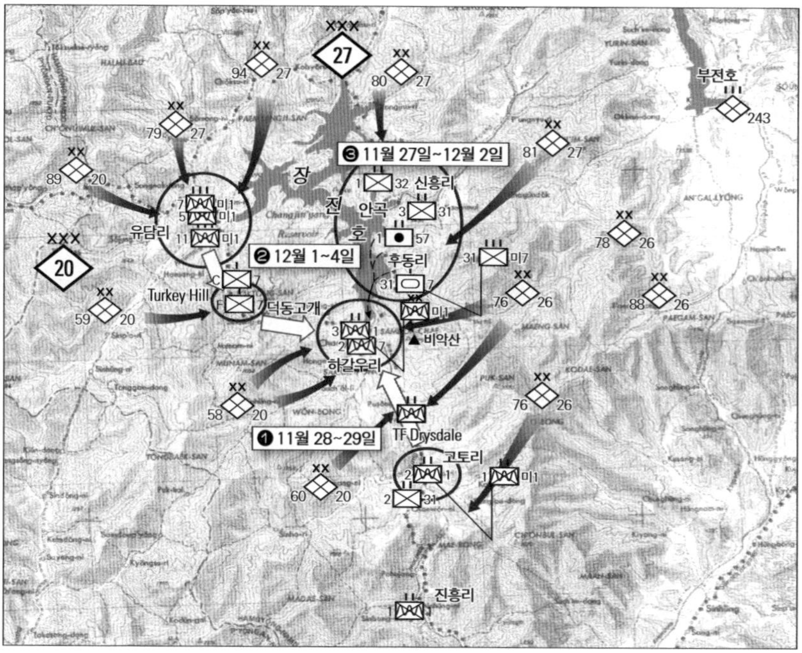

〈그림 3.2〉 미 제1해병사단의 포위된 부대 연결작전

‘드라이스데일 TF’의 하갈우리 연결작전[10]: 어떠한 희생을 감수하더라도 돌파하라

올리버 스미스 사단장은 초조했다. Y자 형태의 중심에 위치한 하갈우리는 사단의 운명이 걸린 작전의 중심지였다. 이곳에는 사단지휘소와 보급기지가 위치해 있으며 장진호 서쪽의 사단 주력과 동쪽의 미 제7사

10) 적에게 포위된 상태에서 전투는 포위하 방어, 포위망 탈출, 연결작전으로 진행된다. 따라서 미 제1해병사단이 중공군에 의해 전면 포위된 상황을 돌파하여 군단과 합류하기 위해 함흥 일대로 이동한 작전은 철수작전이 아니라 연결작전으로 보는 것이 타당하다.

단을 연결하고 있었다. 하지만 하갈우리의 방어력은 빈약했다. 단지 미 해병 2개 대대(제1연대 제3대대(-), 7연대 2대대)와 지원부대만이 배치되어 있었다. 더군다나 수집한 첩보에 따르면 적은 하갈우리 전방 5마일 지점까지 접근하고 있었다. 이에 11월 28일, 사단장은 고토리를 방어하는 미 해병 제1연대장에게 보급로 개통을 지시했으나 투입된 D중대는 중공군에 의해 저지되었다. 하지만 사단장에게 희망은 있었다. 영국해병 제41특공대가 사단과 합류하기 위해 북상 중이었기 때문이었다.

11월 29일, 사단장은 즉시 영국해병 제41특공대장인 드라이스데일 중령에게 북상할 부대(하갈우리의 미 해병 제1연대 3대대가 진흥리에 두고 온 G중대와 장진호 동쪽으로 북상 중인 제31연대 B중대)를 통합하여 하갈우리까지 주 보급로를 개통하도록 명령하였다. 이에 따라 고토리에 도착한 영국해병 제41특공대를 중심으로 '드라이스데일(Drysdale) TF'가 편성되었다.

드라이스데일 TF의 부대 편성

① 미 제1해병사단 1전차대대 D중대(전차12대), 제5연대 전차 소대(전차 5대)
② 미 해병 제1연대 G중대(차량 22대)
③ 영국해병 제41특공대(차량 31대)
④ 미 제7보병사단 31연대 B중대(차량 22대)
⑤ 미 제1해병사단 본부대대(차량 66대)
⑥ 미 제1해병사단 1전차대대 B중대(-)(전차 12대)

11월 29일 09시 45분, 포병 지원사격하에 시작된 드라이스데일 TF의 고토리-하갈우리 연결작전은 고토리 북쪽 6km 지점부터 중공군의 강력한 저항에 부딪혔다. 좁은 협곡 사이에서 장애물에 봉착한 최선두의 전차 D중대와 보병이 혼재되고 사상자가 속출하자 드라이스데일 중령은 사단장에게 돌파 여부 결정을 건의하였다. 하지만 사단장은 단호하게 "어떠한 희생을 치르더라도 돌파를 감행"할 것을 명령하였다. 이에 따라 드라이스데일 TF는 하갈우리와 고토리 중간지점인 부성리 일대의 '죽음의 계곡(Hell's Fire Valley)'을 강행 돌파하였다.

하지만 공교롭게도 비좁은 도로에서 적 박격포 사격에 탄약차량이 폭발하면서 후속부대는 4개의 거점으로 분리되어 포위되었다. 다음 날 중공군이 포위망을 압축하자 제1거점의 제31연대 B중대 위주로 편성된 맥로린(McLaughlin)[11] 부대가 중상자를 후송한다는 조건으로 중공군의 항복 요구에 동의함으로써 '죽음의 계곡' 전투는 종료되었다.[12]

한편 드라이스데일 중령은 통신이 단절되었지만 후속부대가 계속 뒤따르고 있다고 인식하고 있었다. 하갈우리 전방 2km 지점에서 다시 이어진 중공군의 기습으로 전차 1대와 차량 수대가 파괴되고 드라이스데일 중령이 부상을 입자 미 해병 제1연대 G중대장(씨터 대위)이 지휘권을 인수하였다. 씨터 대위의 지휘아래 선두의 전차 D중대, 미 해병 G중대, 영국해병 제41특공대의 주력, 기타 일부 병력은 악전고투 끝에 11월 29일 19시 15분경 하갈우리 진입에 성공하였다.

이 전투에서 드라이스데일 TF는 병력의 35%, 차량 75대, 전차 1대가 손실되는 심각한 피해를 입었다. 그러나 하갈우리에는 병력 400여 명과 전차 16대가 증원되었고, 위기에 처했던 하갈우리 전 장병의 사기는

11) 제1거점에는 미 제10군단 작전참모부 해병대 연락장교인 맥로린 소령과 사단 헌병대, 본부대, 영 제41특공대 일부 병력이 고립되어 있었으며 최선임자는 사단 군수보좌관인 치에스타 중령이었으나 중상으로 지휘가 불가한 상황이었다.

12) 중공군과 항복교섭 진행 중 미 · 영국해병대와 육군병력 등 70여 명이 적진을 탈출하여 고토리로 복귀했으며, 중공군이 방치한 부상자들은 주민들의 도움으로 수일 뒤 사단 돌파작전 시 구출되었다.

크게 고양되었다. 또한 이날 22시 30분경부터 시작된 중공군 제58사단의 하갈우리 집중적인 공격을 다음 날(11. 30.)까지 막아냄으로써 드라이스데일 TF는 하갈우리 방어의 주체가 되었다.

장진호 서쪽, 유담리 – 하갈우리 연결작전: 적이 예상하지 못한 시간과 방법으로 기동하라

11월 27일 18시 30분경, 중공군 제20군과 27군은 유담리 일대의 미 해병 제5 · 7연대에 대해 대규모 공격을 개시하였다.[13] 중공군의 대대적인 공세에 부딪힌 미 제1해병사단장은 11월 28일 11시를 기해 공격작전을 중지하고, 11월 30일, 군단의 전면 철수 명령에 따라 적의 포위망을 돌파하는 계획을 수립하여 하달하였다.

포위망 돌파준비에 착수한 미 해병 제5 · 7연대장은 상호협의를 통해 "먼저 보병부대가 도로의 양쪽 고지를 확보한 다음에 부상자를 포함한 차량제대가 도로를 따라 전진하고, 이와 동시에 제7연대 제1대대는 독립작전으로 산악을 횡단하여 F중대와 합류한 후 덕동고개를 계속 확보하면서 주력의 통과를 엄호한다"는 작전계획을 수립하였다.[14]

12월 1일 08시, 영하 24도의 혹한 속에 1282고지에서 중공군 제79사단과 대치하던 제5연대 3대대부터 부대 이동이 시작되었다. 최후미

13) 중공군 제79사단은 북쪽 능선을, 제89사단은 서북쪽 능선을, 그리고 제59사단은 남쪽으로 우회하여 덕동고개–유담리 간 보급로를 차단하였다.

14) 이때 포병은 화력지원이 중단되지 않도록 교대로 전진하며, 부족한 보병 전투병력 충원을 위해 포병부대에서 9개 소대를 보병소대로 임시 편성하고, 차량제대에 배속하여 경계 임무를 수행하였다.

를 엄호하던 G중대는 피아가 혼재된 가운데 전방항공통제관의 근접항공지원 유도와 포병, 81mm 박격포 사격을 통합 운용하여 단 한 명의 부상자 없이 이탈에 성공하였다. 09시 30분에는 1240고지에서 제5연대 1대대가 부대 이동을 시작하여 1100고지로부터 장진호 남서쪽에 이르기까지 급편방어 진지를 편성하고 중공군 공격에 대비하였다. 제5연대 2대대는 1276고지로 이동하여 제7연대 1대대로부터 진지를 인수하였다. 이로써 제5, 7연대는 서쪽으로 1276고지로부터 동쪽으로는 장진호반에 이르기까지 방어선을 형성하는 데 성공하였다.

제5연대가 전진을 개시하자 제7연대 3대대(-)는 전진로 상의 감제고지인 터키 힐(Turkey Hill, 1419고지)[15]과 1542고지를 확보하기 위한 공격을 개시하였다. 적의 완강한 저항을 무릅 쓰고 제5연대 3대대는 도로를 따라 돌파를 개시하고, 7연대 H중대에는 A, B중대를 추가로 투입하여 1419고지를 점령하였다.

한편 덕동고개는 유담리와 하갈우리를 연결하기 위해서 반드시 확보해야 할 요충지로서 미 해병 제7연대 F중대가 배치되어 있었다.[16] F중대와 연결작전을 수행한 미 해병 제7연대 1대대는 중공군의 예상을 역이용하여 야간 산악기동을 실시하였다. 당시 중공군은 "미군은 후방이 마비되면 대부분의 중장비를 유기하며, 주간전투에는 강하나 야간전투에는 약하다"라고 평가하고 있었다.

12월 1일 21시, 제7연대 1대대(데이비스 중령)는 연대의 조명탄 사격유

---

15) 추수감사절에 칠면조 고기를 먹고 남은 뼈를 묻었다고 해서 'Turkey Hill'로 불렸다.

16) 미 해병 제7연대 F중대는 덕동고개(Fox Hill)에 배치되어 주 보급로 경계 임무를 수행하다 중공군 공세 첫날인 11월 27일, 중공군 제59사단에 의해 포위되었다. 미 해병 제7연대는 3회에 걸쳐 F중대와 연결작전을 시도하였으나 모두 실패하고 1419고지의 C중대만을 구출한 상황이었다.

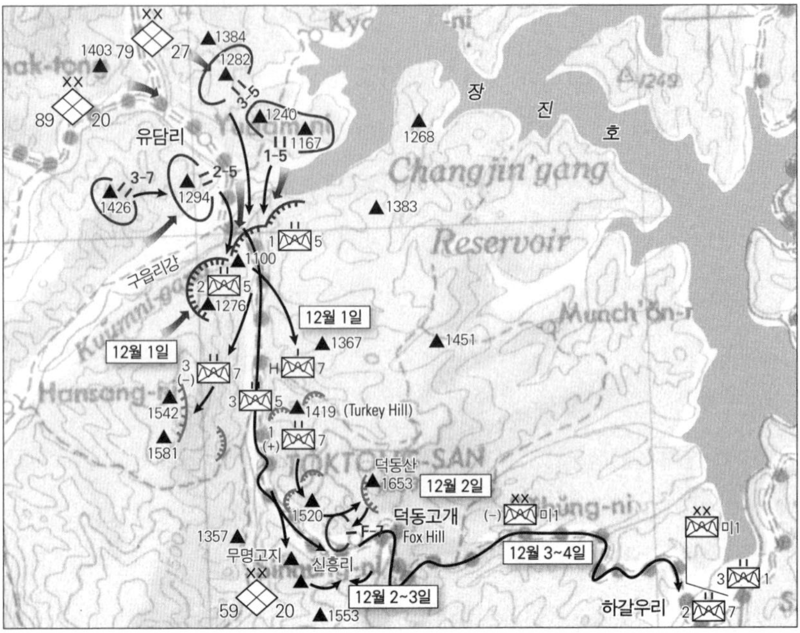

〈그림 3.3〉 유담리 – 하갈우리 연결작전

도를 받으며 터키 힐을 출발하였다. 영하 30도의 혹한과 무릎 이상 쌓인 눈밭을 뚫고 산악기동에 따른 극심한 체력소모를 극복하며 12월 2일 11시 25분, 1대대는 F중대와 연결에 성공하였다. 당시 F중대는 전사 26명, 부상 89명(장교 1명을 제외한 전원), 실종 3명 외에도 전멸의 위기 속에서 중공군 제59사단의 공격을 5일간 막아내고 있었다.[17] 이렇듯 적에게 포

17) 덕동고개 돌파작전 간에는 미 해병 제1항공사단을 비롯하여 제77기동함대에서 출격한 2/3의 항공전력은 덕동고개 돌파작전에 할당되었으며 대대전방 50m까지 기총사격과 네이팜탄 공격을 실시하였다. 하갈우리에서는 105mm 2개의 곡사포대(하갈우리 남쪽에는 제2포병대대 D포대, 북쪽에는 3포병대대 H포대가 배치되어 방호 임무를 병행)가 사거리를 고려하여 방어선 최전방에 배치되었다. 상공에는 항상 2대의 정찰기가 선회하며 적정을 통보해주었고 전방 및 측후방의 적에 대하여는 공중전력이 대기하며 중공군의 접근을 차단함으로써 중공군은 미 해 · 공군의 대지공격과 포병화력의 장벽에 막혀 접근하지 못했다. 덕동고개 확보 후 12월 3

위된 F중대가 중대장 바버 대위를 중심으로 사단의 전술적 요충지인 덕동고개를 사수함으로써 사단 주력은 하갈우리 연결작전에 성공할 수 있었다.

드디어 12월 4일 14시 무렵, 영국해병 제41특공대의 엄호를 받으며 최후미부대인 제7연대 3대대가 하갈우리에 도착함으로써 77시간 동안 약 22km에 걸친 유담리-하갈우리 연결작전은 종료되었다. 이 기간 중 미 해병 제5, 7연대는 시간당 약 268~370m를 기동할 정도로 포위망 돌파는 치열했다.[18)]

장진호 동쪽, '페이스 TF'의 붕괴

11월 27일 장진호 동쪽에 도착한 미 제7사단의 31연대전투단은 신흥리 북서쪽(제32연대 1대대), 안곡(제31연대 3대대, 제57포병대대), 후동리(연대본부, 연대 전차중대) 일대에 각각 분산되어 있었다. 이날 저녁 23시경, 중공군 제80사단의 공격이 시작되었다. 첫날 전투에서 숙영 중이던 제31연대 3대

일 하루 동안 미 해병 제5, 7연대에 대하여 무려 145회의 항공지원이 실시되었다. 덕분에 덕동고개에서부터 전위 임무를 수행한 미 해병 제7연대 1대대는 거의 중공군과 접촉 없이 하갈우리 서남쪽 4km까지 진출할 수 있었다.

18) 유담리-하갈우리 연결작전 중 미 제1해병사단은 전사 164명과 실종 55명, 부상 921명 등 1,140명의 인명손실과, 1,194명의 동상환자가 발생했다. 장비는 155mm 견인포 1문이 계곡에 추락하였으며, 8문은 유류 부족으로 파괴하였다. 반면 중공군은 8,550명의 사상자가 발생한 것으로 추정된다.

〈유담리-하갈우리 연결작전 중 이동거리 및 시간소요〉

구 분	이동거리 (유담리~하갈우리)	시간소요		시간당 이동거리	
		선두부대	최후미부대	선두부대	최후미부대
내 용	22km	59H	77H	268m	370m

대와 제57포병대대는 유린되었으며, 제31연대 3대대장과 대대참모 대다수가 전사하고 배속된 미 제5공군의 전술항공통제반(TACP)은 기능을 상실했다.[19] 중공군 제80사단의 치명적인 공격은 11월 29일까지 이어졌다. 제32연대 1대대와 함께 있던 연대장 맥클레인 대령은 분산된 자신의 부대가 전멸될지도 모른다는 불안감에 휩싸였다. 그래서 각 부대를 안곡 일대로 집결시켜 중공군의 공격을 저지하기로 결정하였다. 11월 29일, 제32연대 1대대는 적과 근접전투를 치루며 가까스로 안곡 방어진지에 도착하였다. 그러나 접근하는 중공군을 증원군으로 착각한 연대장이 적에게 포로가 되는 상황이 발생하였고 제31연대전투단은 선임장교인 제32연대 1대대장 페이스 중령의 지휘 아래 놓이게 되었다.(이하 '페이스 TF'로 지칭)

페이스 TF를 구출하기 위한 제31전차중대의 연결작전은 11월 28~29일간 실시되었다. 그러나 전차중대장은 적에 대한 어떤 정보도 알지 못한 상태였다. 항공기의 공중엄호를 받았으나 전술항공통제반이 없어서 요망하는 지점에 공중공격을 유도할 수 없었다. 도로장애물로 차단된 1221고지 주변에서 중공군의 로켓포 공격으로 전차가 파괴되고, 결빙된 도로에서 전차가 통제 불능 상태에 빠지자 중대는 전진을 포기하고 복귀하였다.[20] 그러나 이러한 제31전차중대의 연결작전 시도에 대해 페이스 TF는 전혀 모르고 있었다. 양쪽 모두 어떠한 통신망도 연결되지 않았기 때문이다.

이후 제31연대본부 및 제31전차중대는 하갈우리로 철수하여 이스

---

19) 제32연대 1대대에는 해병대 TACP 1개 반이, 제31연대 3대대에는 미 제5공군에서 배속된 TACP 1개 반이 있었다.

20) 당시 현장에 있던 미 제7사단 부사단장 호즈 준장은 구출작전의 실패가 분명해지자 후동리로 복귀하였으며, 이후 전차 1대를 이용해 하갈우리로 이동하여 미 제1해병사단의 증원을 요청하였다.

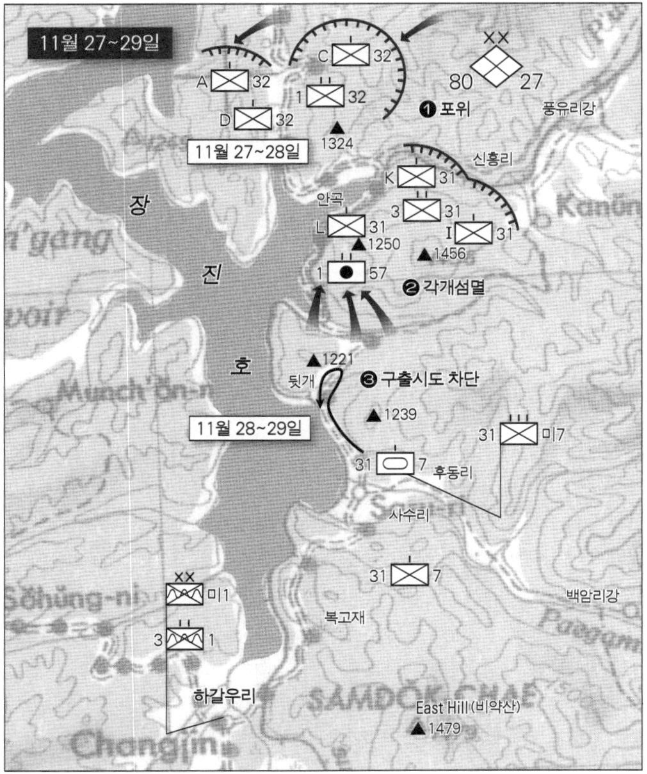

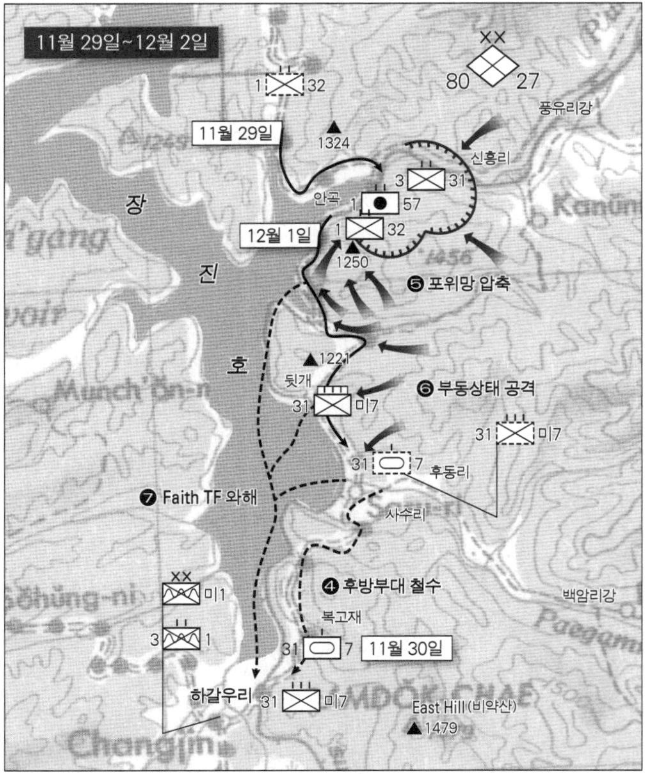

〈그림 3.4〉 페이스 TF의 하갈우리 연결작전 상황도

트 힐(East Hill, 비약산) 기슭에 배치되었다. 이에 따라 하갈우리와 페이스 TF 사이에는 어떤 우군부대도 존재하지 않게 되었고, 풍유리강 하구에서 하갈우리 간 기동로는 중공군이 설치한 도로장애물로 차단되었다. 더군다나 야간부터 시작된 중공군의 공격은 부대를 붕괴위기로 몰아넣고 있었다. 따라서 페이스 중령은 '현 위치에서 구출을 기다릴 것인가, 아니면 자력으로 돌파할 것인가' 선택의 기로에 서 있었다.[21]

12월 1일 오전 10시경, 페이스 중령은 자력으로 미 해병 제1연대가 있는 하갈우리로 돌파를 결정하였다. 이날 미 제1해병사단장은 모든 항공지원의 우선권을 페이스 TF에게 부여하였다. 오후 12시 50분, 항모 레이테에서 발진한 항공기 20대의 엄호하에 페이스 TF는 안곡에서부터 포위망 돌파를 개시하였다. 그러나 기동로 좌우의 고지를 확보해야 할 병사들은 생존을 위해 도로로 몰려들었으며, 장교들은 혼란에 빠진 병력들로 인해 중공군의 측방과 후방 위협을 통제하지 못했다. 차량제대의 엄호는 불가능했으며 차량운전병들은 적의 저격에 하나둘 희생되어갔다. 또한 제57포병대대는 대대장이 부상으로 후송되고 포대장들은 전사함으로써 어떤 임무도 수행할 수 없었다. 견인포는 유기되었고, 차량들은 무수한 환자를 실어야 했다. 그래서 오직 항공지원에만 의존한 채 부대 이동이 실시되었다. 그러나 주간 근접항공지원은 중공군에게 심대한 타격을 주었으나 항공지원을 받을 수 없는 야간에는 부대 이동속도가 현저히 저하되고 피해는 급속히 증가했다. 급기야 후위부대가 와해되어 호수 쪽으로 이탈하는 상황이 발생되었다. 결국 선두제대는 하갈우리 북쪽 7km

21) 이때 제31연대전투단에 합류하기 위해 북상 중이던 제31연대 2대대는 진흥리에서 중공군의 공격을 받고, 분산된 채 고토리를 방어 중인 미 해병 제1연대에 합류하였다. 또한 대대에 배속된 제31연대 1대대 B중대는 11월 28일, 대대보다 먼저 고토리에 도착했으나 드라이스데일 TF로 편성되어 119명에 달하는 심각한 피해를 입었다.

에서 정지되었고 페이스 중령이 전사하는 최악의 상황이 닥쳐왔다. 공포에 빠진 부대원들은 얼어붙은 장진호를 걸어서 하갈우리를 향해 목숨을 건 탈출을 시작하였다.

12월 2일 새벽까지 생존자 중 670명이 하갈우리에 도착하였다. 생존자 구출에 나선 미 제1해병사단 수색부대는 페이스 TF에 편성된 3개 대대 2,600명 중 1,050명을 구출하였는데, 전사자는 300명만이 확인되었을 뿐 나머지는 모두 실종되었다. 그러나 페이스 TF의 붕괴를 단순한 패배로만 볼 수는 없다. 하갈우리 방어선의 가장 취약한 북쪽과 동쪽을 공격하려던 중공군 제80사단은 11월 27일부터 12월 2일까지 5일간 페이스 TF에 의해 저지되었고 전투력이 약화됨으로써 미 제1해병사단은 하갈우리 방어에 성공할 수 있었다. 더불어서 이 기간 중 미 제1해병사단은 하갈우리에 사단 주력을 집결시킬 수 있었기 때문이다.

제2단계: 미 제1해병사단의 연결작전

하갈우리 – 고토리 연결작전: 새로운 방향으로 공격

이제 하갈우리에는 미 해병 제5, 7연대와 미 제7사단 페이스 TF의 일부 병력(당시 31대대로 지칭), 그리고 드라이스데일 TF가 집결함으로써, 약 1만여 명의 병력과 1,000대의 차량, 1,500여 명의 피난민으로 붐비고 있었다. 군단이 있는 함흥으로 연결하기 위해 미 제1해병사단은 12월 2일부터 5일까지 4,359명의 부상자를 공중후송하였다.[22] 또한 식량, 유류, 탄약 등의 공중보급을 실시하는 한편 후송이 불가한 시설과 물자에 대한 파기가 완료되었다. 12월 3일, 하갈우리를 방문한 군단장은 돌파계획에 따른 모든 결정을 사단장에게 위임하였으며 사단장은 돌파일시를 12월

22) 올리버 스미스 소장은 사단이 무평리 방향으로 공격을 시작하던 11월 27일부터 주야작업을 강행하여 12월 1일 오후에는 하갈우리에 약 1,000m의 활주로를 완공하였다. 이에 따라 부상병에 대한 공중후송이 가능해졌으며, 후송 현황은 아래와 같다.

〈12월 2~5일까지 수송된 병력 현황〉

구분	하갈우리				고토리
	계	미 제1해병사단	페이스 TF	영국해병대	
인원(중상자)	4,312명	3,150명	1,137명	25명	47명

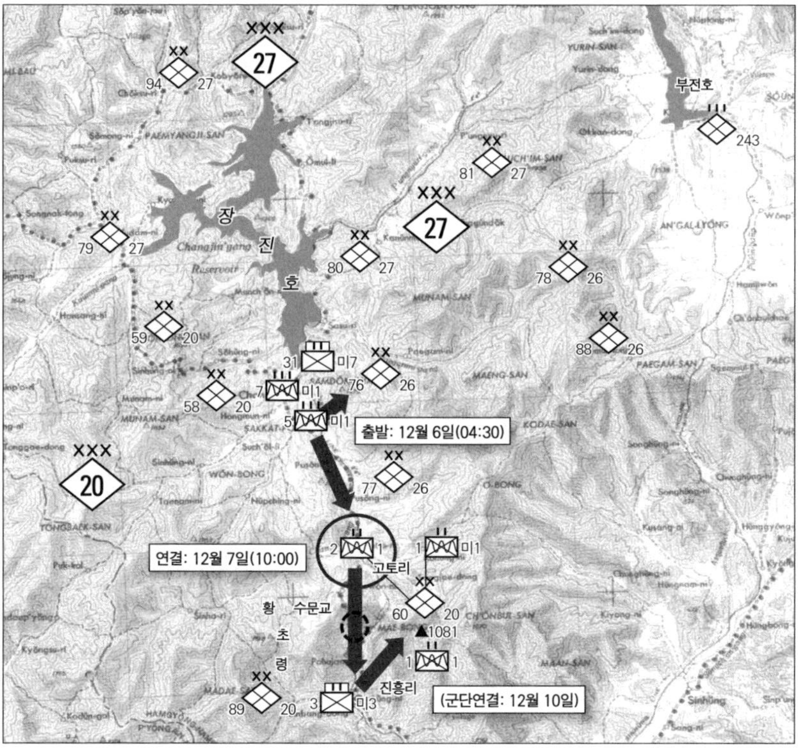

〈그림 3.5〉 미 제1해병 사단의 군단 연결작전

6일로 결정하였다.

사단장 올리버 스미스 소장의 작전구상은 제7연대전투단이 돌파 개시와 동시에 제5연대전투단은 하갈우리 동쪽의 이스트 힐을 확보하여 제7연대전투단의 돌파를 엄호한 뒤 사단을 후속하고, 고토리에 도착 후에는 제1연대전투단이 사단 후위 임무를 수행하여 함흥으로 연결하는 것이었다.

12월 5일 정오를 기해 미 해병 제5연대는 하갈우리 방어진지를 점령하였다. 그러나 이날 밤 중공군의 하갈우리 공격은 지연되고 있었다.

중공군 제9병단장 쑹스룬은 극심한 피로와 식량, 탄약이 부족한 상황에서는 도리어 미 제1해병사단의 강력한 화력에 휘말릴 염려가 있다고 판단하였다. 그래서 충분한 병력과 화력을 지원받은 후 미 해병이 하갈우리에서 철수할 때 공격을 기도하고 있었다.

한편 2개 전투대대로 고토리를 방어 중인[23] 미 해병 제1연대장은 12월 6일부터 8일까지 공병 D중대로 하여금 비행장 활주로 확장공사를 완료시킴으로써 부상자 444명을 공중후송하고,[24] 따뜻한 음식과 휴식을 취할 수 있도록 1만 4,000명을 수용할 텐트를 설치한 후 사단주력이 도착하기를 기다리고 있었다.

이때 올리버 스미스 사단장은 반드시 해결해야 할 두 가지 난관에 부딪혔다. 먼저, 진흥리를 방어하던 미 해병 제1연대 1대대의 정찰 결과 가장 애로지역인 황초령 고개 중간지점의 U자형 굴곡도로와 이를 감제하는 1081고지를 중공군이 점령하고 있다는 것과, 두 번째는 황초령 수문교가 중공군에 의해 파괴되었다는 것이다.[25] 이에 사단장은 군단장에게 진흥리를 방어 중인 미 해병 제1연대 1대대로 하여금 1081고지를 공격할 계획을 보고하였다. 이를 승인한 미 제10군단장 알몬드 소장은 원산에서 군단의 철수를 엄호하던 미 제3사단 1개 대대를 증강시켜 '도

---

23) 미 해병 제1연대 2대대가 방어 중이던 고토리는 12월 1일, 미 제10군단장 알몬드 소장은 장진호 동쪽에 고립된 페이스 TF와 합류하기 위해 북상 중이던 미 제7사단 제31연대 2대대를 미 해병 제1연대장이 작전지휘토록 조정함으로써 고토리 방호는 2개 전투대대로 증강되었다.

24) 고토리 활주로를 이용한 병력후송은 확장공사 이전부터 시작되어 12월 7일에는 약 200명, 8일에는 눈보라 속에서도 C-47 수송기 1대가 기적적으로 19명을 후송했다. 12월 9일에는 사단 의무대대장 지휘 아래 225명을 후송하였다.

25) 중공군은 미 제1해병사단이 진흥리를 통과하자 수문교를 파괴했다. 이에 사단 공병대대는 수문교를 보수하여 중량 50톤의 교량을 구축했으나 2~3일 뒤 중공군이 재차 파괴하였다. 그래서 사단은 군단 제73공병대대의 지원을 받아 도하용 조립교로 재설치하였다. 12월 4일, 항공정찰 결과 교량은 또 다시 파괴된 상태에 있었다.

미 보병 제3사단의 도그 TF 편성

- 지휘: 미 보병 제3사단 부사단장(준장 미드)
- 편성: 미 보병 제3사단 제7연대 3대대
- 배속: 미 제92포병대대(155mm 곡사 자주), 고사총부대, 공병 및 통신대

그(Dog) TF'를 편성하고 12월 7일 23시경 미 해병 제1연대 1대대와 진지 교대를 완료하였다.

두 번째는 중공군이 파괴한 길이 9m의 수문교 절단부분에 대한 교량 가설 문제였다. 군단은 일본에 있는 유엔군사령부로부터 낙하산 기술요원을 지원받아 100여 명이 밤샘작업 끝에 대형 낙하산을 제작하였다.[26] 시간이 촉박하여 투하실험 없이 고토리에 투하된 8개의 도하용 조립교 중 회수에 성공한 6개는 선두에서 공병 2개 중대가 수송하였다.

드디어 12월 6일 04시 30분, 하갈우리와 고토리에 배치된 모든 포병부대가 맹렬한 공격준비사격을 실시하는 가운데 선두부대인 제7연대 전투단부터 공격을 개시하였다. 이때 화력의 책임구역은 명확히 구분되었다. 선두부대는 700m 이내를 담당하고 그 이상은 박격포와 포병이, 도로양쪽 5km 내의 근접항공지원은 전방항공통제관에 의해 통제되고 그 이상은 항공기 임의공격이 허가되었다.

그러나 선두부대는 공격을 개시한지 불과 1.2km 지점부터 적의 강력한 저항에 부딪혔다. 공병대가 불도저로 우회로를 개설하고 도로 장애물을 극복하였으나 '죽음의 계곡'으로 진입했을 때는 더 이상의 전진이 불

26) 군단은 12월 6일 연포비행장에서 공중투하를 실험하였으나 1.1톤인 조립교는 지면과 접지 시 파괴되었다. 이에 군단은 유엔군 사령부에 낙하산 기술진 지원과 대형 낙하산을 요구하였다.

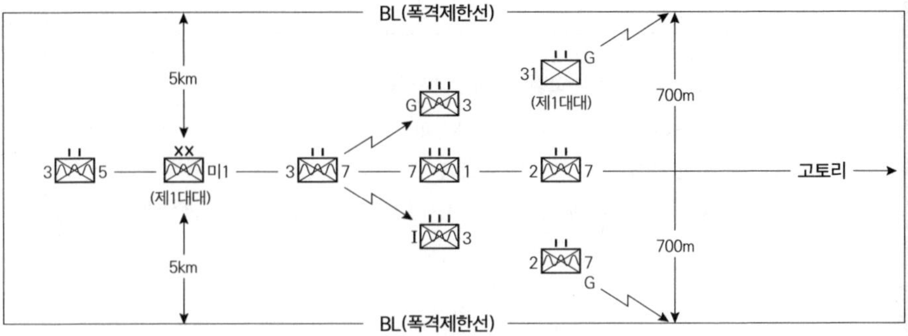

〈그림 3.6〉 미 해병 제7연대전투단의 돌파대형

가능하였다. 제7연대장은 선두부대의 피해가 과중하다고 판단해 후방을 엄호하던 제3대대를 투입하였으나 이 과정에서 제3대대장 헤리스 중령이 전사하는 등 위기에 처하였다.[27] 그러나 악전고투 끝에 하갈우리를 출발한지 약 26시간만인 12월 7일 05시 45분에 선두부대가 고토리에 진입하였고, 제3대대는 부대대장(소령 모리스) 지휘하에 07시경 고토리에 진입하였다.[28] 17시에는 제7연대전투단의 모든 부대가 고토리로 진입하였다.

한편 제5연대전투단은 7연대전투단의 공격 개시와 거의 같은 시각에 24대의 항공기 공중엄호를 받으며 이스트 힐(비약산)에 대한 공격을 개시하였다. 중공군 역시 대대적인 역습을 실시하였으나 제5연대전투단은 다음 날 일출 시까지 이를 저지하며 1,000여 명의 중공군을 사살함으로써 하갈우리에 대한 중공군의 공격은 막대한 손실만 입고 실패하였다.

---

27) 헤리스 중령은 미 해병 제1항공사단 사단장인 헤리스 소장의 아들로서 태평양전쟁 시 일본군의 포로가 되었다가 전쟁 후 풀려난 경험이 있었다. 마틴러스는 제7연대 제3대대 장병들의 증언을 통해 그가 유담리에서부터 정신이상 증세를 보였으며, 하갈우리 돌파 후 12월 7일 실종된 것으로 기록하고 있다.

28) 이후 두 부대는 다시 북진하여 고토리－1182고지 간의 진지를 점령하고 사단의 주력을 엄호하였다.

12월 7일 02시, 제3대대가 전방을 엄호하는 가운데 제5연대전투단은 전진을 시작하였으며 공병이 마지막 폭파작업을 종료하자 하갈우리는 불길에 휩싸였다. 엄호부대인 제5연대전투단은 사단 선두부대와 달리 비교적 경미한 적의 저항을 뚫고 고토리에 진입했으며, 후위인 제5연대 2대대가 24시에 고토리에 진입함으로써 하갈우리에서 고토리 간 15km 구간의 총 41시간 30분간의 연결작전은 종료되었다.[29] 이 기간 중 근접항공지원은 6 · 25전쟁 기간 중 가장 규모가 컸으며 5척의 항모를 포함하여 일일 평균 230회 이상이 실시되었다.[30]

이로써 미 제1해병사단은 진흥리에 배치된 제1연대 제1대대를 제외하고 병력 1만 4,229명, 피난민 500여 명, 차량 1,400여 대를 집결시키는 데 성공하였다.

고토리 – 함흥 연결작전: 모든 방향에서의 공격

12월 8일 02시, 진흥리에서 도그 TF와 진지를 교대한 미 해병 제1연대 1대대는 눈보라 속에서 기동을 시작하였다. 08시부터는 진흥리에 위치한 제92포병대대와, 해병 제11연대 F중대의 지원사격하에 1081고지에 대한 공격을 개시하였다. 같은 시각, 하루 동안의 휴식 후 제7연대

29) 하갈우리-고토리 연결작전 중 전사 103명, 실종 7명, 부상 506명의 손실이 발생하였다.

30) 이 기간 중 일일 평균 근접항공지원은 아래와 같다.

〈하갈우리 – 함흥 연결작전 간 합동화력 운용〉

구분	연포비행장	항공모함(5척)	
		바통 스트레이트	레이테, 벨리포지, 필리핀 씨, 프린스톤
1일 출격횟수	100회	30회	100회 이상

〈그림 3.7〉 중공군이 파괴한 수문교를 복구 후 통과하는 미 제1해병사단

전투단도 공격을 시작하였다. 이때 사단장은 드라이스데일 TF의 경험을 살려 40여 대의 전차를 최후미에 배치하였다. 12월 9일 15시, 제1연대 1대대는 악전고투 끝에 연결작전의 사활이 걸린 1081고지를 확보하였고, 사단 제대의 선두인 제7연대 1대대가 수문교를 확보하자 후속한 공병대는 교량복구를 완료하였다. 이에 따라 대기하던 사단의 차량제대는 18시부터 수문교를 통과해 이동을 시작하였다.

한편 제5연대전투단은 12시에 공격을 개시하여 앞서 공격한 제31대대와 연결하였으며 다음 날인 12월 9일 아침, 항공기와 포병의 엄호하에 공격을 개시한 제7연대전투단과 연결하였다. 또한 고토리의 일부 지역을 방어하던 제1연대 3대대는 이날 아침 전진을 개시하여 선두부대와 교대하며 목표를 모두 확보하였다.

돌파 3일째인 12월 10일 새벽(02:45), 제7연대전투단의 제1대대의 선두가 진흥리에 도착했으며, 각 부대들은 중공군 제9병단이 최후의 결전을 기도했던 황초령을 돌파하는 데 성공하고 막대한 장비를 유지한 채 진흥리를 통과하였다. 이에 진흥리에 배치된 도그 TF와 미 보병 제3사단 65연대는 신호탄을 올리며 미 제1해병사단을 유도하였다. 24시에는 사단 최후미의 전차대대(제1전차대대 B, D중대와 제5연대 대전차중대의 전차소대, 보병 제31연대 전차중대)가 고토리 이탈과 동시에 진흥리의 각 포병대대는 일제히 고토리에 대한 차단사격을 실시하였다. 전차대대가 수문교를 통과한 12월 11일 02시, 수문교는 사단 공병에 의해 파괴되었다. 이어 1081고지를 확보하고 있던 제1연대 1대대는 전차대대를 후속하여 최후미로 진흥리를 통과하였다. 이날 23시 30분에 미 제1해병사단은 미 제3사단의 엄호를 받으며 함흥 지역에 모두 진입하였으며, 2주간 100km에 걸친 연결작전은 성공적으로 종료되었다.[31)]

31) 사단은 고토리 포위망 돌파작전에서 전사 75명과 실종 16명, 부상 256명의 인명손실이 발생하였다. (김행복 외, 『6 · 25 전쟁사』 제7권, 국방부 군사편찬연구소, 2010, p. 469.)

위기를 승리로 전환하기 위한 조건

이상과 현실의 차이, 마찰을 이해!

물리학에서 마찰력은 두 물체의 접촉면 사이에서 물체의 운동을 방해하는 힘이다. 두 물체의 표면이 부딪치게 되면 작용-반작용이 발생하는데, 마찰력은 항상 물체를 움직이게 하는 힘과 반대 방향으로 작용한다. 마찰력에 의해서 물질이 가진 운동에너지가 열로 변환되며, 외부에서 에너지가 공급되지 않는 한 운동에너지는 0으로 줄어든다. 즉 물체가 정지한다. 이러한 마찰은 군사작전에도 존재한다.

군사작전에서의 마찰을 최초로 설명한 클라우제비츠[32)]는 "전장은 우연이 지배하는 세계다. 우연은 전장의 상황과 끊임없이 접촉하며 모든 상황의 불확실성을 더욱 깊게 하고 최초 계획의 순조로운 진행을 방해한

---

32) 1780년에 프로이센에서 태어난 카를 폰 클라우제비츠는, 1795년 사관학교에서 샤른호르스트로부터 군사학을 수학했고 수석으로 졸업 후 1806년 아우에르슈테트 전투에서 프랑스군에게 포로가 되어 1년 동안 파리에 억류되었다. 1812년 러시아 원정에 나선 나폴레옹의 요구로 프로이센 왕국이 나폴레옹의 동맹군으로 참전하자 탈영하여 러시아 군대에 입대하였으며, 보로디노 전투에 참전하여 위대한 영웅도 틀릴 수 있음을 아주 가까운 거리에서 목격했다. 이후 프러시아군에 복귀해서 워털루 전투에 참가하였고 1832년 콜레라로 사망할 때까지 『전쟁론』 집필에 몰두하였다.

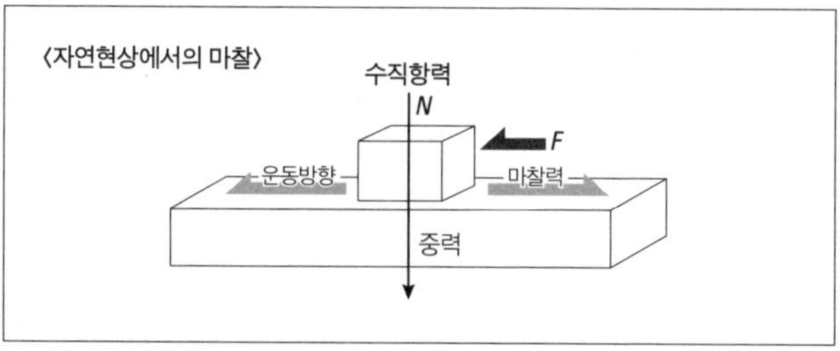

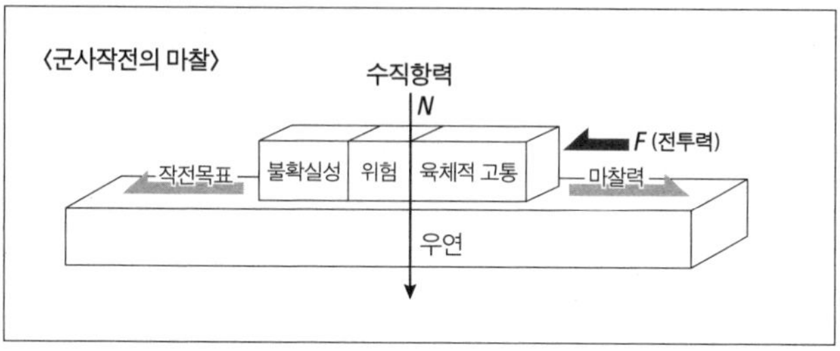

〈그림 3.8〉
자연현상과
군사작전에서의 마찰

다.[33] 이때 전장상황에서 우연과 접촉해서 계획의 진행을 방해하는 요소, 그것이 마찰이며, 사전에 추측할 수 없는 현상을 일으킨다. 마찰은 탁상 위의 전쟁과 현실의 전쟁을 구분하는 유일한 개념이다. 전쟁에 수반되는 위험, 육체적 고통, 불확실성은 마찰을 강요하며, 기계에서의 마찰과 달리 우연과 만나는 어느 곳에서나 존재한다."[34]고 설명하고 있다.

이러한 측면에서 1950년 10월 1일부터 38도선을 돌파하여 북진하던 국군과 유엔군이 청천강 일대에서 중공군에 의해 저지되고, 이어서 실시한 크리스마스 공세의 실패와 38도선으로의 철수 결정은 바로 이 마찰에 굴복한 대표적인 사례라고 할 수 있다.

맥아더는 북진작전을 구상할 때 중공군 개입에 대비한 어떠한 조치도 취하지 않았다. 오히려 웨이크섬 회담에서 중공군의 개입 가능성을

---

33) 클라우제비츠, 이종학 옮김, 『전쟁론』, 일조각, 1990, p. 47.

34) 위의 책, p. 72.

묻는 트루먼 대통령의 질문에 "설혹 개입하더라도 우리의 막강한 공군력에 의해 피의 대가를 치룰 것이다."라고 답변함으로써 중공군에 대한 자신감을 표현하였다. 따라서 전장의 불확실성 속에서 시행된 북진작전은 이미 시작부터 실패의 개연성을 내포하고 있었다. 우리는 이를 오판이라고 표현한다. 10월 25일, 우려는 현실이 되었다.

청천강 일대에서 국군과 유엔군은 대규모 중공군의 1차 공세에 부딪혔다. 그러나 유엔군사령부는 "북한에 진주한 중공군은 총 12개 사단으로서 병력은 4~5만 명이며, 그중 2개 사단이 미 제10군단 정면에 있으며 중공군은 방어할 것"이라고 안일하게 판단하였다.[35] 이러한 맥아더와 유엔군사령부의 오판은 예하 부대에 심각한 영향을 끼쳤다. 당시 미 제1해병사단이 입수한 정보자료는 "군단 지역 내에는 6개 중공군 사단이 식별되었으며, 포로의 진술에 의하면 중공군 제9병단 선두부대인 3개 사단은 11월 20일경 이미 유담리 부근에 도착하여 유담리 일대의 해병대를 포위하려 하고 있다"는 것이었다. 그러나 미 제10군단은 이 정보를 그리 중요하게 생각하지 않았고, 중공군은 서측방으로 철수할 것이라 판단하였다.[36] 더군다나 이러한 정보가 있었고 11월 25일부터 서부지역에서는 대규모 중공군의 2차 공세가 개시되었음에도 불구하고, 미 제10군단장은 계속해서 공격속도를 강조하고 있었다. 이로 인해 미 제1해병사단은 유담리에서부터 진흥리까지 50km에 걸쳐서 분산된 채 공격을 개시했으나 곧 대규모 중공군에게 포위되었다. 이러한 상황에서 미 제1해병사단의 우측을 엄호하던 미 제7사단 제31연대전투단은 상식적으로 보면 하갈우리로 즉시 철수시켜야 했다. 그러나 군단장은 11월 28일, 제31연대

35) 김행복 외, 앞의 책, 2010, p. 308.

36) 이대영 외, 『장진호 전투』, 국방부 전사편찬위원회, 1981, p. 307.

2대대가 증원되는 즉시 공격을 재개할 것을 명령하였다.[37] 즉, 상급부대의 잘못된 정보판단에 따른 지휘관의 상황판단 역시 오판이었다.

전장의 상황을 파악하지 못한 지휘관의 결단은 우군 스스로가 발생시키는 마찰이다. 1912년 불침선(The Unsinkable)이라는 찬사를 받으며, 빙산 충돌 경고를 무시하고 대서양의 암흑 속에서 침몰한 타이타닉호처럼 모든 결과는 예하 부대가 피 값으로 해결해야 할 비극이 되었다. 북진하던 국군과 유엔군은 오직 중공군과 접촉을 단절하는 것만이 전투력을 보존하는 유일한 길이라고 판단하고 각자 생존의 길을 찾아야 했다. 크리스마스 이전에 전쟁을 종결하겠다는 맥아더의 구상은, 전장의 안개를 뚫고 나타난 중공군에 의해 원점으로 되돌아갔다.

전투와 인간의 심리에 대한 이해

"전쟁을 둘러싸고 있는 네 가지 요소, 즉 '위험, 육체적 고통, 불확실성과 우연' 등에 대처하여 확실하고 유효한 행동을 하기 위해서는 반드시 정의(情意)와 지성의 커다란 힘이 필요하며, 그 근본의 힘은 의지의 힘, 즉 정신력이다."[38] 이것은 마찰의 주요한 원인이 전투현장의 위험, 육체적 고통에서 기인하며, 지휘관의 견고한 의지가 마찰을 극복할 수 있다는 클라우제비츠의 주장이다. 즉 마찰의 발생원인, 위험, 극복 수단은 모두 인간의 의지와 밀접하게 연결되어 있는 것이다. 이러한 관점에서 본

37) 페이스 대대장은 전날 밤 대대가 중공군 2개 사단 규모의 공격을 받은 것을 보고했으나 군단장은 도주하는 패잔병이라고 일축했다. (마틴 러스, 『브레이크 아웃』, 나남, 2004, p. 281.)

38) 클라우제비츠, 이종학 옮김, 앞의 책, 1990, pp. 50-51.

다면 공격작전 시 적 후방으로 기동을 추구하는 목적, 방어작전 시 적에 의한 퇴로 차단이 초래하는 위험, 적 또는 아군이 급속히 붕괴되거나 작전한계점에 조기 도달하는 이유에 대한 설명이 가능해진다. 군사작전은 인간의 심리를 대상으로 하며, 위험은 전투의지에 막대한 영향을 끼치고, 급속한 전투력의 붕괴로 직결된다. 그러므로 이러한 위기의 극복은 역시 인간의 심리에 달려있다.

적의 전투력을 완전히 '파괴'하려는 시도는 현실적으로 실현되기 어렵다. 하지만 전투의지라는 정신력의 붕괴가 물리적 전투력의 파괴로 연결되는 사례는 동서고금의 전사에서 수없이 많이 나타난다. 6 · 25전쟁 시 인천상륙작전을 통해 적 후방을 차단한 효과는 곧이어 낙동강선의 북한군의 전투의지를 상실시키고, 주력을 붕괴시키는 놀라운 성과를 가져왔다. 즉, 적의 의지를 먼저 붕괴시키는 것이 적의 전투력을 파괴시키는 가장 효과적인 방법인 셈이다. 따라서 적을 격멸하기 위해서는 적 전투의지의 파괴가 선행되어야 할 것이다.[39]

전장에서 발생하는 마찰의 일반적인 시작은 적과 직접적으로 대면한 전투원이 느끼는 위험과 육체적 고통에서 시작한다. 그리고 개인이 직면한 위험이 집단의 위험으로 확대될 때 마찰은 거대한 댐을 붕괴시키는 것과 같은 효과를 일으킨다. 장진호 동쪽에서 페이스 TF에 발생했던 마찰의 시작은 사단으로부터 불명확한 임무를 부여받고 혼란 속에서 장진호 동쪽으로 이동할 때부터 시작된다. 그들은 불확실한 전장의 최전방으로 보내졌으며, 적에 대한 아무런 대비 없이 숙영하던 가운데 중공군의 공격을 받았다. 그리고 뒤늦게 위험을 느낀 연대장의 철수 지시에 따

39) 현재 육군 최상위 교범인 「지상군기본교리」에서는 "지상작전의 궁극적인 목적은 적을 격멸하고 전투의지를 파괴하는 데 있다."라고 기술하고 있다.

라 불안감 속에 안곡 일대로 집결하였으나, 전날 밤 와해되어 뒹굴고 있는 인접 부대의 모습 속에서 자신들의 위험을 인식하였다. 시간의 경과에 따라 육체적 고통과 위험은 집단의 위험으로 확대되고, 연대장이 전사하면서 부대의 지휘체계는 마비되기 시작하였다. 마찰을 극복해야 할 주체가 사라진 것이다. 선임장교인 제32연대 1대대장인 페이스 중령이 지휘권을 승계하였지만 나머지 부대들은 제31연대 소속이었으며 서로가 얼굴도 모르는 낯선 부대들이었다. 더군다나 부대 내에 한국인으로 편성된 카투사(KATUSA)[40]와 미군이라는 혼성조직은 동질성이 없었으며, 간부들 역시 위험을 극복하기 위한 용기와, 육체적 고통을 극복하기 위한 훈련이 제대로 되어 있지 않은 부대를 통제하기에는 역부족이었다.

페이스 TF의 간부들은 3,000여 명의 병력과 차량 30여 대에 실린 부상자 600여 명을 관리하며 적과 싸우도록 병사들을 독려하였다. 하지만 시간이 흐를수록 병사들의 피로와 공포는 커졌으며 간부들의 명령을 무시하기 시작했다. 가까스로 포위망 단독돌파를 시도했지만 페이스 중령마저 전사하면서 그때까지 겨우 유지했던 부대의 전투의지는 한순간에 사라졌다. 누구도 지휘권을 인수하려 하지 않았고 페이스 TF는 급격하게 붕괴되고 위험은 공포로 확대되었다. 각각 다른 소속의 부대와 카투사가 혼합 편성된 페이스 TF에게서 전투의지를 논하는 것은 어려운 문제이지만 명확한 사실은 공통의 소속감과 전우애가 없었던 부대원들에게 생존은 곧 현실이었던 것이다. 대열을 이탈한 페이스 TF의 병력들은 보이는 민가에 들어가 불을 지폈고 걸을 수 있는 병력들은 호수를 건너 무작정 남으로 향했으며 부상자들은 차량 안에서 얼어 죽거나 중공군에

40) Korean Augmentation To the United States Army.

의해 살해되었다. 여기에서 알 수 있는 사실은 마찰이 인간의 심리에서 시작하며, 마찰을 제거해야 할 지휘관의 의지가 사라진다면 마찰은 전염병과 같이 확대되고 이는 결과적으로 전투력의 붕괴로 이어진다는 사실이다. 또한 동질성이 결여된 부대는 위험에 쉽게 노출된다는 것이다.

반면 미 제1해병사단의 전투 모습에서 우리는 인간 상호 간의 신뢰가 전장의 위험 속에서 어떤 영향을 끼치는지 잘 알 수 있다. 6 · 25전쟁 발발 시 미 제1해병사단은 부족한 병력을 긴급 소집한 예비역으로 보충했다. 소집된 예비역들은 제2차 세계대전 때 전투 경험을 쌓은 용사들이었으며 기타 인원들도 낙동강 방어선과 인천상륙작전을 통해 해병대의 전통인 동료에 대한 희생정신과 강한 단결심을 유지하고 있었다.

12월 2일부터 5일까지 하갈우리에서 4,300여 명의 부상자를 공중후송할 때, 마지막 수송기에는 전사자 137명을 태웠다. 이것은 "부상당하거나 전사한 전우는 반드시 데리고 온다"는 미 해병대의 전통을 상징적으로 나타내는 모습이다. 이러한 모습은 전사한 전우를 차량, 포신 연결부분 등 가용한 모든 공간에 묶어서 데리고 나왔던 유담리 – 하갈우리 연결작전 등 작전 기간 곳곳에서 볼 수 있다.

이때 극동군 수송사령관 터너(William H. Tunner) 준장이 미 제1해병사단을 방문해 "모든 전투장비를 버리고 병력만이라도 공중 철수할 것"을 제의했으나, 사단장 스미스 소장은 "해병대 역사상 그와 같은 불명예는 없었다."며 일축하고 정상적인 방법으로 포위망을 돌파할 것을 결정했다.[41] 더불어서 사단장이 영국인 기자의 철수에 관한 질문에 "우리는 새로운

41) 항공 철수를 할 경우 활주로 엄호를 위해서 최소한 2개 대대 정도는 마지막까지 공항에 잔류해야 했다. 스미스 소장은 '주력의 철수를 위해 2개 대대를 사지(死地)로 몰아넣는 것은 불명예스럽다'고 생각했던 것이다. (최용호, 『6 · 25전쟁의 실패 사례와 교훈』, 육군군사연구소, 2004, p. 305.)

방향으로 공격하는 것이다."라는 전설적인 문구나, 죽음에 계곡에서 포위된 드라이스데일 TF의 맥로린 소령이 항복을 강요하는 중공군에게 오히려 "중공군의 항복을 접수할 준비가 되어 있다. 제네바협약에 따라 대우해 주겠다."라고 전한 내용은 어떠한 악조건 속에서도 부대에 대한 자긍심과 전투의지를 표현하는 말로 유명하다. 이러한 미 제1해병사단의 정신이 덕동고개에서 F중대가 고립된 채 중공군 제 59사단의 공격을 5일간 고수할 수 있었던 것이다. 이것은 전장에서 전투원 개인이 끊임없이 느끼는 위험이 동료라는 공감대를 형성할 때 그 위험은 감소되며, 그 결과는 생사를 초월하는 전투의지로 표출된다는 사실을 보여주는 것이다. 클라우제비츠는 정신적 요소를 전쟁에서 제일 중요한 요소로 분류하고, "전투력의 규모, 구성과 관련되는 물리적인 요소는 단지 나무로 된 칼자루처럼 보이는 반면에, 정신적인 요소는 금속으로 된 빛나는 칼날"로 표현하였다.

위기를 승리로 이끄는 요인, 지휘관

지휘관의 견고한 의지

지휘관이 전장에서 부딪히는 마찰을 극복하지 못하거나 이를 방치한다면 이 순간부터 계획은 변형되기 시작하며 지휘관은 또 다른 마찰과 부딪히게 된다. 반면 지휘관이 구상한 의도대로 작전을 수행한다는 것은 적에게 새로운 마찰을 가중시키는 것과 같다. 이러한 마찰의 극복에 대해 클라우제비츠는 "지휘관이 마찰의 성질을 아는 것은 가능한 마찰을 극복하기 위해서이며 강철과 같은 의지가 마찰을 극복한다. 큰 도로가 마주치는 광장에 서 있는 오벨리스크처럼, 병술(兵術)이 중앙에 당당히 솟아있는 것이 불굴의 정신을 갖춘 지휘관의 견고한 의지"[42]라고 주장하고 있다. 따라서 전장에서 발생되는 마찰의 본질을 찾아내고 이를 극복하고자 하는 지휘관의 의지에 따라 마찰은 극복될 수도 있고, 반면에 군사적 행동의 정지나 패배로 이어질 수도 있다.[43] 즉 전투의 결과는 지휘관

---

42) 클라우제비츠, 이종학 옮김, 앞의 책, 1990, pp. 71-26.

43) 이에 대해 클라우제비츠는 "무쇠처럼 강인한 의지를 지닌 지휘관은 마찰을 극복하고 장애를 분쇄한다. 하지만 그의 기계도 함께 분쇄될 수 있다."라고 표현하였다. 즉 우연이 만들어내는 마찰은 강철 같은 의지로 이겨내야 한다는 것이다. (클라우제비츠, 김만수 옮김, 『전쟁론』 제

의지에 따라 상이하게 나타나며, 지휘관은 마찰을 극복하는 가장 중요한 주체인 동시에 마찰을 일으키는 야누스의 얼굴이다.

그렇다면 지휘관의 의지는 무엇일까? 클라우제비츠는 예상하지 못한 사태를 극복하기 위해서는 지휘관에게 두 가지의 자질이 필요한데, 첫째는 불확실한 사태 속에서도 사태의 진상을 찾아내는 통찰력이고,[44] 둘째는 정신적 용기, 즉 결단력[45]이라고 주장하였다. 이러한 지휘관의 강철과 같은 의지가 마찰을 극복하며 여러 가지 장애를 분쇄한다는 것이다. 따라서 우연히 지배하는 전장에서 끊임없이 발생되는 마찰의 천적은 지휘관의 강철 같은 의지이며, 지휘관의 의지는 전장의 불확실성 속에서 본질을 찾아내는 통찰력과 이를 행동으로 옮길 수 있는 정신적인 용기, 즉 책임에 대한 용기로 구성된 결단력인 것이다. 그래서 제2차 세계대전 직전 독일의 재군비를 추진했던 한스 폰 젝트는 "전투는 인간들의 의지의 싸움이다. 의지가 없는 정신은 나약하고 정신없는 의지는 위험하다." 라는 유명한 말을 남겼다. 이것은 지휘관의 통찰력과 결단력이 결여된 전투력 운용의 위험성을 역설하고 있는 것이다. 오늘날 우리의 군사교리에 비추어본다면 통찰력은 과학적 사고의 영역이며, 결단력은 과학적 사고의 결과를 행동으로 옮길 수 있는 술(術)적인 영역으로서 지성과 감성의 결합체로 볼 수 있다.

이러한 시각에서 본다면 지휘관 의지에 따라 미 제1해병사단과 미

1권, 갈무리, 2006, p. 159.)

44) 클라우제비츠는 지성을 어떠한 불확실하고 새로운 사태 속에서도 내적인 빛을 투사하여 사태의 진상을 찾아주는 것으로 정의하고, 보통 일반인의 안목에는 보이지 않거나 혹은 장시간의 관찰과 숙고 끝에 겨우 찾을 수 있는 진리를 신속하고 정확하게 파악할 수 있는 능력이라고 말한다. (클라우제비츠, 이종학 옮김, 앞의 책, 1990, pp. 48-49.)

45) 클라우제비츠는 용기를 개인의 위험에 대한 용기와, 책임에 대한 용기로 구분하였다. (위의 책, p. 48.)

제7사단 31연대전투단은 각각 상이한 전투결과를 나타내고 있다는 것을 알 수 있다. 미 제1해병사단장은 사태의 본질이 부대의 분산과 하갈우리 방호의 취약임을 인식하고 이에 필요한 전투력 증강을 위해 드라이스데일 TF의 희생을 감수하는 결단력을 발휘하였다. 반면에 제31연대전투단은 부대의 위험을 회피하기 위한 조치에 집중했다. 이것은 사태의 본질을 파악하는 통찰력과 이를 행동으로 옮기는 결단력의 차이이다. 이러한 지휘관의 의지를 현재 우리 지상군의 최상위 교범에 기술된 지상작전의 원칙과 비교하여 구분해보면 〈표 3.1〉과 같다.

〈표 3.1〉 지휘관의 의지를 지상작전의 원칙과 비교

구분	지휘관의 의지	지상작전의 원칙
통찰력(지성)	합리적 판단	목표, 정보, 지휘통일, 방호
결단력(감성)	정신적 용기, 책임에 대한 용기	공세, 기동, 집중, 기습

지휘관의 통찰력

1 목표: 명확하고 결정적이며 달성 가능한 목표를 제시

북한군 격멸을 목적으로 시행된 유엔군의 크리스마스 공세에서 미 제1해병사단에게 부여된 목표는 적의 중심을 효과적으로 파괴하여 작전목적(북한군 격멸)에 기여할 수 있는 목표가 아니었다.

먼저 목표의 명확성 측면에서, 미 제1해병사단의 목표는 3회에 걸쳐 변경되었다. 이것은 작전목적을 달성하기 위해 전투력 운용의 지향점인 목표 자체가 명확하지 못했다는 단면을 보여주는 대표적 사례이다. 이것은 적의 의도와 규모를 판단하지 못한 유엔군의 크리스마스 공세계획이 불완전하고 목표 자체가 불명확했다는 것을 반증하는 것이며, 우군 스스로가 부대의 혼란을 가중시킨 근본적인 마찰요인이었다.

두 번째로, 목표는 결정적이어야 한다. 미 제1해병사단이 무평리 방향으로 공격하는 것은 적의 퇴로를 차단함으로써 미 제8군의 공격에 기여하기 위한 것이었다. 그러나 11월 27일, 미 제1해병사단이 공격을 개시할 때 미 제8군은 중공군의 대규모 공세에 부딪혀 방어로 전환한 상태였다. 즉, 목표달성의 의미가 상실된 상황에서 군단장이 계속 공격을 지시한 것은 설혹 무평리 일대의 목표를 확보했더라도 미 제8군의 작전에 전혀 기여할 수 없고, 오히려 위기상황을 초래할 수 있었다.

세 번째로, 목표의 달성 가능성 측면에서, 미 제1해병사단의 목표인 무평리는 장진호에서 64~80km 떨어져 있었다. 도로는 확실하지 않으며 미 제10군단 지역 내에는 6개 중공군 사단이 식별된 상황이었다. 더군다나 영하 20도를 밑도는 혹한 속에서 상륙작전부대를 2,000m가 넘는 산악지역 작전에 투입한 것은 달성 가능성을 더욱 희박하게 했다.

결론적으로 유엔군사령부가 제시한 목표는 임무, 적, 지형과 기상, 가용능력, 가용시간 등을 고려하지 못한 오판이었다. 이에 따라 유엔군사령부와 미 제10군단은 모든 부대의 전면 철수라는 새로운 목표를 선정했으며, 장진호 일대의 작전활동에 대한 모든 결정을 미 제1해병사단장에게 위임했다. 즉, 국경으로 진출하던 미 제10군단이 함흥-흥남 지역으로 집결하여 해상 철수에 성공할 수 있는가에 대한 결론은 미 제1해병사단의 능력에 맡겨졌으며, 미 제1해병사단의 성공 여부가 미 제10군단의 운명을 좌우하게 된 것이다.

이를 수행한 미 제1해병사단의 작전목표는 두 단계로 나누어 생각해볼 수 있다. 먼저 1단계는 사단의 전투력 보존을 위해 분산된 부대를 하갈우리로 집결시키고, 2단계는 하갈우리에 집결된 부대를 함흥-흥남으로 연결하는 것인데, 이 또한 미 제1해병사단을 포위한 중공군이 7개사단 이상이라는 점을 고려할 때는 달성 가능성이 희박했다.

반면 중공군 제9병단은 미 제1해병사단 섬멸이라는 목표를 선정했으나 이는 1단계 작전을 통해 예하 부대에게 부여된 목표가 달성되고, 2단계 작전을 통해 제26군이 전역우회에 성공해야 달성 가능한 목표였다. 그러나 중공군 제9병단장은 1단계 작전에서 미 제1해병사단 섬멸을 위해 최우선적으로 달성해야 할 하갈우리라는 결정적인 목표를 간과했다. 오히려 계획을 수정하여 신흥리를 공격 후 유담리와 하갈우리를 공격한다는 작전을 구상함에 따라 하갈우리에 대한 공격 시기를 상실했고 미 제1해병사단 주력의 하갈우리 집결을 허용함으로써 2단계 작전목표 달성(미 제1해병사단 섬멸)에 실패하였다. 만약 중공군 제80사단이 페이스 TF와 하갈우리의 연결을 차단시키고, 부대를 우회시켜 전투력이 취약한 하갈우리(미 제1해병사단의 중심)를 먼저 공격했다면 미 제10군단과 미 제1해병사단의 운명은 바뀌었을 것이다.

지휘관이 계획을 수립하는 과정에서 합리적인 판단에 기초하여 명확하고, 결정적이며, 달성 가능한 목표를 제시한다는 것은 자신의 의지대로 작전을 이끌어가기 위한 방향을 제시하는 것이다. 따라서 목표는 곧 지휘관의 의지와 직결된다. 그러므로 목표의 변경은 지휘관 의지의 변동을 의미하며 전투력 운용의 지향점을 변경시킴으로써 새로운 마찰을 발생시킨다. 따라서 목표는 전체를 통찰할 수 있는 지성의 영역에서 설정되어야 한다.

② 정보: 불확실성을 제거, 적의 약점을 적시에 이용

부대가 혼란에 빠진 11월 29일, 미 제10군단장 알몬드 소장이 철수 명령을 하달하기 4시간 전에 미 제1해병사단장은 "공격에서 방어로 전환하여 제5연대는 유담리 지역을 계속 방어하고 제7연대는 전력으로 하갈우리에 이르는 보급로를 개통"할 것을 지시하였다. 이 무렵 덕동고개에 고립된 제7연대 F중대의 구출과 하갈우리 – 고토리 간의 주 보급로 개통은 시급한 문제였다. 이에 사단장은 이 작전을 성공시키기 위하여 1개 연대 규모의 병력을 투입해야 할 것이라고 판단하고 위 명령을 하달했던 것이다. 이러한 조치는 적에게 포위된 가운데 발생되는 다양한 우발상황 속에서 지휘관의 빠르고 통찰력 있는 상황판단이 부대를 위기에서 벗어나게 했다는 교훈을 도출한다.

하갈우리를 방어하던 미 해병 제1연대 3대대 정보장교(소위 카레이)는 지역주민들을 활용한 첩보수집을 통해 중공군 1개 사단이 하갈우리 서남쪽에서 집결 중이고 11월 28일 야간부터 공세를 개시한다는 사실을 확인하였다. 이에 따라 하갈우리에는 중공군의 공격에 대비할 수 있는 체계가 긴박하게 갖추어졌으며, 야간 22시 30분부터 시작된 중공군의 공세를 막아낼 수 있었다. 정보의 오판 속에서 한 대대 정보장교의 노력이 하갈우리를 방어하고, 사단의 운명을 구했던 것이다. 또한 진흥리를 방어하던 미 해병 제1연대 1대대장은 사단의 기동로 상 가장 애로지역으로 판단되는 황초령 일대를 정찰하여 수문교를 감제할 수 있는 1081고지에 중공군이 배치된 사실을 확인하고 이를 적시에 보고함으로써, 사단장은 1081고지 확보를 위한 작전을 구상할 수 있었다. 이러한 적의 활동과 의도를 파악하기 위한 노력은 하갈우리 – 함흥 연결작전 시 제대별 돌파대형을 구상하고 화력의 책임 범위와 엄호부대를 운용하는 데 적시적으로 활용되었다.

③ 지휘통일: 단일 지휘관에 의해 지시, 협조, 노력의 통합

적에게 포위된 상태에서 이를 돌파할 때는 직면하는 문제점이 많으므로 면밀하게 계획되어야 한다. 그러나 페이스 TF가 자력으로 포위망 돌파를 시작할 때 다른 부대들은 돌파가 시작된 것을 모르고 있었다. 인접 부대들은 부대가 이동하는 모습을 보고 대열에 합류하였다. 이것은 각 부대 간 노력의 통합이 이루어지지 않았음을 반증하는 것이다. 또한 페이스 TF에는 총 3,257명의 병력 중 715명의 한국인 카투사가 편성되어 있었다.[46] 미 제7사단은 페이스 TF 붕괴의 큰 이유를 카투사 탓으로 돌리곤 한다. 이유야 어쨌든 언어의 장벽은 전투지휘에 있어서 큰 제한사항이었음을 알 수 있는 대목이다.

반면 미 제1해병사단의 연결작전 계획은 부대 간 협조를 통해 구체화되고 분권화되어 시행되었다. 유담리와 하갈우리가 중공군에 의해 포위되고 통신마저 지형조건에 의해 원활하지 않은 상황에서 사단의 지휘는 사실상 마비된 상태와 다름없었다. 이러한 상황에서 미 해병 제5연대장 머레이 중령은 제7연대 지휘소 옆으로 이동하여 협조된 단일 지휘체계를 구축하였다. 이러한 양개 연대의 노력에 따라 사단은 시급한 하갈우리 방어에 집중할 수 있었다. 이는 다양한 우발상황에 직면하는 전투현장에서 임무형 지휘의 중요성을 대표하는 사례이다.

---

46) 미 제7사단은 인천상륙작전 시부터 부족한 병력을 충원하기 위해 총 1만 6,000명의 병력 중 1/3 이상을 차지하는 6,794명의 카투사를 보유하고 있었다.

미 제1해병사단장 올리버 스미스 소장은 훗날 미 해병대 공간사를 편찬할 때 다음과 같이 증언하였다. "광범위하게 분산된 부대는 통일된 지휘는 물론 그 행동을 통제한다는 것조차 어려운 문제였다. 때문에 각급지휘관의 독단활용이 중요했다. 살을 에이는 듯한 혹한과 험준한 지형에서 장병의 굳은 정신력과 군기 유지는 각급 지휘관의 적절한 지휘통솔에서 비롯된 것이다."

④ 방호: 전투력을 효과적으로 보존하고 행동의 자유를 보장

원산에 상륙한 미 제1해병사단은 11월 2일 수동고개에서 중공군 제13병단 42군 소속의 124사단과 최초의 전투를 수행하였다. 우려했던 중공군의 개입 사실은 명확했다. 이러한 상황에서 유담리로부터 64km나 떨어진 무평리로 신속히 공격한다는 계획에 대해 사단장은 강한 불안감을 가지고 있었다. 만일 하갈우리–진흥리 간의 유일한 주 보급로가 어느 한 지점이라도 차단된다면 사단의 운명은 예측하기 어려웠다. 그래서 사단장은 모든 것에 우선하여 미 해병 제1연대를 진흥리, 고토리, 하갈우리에 각각 배치하여 주 보급로에 대한 방호대책을 강구하고 11월 18일, 전차 통과가 가능하도록 공병대대에 의해 고토리–진흥리 간의 도로 보수를 완료하였다. 또한 11월 13일부터는 고토리와 하갈우리 비행장 공사에 착수하여 보급과 부상자 후송에 대비하였으며, 하갈우리에는 사단 보급소를 설치하고 11월 19일부터는 원산항에서 보급품의 육로수송을 시작하였다. 이를 통해 미 제1해병사단은 8일분의 식량과 유류, 탄약 1.3일분 등을 비축하였다. 이러한 올리버 스미스 사단장의 선견지명 있는 조치로 미 제1해병사단은 연결작전을 수행할 수 있는 기반을 만들었으며,

수많은 인명을 구할 수 있었다.

적 지역에 고립된 부대는 통상 보급(작전지속지원) 능력이 제한된다. 미 해병은 하갈우리와 고토리에서 4,359명의 부상자를 공중후송하고, 인천 상륙작전 간 부상당한 597명의 전투 경험 인원을 일본에서 치료 후 보충하였다. 또한 고토리에서 진흥리 간에는 공중 재보급 작전을 병행하여 총 1,580.3톤의 보급품과 장비를 투하하였고 세계전사상 최초로 완전한 교량이 공중투하되었다. 더불어서 미 해병 제1연대장은 사단 주력이 고토리에 진입하기 전에 1만 4,000여 명을 수용할 수 있는 텐트와 난로 등이 완비된 수용진지를 준비하여 전투휴식을 취할 수 있도록 하는 등 기동속도를 유지시키고 전투 효율성을 증대시켰다.

산악지형에서의 전차 운용에 대하여 장진호 전투는 우리에게 또다른 교훈을 준다. 좁은 통로에서 실시된 드라이스데일 TF의 하갈우리 연결작전 간 전차의 집중운용은 오히려 보전협동을 제한하였으며, 적과 교전하기 위해 정지된 전차는 장애물이 되었다. 또한 제31전차중대의 페이스 TF 구출작전은 보병과 협조 없이 단독으로 실시된 전차 운용이 적 보병과 근접전투에서 대단히 불리함을 입증하였다. 이에 따라 미 제1해병사단장은 전차의 충격력 대신 방호력을 선택하여 모든 전차를 제대의 최후미에 편성하였다. 이로써 사단은 연결작전 간 제대의 후미를 엄호하고 안정화시킬 수 있었다.

지휘관의 용기와 결단력

[1] 공세: 전장의 주도권을 장악, 결정적인 성과 달성

장진호 전투의 모습은 다소 의외의 현상을 보여준다. 즉, 3개 군을 투입하여 대규모 공세를 개시한 중공군은 오히려 방어하고, 방어해야 할 미 제1해병사단은 전투력을 공세적으로 운용하고 있다는 점이다.

중공군은 미군의 후방을 차단하기만 하면 미군의 전투의지는 급속히 붕괴될 것으로 판단하고 병참선을 차단 후에 부동(浮動) 상태[47]에 빠진 미군을 공격하고자 했다. 그러나 미 제1해병사단은 중공군의 생각보다는 한 걸음 앞서 행동함으로써 중공군 제9병단장은 결심을 행동으로 옮기려는 순간 이미 다른 상황을 맞이하고 있었다. 즉, 미 제1해병사단은 예하 부대에게 재량권을 부여하고 전투력을 공세적으로 운용했다. 또한 예하 부대는 상호협조를 통해 실시간 발생되는 우발상황에 융통성 있게 대처함으로써 적보다 한 템포 빠른 작전속도를 발휘하였다. 이에 따라 미 제1해병사단은 중공군에 대하여 공세적인 방어와 대담한 공격을 병행하여 전장의 주도권을 장악하였다. 중공군은 이러한 미 해병의 전투행동에 대해 "적군은 분할 포위된 상황을 모면하고 상호 간의 연결을 회복하기 위해 끊임없는 반격을 실시했다."라고 기록(항미원조전사)하고 있다.

미 제1해병사단은 중공군의 예상과는 다르게 부동 상태에서도 주요 애로 지역을 선점하는 공세적인 전투력을 운용함으로써, 중공군은 미 해병대를 공격하는 것이 아니라 자신을 향해 공격해오는 미 해병대를 방어

---

47) 방어에 대비하지 않은 상태, 이동 중인 적에 대한 공격을 의미한다.

해야 하는 역전현상이 발생되었다. 이러한 현상은 미 제1해병사단이 하갈우리-함흥 연결작전 중에도 계속해서 나타난다. 하갈우리를 출발하며 부동 상태에 있어야 할 미 해병 제7연대전투단은 5연대전투단이 하갈우리 북동쪽의 'East Hill(비약산)'에 대한 공세를 실시하는 가운데 돌파작전을 실시함으로써, 오히려 중공군은 양개 방향에서 공격해오는 미 해병을 방어해야 하는 이해할 수 없는 상황에 빠져들었다. 즉 중공군은 일반적인 미군의 전투 양상과 다른 미 제1해병사단의 공세적인 전투력 운용에 휘말려 주도권을 상실하고, 차단지점을 방어하는 정적인 전투력 운용에 머물 수밖에 없었다.

반면 수세적으로 방어진지를 유지하던 페이스 TF는 시종일관 중공군에게 주도권을 상실하였으며, 하갈우리 연결작전 중 부동 상태에 빠진 가운데 계속적인 중공군의 공격에 점차 전투력이 소멸되었다.

② 기동: 주도권 유지, 행동의 자유를 보장, 적을 마비

중공군 공세의 특징은 운동전(중국식 기동전)이었다. 운동전은 섬멸적인 전투 승리에 그 목적이 있었다. 중공군은 적 퇴로를 조기에 차단하는 것이 적의 심리 상태를 와해시키며 동시에 물리적인 섬멸이 가능한 필수조건이라고 간주하였다. 이를 위한 중공군의 우회기동은 미 제1해병사단의 병참선을 위협함으로써 혼란을 야기시키는 데 비중을 두었다. 즉, 미 제1해병사단의 병참선을 차단시키는 것은 육체조직을 마비시키는 것이며, 기동로를 차단하는 것은 정신조직을 마비시키는 것이기 때문이었다. 그러나 계획된 공세개시 첫날, 서부지역의 제13병단에 비해 공격 출발 위치에 늦게 도착한 중공군 제9병단은 공세 개시일을 11월 27일 밤으로 연기할 수밖에 없었다. 또한 하갈우리에 집결한 미 제1해병사단에 대한 섬멸 임무를 담당한 제26군은 12월 5일 공격을 계획하였으나 이동시간이 지연되어 12월 6일 공격을 개시함으로써 이미 시작된 미 제1해병사단의 돌파를 허용할 수밖에 없었다. 즉, 중공군의 전역우회부대는 지정된 시간에 도착하지 못했고, 미 제1해병사단의 반응시간보다 빠르게 대응하지 못함으로써 지금까지 달성된 성과를 확대하지 못했다.[48]

성공적인 기동은 적의 약점을 향해 적의 반응시간보다 빠르게 대응하는 속도가 생명이다. 이를 위해서는 기동성, 적에 관한 지식, 효과적인 지휘통제, 균형 잡힌 편성과 적절한 군수지원이 필수이다. 이런 측면에서 미 제1해병사단은 적보다 빠른 템포로 동시 연속적인 기동을 통해 하갈우리의 취약점을 보강하고 지속적으로 적에게 새로운 마찰을 일으킴으로써 적의 균형을 와해시키고 주도권을 장악하였다. 그리고 공중을 통한 군수지원을 통해 장악한 주도권을 유지하였다. 즉, 유담리, 고토리 등에서 동시에 실시되는 기동은 적에게 양개 방향을 방어해야 하는 불리한 위치에 놓이도록 강요했으며, 전투 효율성을 발휘토록 편성된 연대전투단과 화력운용의 책임범위 설정, 기동속도를 유지시키기 위한 공중 재보급은 적의 약점인 보급의 취약성을 압도하여 계속적인 주도권을 확보할 수 있었다. 이에 따라 작전시간이 경과될수록 적은 기동속도와 전투력이 급격히 저하되어갈 수밖에 없었고, 미 제1해병사단은 공격 기세를 유지한 가운데 포위망을 돌파할 수 있었다.

반면 중공군은 미 제1해병사단과 시간의 싸움에서도 패배하였다. 중

48) 중공군은 전역우회부대인 제26군이 장진호에 보다 빨리 이동하지 못한 원인을 수송능력의 부족, 험준한 지형, 혹한의 기상, 미 공군의 위협 때문이었다고 평가하였다(항미원조전사). 필자의 판단에 이러한 평가는 중공군이 장진호 전투에서 패배한 이유를 전투력 운용의 잘못이 아니라 환경과 열세한 수송능력 탓으로 감추려는 의도로 보인다.

공군은 장진호 동쪽에서 미 보병 1개 연대를 섬멸하는 전술적 승리에 집착하여 5일을 허비하였다. 결과적으로는 1개 병단이 심대한 타격을 받아 부대를 재편성하고, 미 제10군단의 흥남철수작전을 허용해야만 하는 작전적 실패로 귀결되었다. 그런 점에서 하갈우리의 북동쪽에 투입된 중공군 제80사단의 공격은 하갈우리의 취약한 전투력 증강을 위해 투입된 드라이스데일 TF와의 시간 싸움이었다. 즉 드라이스데일 TF가 중공군을 돌파하여 먼저 하갈우리에 도착하는가, 아니면 중공군 제80사단이 페이스 TF를 돌파하여 먼저 하갈우리를 공격할 것인가의 시간 싸움이었던 것이다.

③ 집중: 결정적인 시간과 장소에서 상대적 우세를 달성

11월 27일, 중공군 제27군의 80사단은 신속하게 신흥리 주변의 유리한 지형을 점령하여 미 제31연대 3대대와 제57포병대대를 4km^{2}도 안 되는 협소한 지역으로 압축하였다. 또한 제79사단은 제20군의 59사단과 협동하여 11월 29일 새벽에 유담리의 미 해병사단 주력에 대한 포위를 완료하였다. 이때 중공군은 최초계획을 일부 수정하였다. 즉 중공군은 절대 우세한 병력을 집중하여 신흥리 일대의 페이스 TF를 우선 섬멸한 후 병력을 전환하여 유담리, 하갈우리의 적을 차례로 각개섬멸하는 것으로 계획을 수정함에 따라 페이스 TF를 우선 압축하여 격파하였다.[49] 그러나 중공군의 페이스 TF에 대한 집중은 미 제1해병사단 섬멸이라는 목적을 달성하기 위한 결정적 장소가 아니었다. 오히려 이 기간 중 미 제1해병사단의 하갈우리에 대한 방호력 증강을 허용하였으며, 미 해병의

49) 이정곤, 『중국군의 6 · 25전쟁』, 혜성, 2011, pp. 95-96.

핵심 취약점인 하갈우리에 대한 공격 시기를 상실하여 결과적으로는 미 해병사단의 함흥 일대로 이탈을 허용할 수밖에 없는 치명적 오류를 낳게 되었다. 즉, 중공군 제9병단은 적 전투력의 일부를 소멸시키는 데 집중함에 따라 전투력이 급속히 약화되었고 공격할 전투력을 상실함으로써 미 해병사단 섬멸이라는 작전목적을 달성하는 데 실패하였다.[50)]

반면 미 제1해병사단의 예하 부대들은 유담리, 하갈우리, 진흥리 등 50km에 달하는 지역에 분산되어 있었으며, 전투력 집중의 효과는 애초부터 기대하기 어려웠다. 그러나 적시적으로 적의 기도를 판단한 올리버 스미스 소장은 최우선적으로 사단의 중심(하갈우리)에 대한 방호력을 강화시킨 가운데, 분산된 부대를 하갈우리로 집결시켜 군단과 연결할 수 있는 여건을 조성하였다. 또한 각 연대전투단을 재편성하여 전투 효율성을 향상시키고, 기동로 상의 주요 감제고지에 대한 대담한 공격을 통해 중공군의 전투력 집중을 방해하였다. 더불어서 11월 28일, 미 해병 제1항공사단의 가용한 전 항공기는 원산비행장에서 연포비행장으로 추진되어 최단거리에서 지원토록 조정되었다. 이에 따라 하갈우리와 고토리에 전개한 전 포병부대와 항공전력은 모든 화력을 기동로 전방과 주요 감제고지에 집중하여 포위망 돌파여건을 조성하고 화력의 커튼을 형성하여 중공군의 접근을 차단하고 분산을 강요할 수 있었다. 그러나 근접항공 운용 면에서 미 제1해병사단이 대대급에 편성된 공군의 전술항공통제반(TACP)을 통해 요망하는 지점에 화력을 유도한 반면, 페이스 TF는 생존한 1개 TACP반으로 이러한 역할을 감당할 수 없었다. 페이스 TF가 돌파

---

50) 중공군 제27군은 미 제1해병사단 섬멸에 실패한 원인을 "① 소부대의 과도한 밀집으로 병력을 제대로 전개할 수 없었으며, ② 적의 화망 속으로 뛰어드는 경우가 많아 손실이 컸고, ③ 험준한 산악지형에서 병력을 축차 투입하는 우를 범함으로써 미 제1해병사단의 포위망 탈출을 허용하였다."고 평가하였다.

를 시작한 첫날, 20대의 항공기가 페이스 TF를 엄호했으나 그것은 지상 부대가 요구하는 화력이 아니라 조종사가 판단한 화력의 운용이었던 것이다.

④ 기습: 예상하지 못한 시간, 장소, 수단과 방법으로 타격

중공군은 미군의 전투수행방법을 분석하고 도로가 있어야만 대부대가 기동할 수 있다는 미군의 인식을 역이용하여 산악지역으로 대부대를 기동시켜 미군의 병참선 차단을 시도하였다. 그러나 미 제1해병사단은 일반적인 중공군의 인식과는 달리 병참선의 주요 지역을 사전에 확보하고, 중공군의 기습을 거부하였다. 함흥에서 하갈우리에 이르는 진흥리, 고토리와 유담리 간 덕동고개의 주요 지역은 경계부대가 배치되었으며, 각 부대들은 이를 고수함으로써 사단의 연결작전을 성공시키는 중요한 기반을 제공하였다. 또한 미 제1해병사단은 중공군이 예상하지 못한 야간 산악기동을 실시함으로써 적을 혼란에 빠뜨리고, 희생을 최소화함으로써 연결작전을 위해 반드시 확보해야 할 중요지형을 선점하였다. 그러나 장진호 동쪽에서 페이스 TF는 적의 예상대로 도로를 따라 주간 공격을 실시함으로써 주요 애로 지역을 선점한 중공군의 기습공격에 돌이킬 수 없는 손실을 감수해야 했다.

장진호 전투! 우리에게 무엇을 말하는가?

장진호 전투의 분석을 통해 필자는 지휘관의 의지라는 것이 막연한 개인의 신념과는 차이가 있으며, 전장의 불확실한 상황 속에서 현상의 본질을 찾아내는 통찰력과 이를 행동으로 옮기는 결단력, 즉 정신적 용기에 기초함을 설명하였다. 이 두 가지 요소, 지휘관의 통찰력과 결단력의 강도가 전투의 승패에 결정적인 역할을 하게 된다는 사실을 설명하고자 했다.

전투는 행위에 반응하는 살아있는 상대를 대상으로 수행된다. 따라서 아무리 훌륭하게 수립된 계획도 적에 의해 무산될 수 있고, 그 과정 속에는 수많은 우연성과 개연성이 존재한다. 이것이 탁상 위의 전투와 실제의 전투를 구분하는 가장 큰 기준이다. 따라서 내가 최초에 구상한 의도대로 적의 전투력을 끌고 가기 위해 적에게 계속해서 새로운 상황을 야기시키는 것은 적에게 새로운 마찰을 계속해서 가중시키는 결과를 초래한다. 그러므로 전장에서 수없이 발생되는 마찰의 본질을 찾아내고 이를 극복하고자 하는 지휘관의 의지가 무엇보다 중요하며, 전장 지휘관의 의지의 정도에 따라 마찰은 극복될 수도 있고, 군사적 행동의 정지나 패배로 이어질 수도 있다.

전장의 상황을 냉철하게 분석하지 못한 유엔군사령부의 오판으로 수행된 크리스마스 공세는 지휘관의 섣부른 판단과 무모한 결단이 예하 부대에는 돌이킬 수 없는 재앙이 될 수 있다는 점을 시사한다. 유엔군사령부의 오판은 서부지역에서 유엔군의 전투력에 재앙과 같은 피해를 불러왔으며, 유엔군이 소멸될지 모른다는 불안감을 가중시켰다. 결과적으로 유엔군은 중공군과 모든 접촉을 단절하고 38도선 일대로 철수하였으며 한반도 포기라는 논쟁에 휘말려 들었다. 이러한 오판 속에 수행된 미 제1해병사단의 전술적 승리는 기적에 가까운 일이었다.

이 전투의 결과 중공군 제9병단의 피해는 심각했으며, 1951년 4월까지 공세에 참가하지 못하고 부대를 재편성할 수밖에 없었다. 결과적으로 미 제1해병사단은 중공군 12개 사단을 장진호 일대에 고착시킴으로써 서부전선에 대한 중공군의 증원역량을 소멸시키고 미 제8군을 위기에서 구해냈다. 또한 역사적인 흥남철수를 통해 미 제10군단과 국군 제1군단, 9만 8,000명의 민간인을 구출하는 데 결정적인 역할을 했으며 유엔군이 한반도를 포기하고 일본으로 철수할 뻔했던 위기를 극복했다. 장진호 전투! 그곳에서 빛난 인간의 정신력과 지휘관의 의지는 대한민국을 구해냈다.

Solutions of victory

IV

끝날 때까지 끝난 게 아니다!

1951년 5월의 현리 전투

"제군들,
나는 항복하고 이 나라에서 철수하기 위해 온 것이 아니오.
나는 승리하기 위해 여기 왔소."

미 제8군사령관 제임스 밴 플리트

1951년 5월 실시한 공산군의 대규모 공세[1]는 중공군 9개 군[2]과 북한군 4개 군단 등 총 41개 사단 규모의 병력을 투입한 대규모 공세였고, 이에 맞선 국군과 유엔군은 21개 사단을 동원하여 공산군 측의 공세를 저지하고 재반격을 실시한 6 · 25전쟁 기간 중 최대 규모의 전투였다. 이때 중공군은 단기간 내에 속전속결로 작전목적을 달성하기 위해 운동전 전법을 구사하였으며, 국군을 3중으로 포위하고, 후방의 주 보급로를 다중으로 차단하여 중동부축선의 국군을 섬멸하고자 하였다.

이 기간 중 동부전선에서 전개된 '현리 전투'는 국군 제3군단과 인접한 미 제10군단의 방어선이 돌파되고 퇴로가 차단당한 가운데 70km나 후퇴를 거듭한 끝에 국군 제3군단이 해체된 치욕적인 전투로만 기억되고 있다. 그러나 현리 전투 이후 국군과 유엔군은 공산군의 군수지원 문제를 파악하고 공산군이 작전한계점에 다다르자 즉각 반격작전으로 전환하여 공산군에게 큰 타격을 입히고 현재의 군사분계선 일대까지 진출함으로써, 5월 공세 이후 공산군은 대규모 공세를 감행하지 못하고 정치적으로 정전협상 전략을 채택할 수밖에 없었다.

국군 제3군단이 와해된 전술적 패배에도 불구하고 이를 작전적 승리로 전환시킨 현리 전투. 1951년 5월 현리 일대에서 나타난 갈등과 위기, 그리고 극복 과정을 자세히 살펴보고, 이와 같은 상황에서 필요한 리더의 역할에 대해 살펴본다.

---

1) 중공군의 다섯 차례 대규모 공세 중 '5차 공세'는 5차 1단계, 2단계 전역으로 구분하거나, 5차 4월, 5월 공세, 또는 연구자의 관점에 따라 5차, 6차 공세로 구분하기도 한다. 본고에서는 '5차 5월 공세'로 칭하기로 한다.

2) 유엔군과 중공군의 제대명칭을 비교해보면, 사단(유엔군) : 사단(중공군), 군단(유엔군) : 군(중공군), 야전군(유엔군) : 병단(중공군)으로 비교할 수 있다.

중공군의 참전과 공세

중공군의 공세와 유엔군의 반격:
완전히 새로운 상황에서 새로운 적과 새로운 전쟁을 한다!

북한군의 기습남침으로 시작된 6 · 25전쟁은 국군과 유엔군의 효과적인 지연작전과 낙동강선 방어작전, 그리고 맥아더 장군의 '신의 한수'라고 불리는 인천상륙작전으로 북한군의 전쟁지속능력을 완전히 파괴함으로써 종전(終戰)을 눈앞에 두고 있었다. 그러나 북한이 붕괴될 경우, 미국과 압록강을 두고 직접 대치해야 하는 상황에 위기를 느낀 중공군이 참전하면서 전쟁은 완전히 새로운 국면에 접어들었다.

중공군의 참전을 예상하지 못한 국군과 유엔군은 압록강으로 진격해나가던 중 중공군의 1차 공세로 청천강 이남으로 철수하게 되었다. 이후 중공군의 참전 규모를 오판하고 크리스마스 이전에 전쟁을 종결짓기 위해 크리스마스 공세를 단행하지만, 중공군의 2차 공세로 큰 피해를 입고 38도선 이남으로 철수하게 된다. 낙동강까지 후퇴했던 전선을 반격작전을 통해 압록강 일대까지 진출시켰지만 중공군의 참전으로 전쟁은 다시 원점으로 돌아간 것이다.

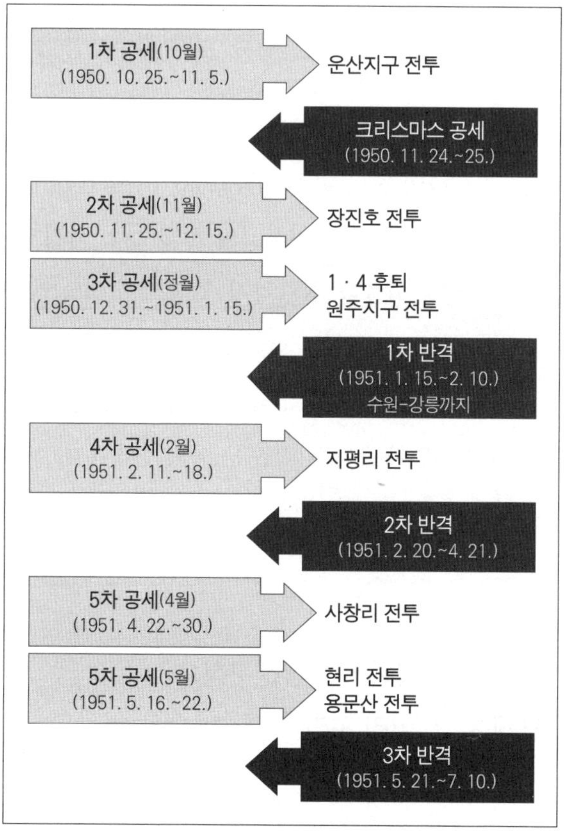

〈그림 4.1〉 중공군의 공세와 유엔군 반격 개관

중공군은 서울을 점령함으로써 전략적으로 유리한 상황을 조성하기 위해 3차 공세를 단행하였고, 국군과 유엔군은 한강이 꽁꽁 얼어붙어 전략적 · 전술적 가치가 떨어진 서울을 1 · 4후퇴를 통하여 중공군에게 내주고 37도선 일대까지 철수하게 된다. 그러나 국군과 유엔군이 썬더볼트, 라운드업 작전 등의 1차 반격작전으로 한강 이남까지 진출하자, 중공군은 이를 저지하기 위해 중동부전선에 병력을 집중하여 4차 공세를 실시하게 된다. 그러나 이마저도 국군과 유엔군의 강력한 화력과 기동력을 앞세운 킬러, 리퍼작전 등 2차 반격작전으로 38도선 일대까지 전선이 조정될 수밖에 없었다.

이에 중공군은 제3병단과 제19병단 등 2개 병단을 추가로 증원하여 5차 4월 공세를 실시하여 서울을 탈환하고 중서부축선의 유엔군에 피해를 주어 휴전에 유리한 상황을 조성하고자 하였으나, 작전개시 9일 만에 작전한계점에 도달하여 서울을 점령하지 못하고 수색–구파발–청평–현리–양양 북방을 잇는 노네임(No-Name)선에서 공세가 저지되었다. 노네임선에서 전선을 정리한 유엔군은 군단별 위력 수색을 실시하여, 문산–동두천–가평–춘천–인제선까지 진출한 상태에서 적의 5월 공세를 맞게 되었다.

중공군의 운동전과 펑더화이의 작전구상: 빨리 치고, 크게 치고, 멀리 쳐라

중공군은 6·25전쟁 참전 이후 주로 인민해방군의 전통적 전법인 운동전을 적용하여 전투하였다. 이는 많은 병력과 민첩함을 이용하여 유엔군의 강한 화력, 제공권, 기동력의 장점을 필사적으로 회피하고, 야간에 적의 약점을 집중적으로 돌파하고 후방으로 종심 깊게 진출하여 포위하고자 하였다. 이러한 운동전의 특징을 간단히 정리해보면, 첫째, 기습을 작전 수행의 기초로 하였다. 유엔군의 항공정찰과 우세한 화력을 회피하기 위해 야간에 산악지역을 도보로 기동함으로써 기도비닉을 유지한 상태에서 기습공격하였다.

둘째, 매 작전 시마다 부동 상태의 적을 공격하였다. 여기서 '부동'

의 의미는 움직이지 않는다는 부동(不動)의 의미가 아닌, 물이나 공기 중에 떠다닌다는 의미의 부동(浮動)을 의미한다. 즉 이동 중인 적은 진지방호의 이점이 없고 연결된 방어선이 없어 배후침투가 용이하기 때문에, 적을 부동 상태에 빠뜨린 상태에서 공격하였다.

세 번째 특징은 유엔군의 취약점인 ① 부대 사이의 간격, ② 국군, ③ 미군의 도로 위주 기동을 적극 이용하였다. 부대 간의 전투지경선을 적극적으로 파악하여 돌파하되, 상대적으로 약한 국군을 먼저 공격한 이후 종심 깊게 기동하여 병참선을 차단하면, 전투근무 지원 소요가 방대한 미군이 철수하면서 부동 상태에 빠지게 되고, 도로 위주 기동을 하는 미군을 산악지역에서 매복하고 있는 중공군이 공격함으로써 공세의 효과를 극대화하였다.

네 번째 특징은 작전적 수준의 우회와 전술적 분할포위의 결합이다. 돌파구 형성 시 작전적 수준의 대부대가 후방으로 종심기동을 하여 병참선을 차단하고, 정면에서는 소규모의 돌파와 포위를 곳곳에서 완성하면서 강하게 압박하였다.

마지막은 지휘관들의 실시간 독단적이고 탄력적인 지휘로 유동적인 상황에 대한 적응능력이 뛰어나 작전속도가 매우 빨랐다. 이는 중공군의 오랜 유격전의 경험에서 나온 특징으로 불확실한 전장상황에 대한 적응력이 뛰어났으며, 통신장비의 부족으로 복잡한 기동계획을 실행시킬 수 없었기 때문에 생겨난 특징이었다.

중공군의 5월 공세에서도 중공군사령관 펑더화이는 이러한 운동전의 특징을 적극 활용하여 상대적으로 전투력이 약한 현리 일대의 국군 4개 사단을 다중포위하여 섬멸하고자 하였다. 그래서 중서부전선에서는 제19병단을 견제부대로 운용하여 유엔군이 동부로 이동하는 것을 막

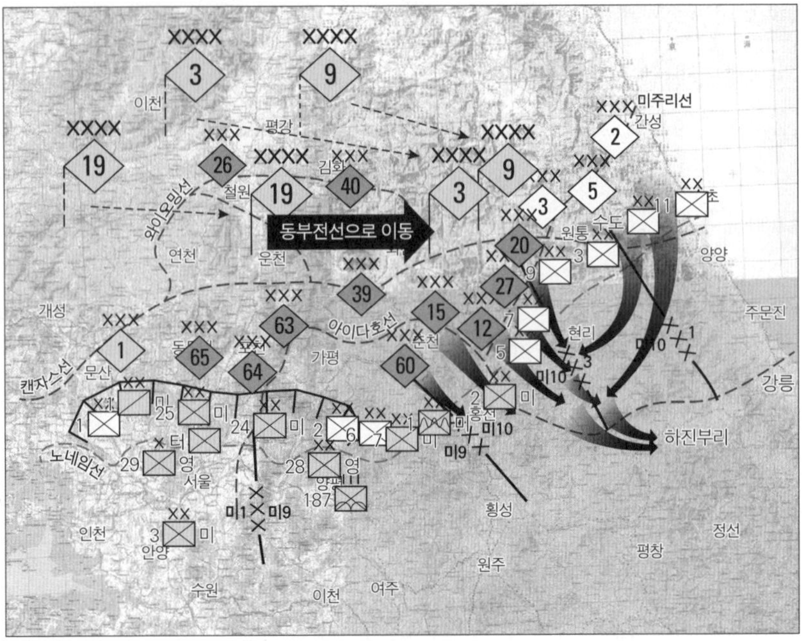

〈그림 4.2〉 펑더화이의 5월 공세 작전구상

기 위한 차단작전을 병행하였다. 이러한 작전을 구상하게 된 배경은 다섯 차례에 걸친 대규모의 공세 결과, 병력이 우세하더라도 화력과 장비가 열세하면 승리할 수 없기 때문에, '서울 점령'이라는 전략적 목표보다는 '중동부 산악지역에서 국군 사단들을 격멸한 후 고립된 미군을 섬멸할 수 있는 전기를 마련한다'는 목표로 선회한 것이다. 당시 중공군은 제해권과 제공권 없이 작전적 수준의 섬멸전을 달성할 수 없다고 판단하고, 전술적 수준의 소(小) 섬멸전으로 대항하고자 한 것이다.

중공군사령관 펑더화이는 이러한 작전목표를 달성하기 위해 우선 현리 지역 일대의 국군 4개 사단을 다중포위하여 섬멸한다는 기본지침에 따라 국군의 전방지역에 대한 강력한 공격준비사격과 압도적 병력의 우

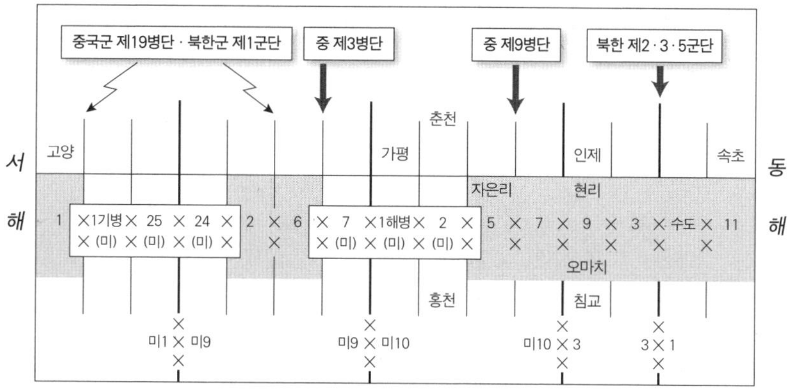

〈그림 4.3〉 공산군의 5월 공세 시 주요 부대 배치

자료: 육군군사연구소, 『6 · 25전쟁 실패 사례와 교훈』, 2014.

세를 통한 집중돌파를 실시하였다. 주공인 중공군 제9병단은 신속히 상남리－속사리, 한계－풍암리로 종심기동하고, 조공인 중공군 제3병단의 일부가 미 제10군단을 고착 · 견제하는 동안 주력이 국군의 방어선을 돌파해 오마치－창촌－속사리로 종심 기동하는 임무를 각각 부여받았다. 한편 인제 방면에서 진격한 북한군 제3군단은 현리 일대에서 중공군 제9병단과 합류하여 국군을 포위 · 섬멸한 후 방내리－창촌리로, 한계령을 점령한 북한군 제5군단은 현리 동쪽과 속사리 방면으로, 그리고 속초 일대의 북한군 제2군단은 한계령을 넘어 창촌리－속사리 방면으로 종심 기동해 다중포위를 실시하는 임무를 각각 부여받았다.

갈등: 오마치 고개로 인해 시작된 비극

현리 전투에서 국군 제3군단이 해체되는 비극은 '오마치 고개'[3]를 둘러싼 국군 제3군단과 미 제10군단의 갈등에서 시작되었다. 사소하게 볼 수도 있는 이 갈등은 상호 간의 불신과 감정적 대응으로 악화되어 인접부대 간의 협조와 상황전파조차 이루어지지 못하게 함으로써 전술적 수준의 패배와 작전적 수준[4]의 위기를 초래하였다.

---

3) 인제군 기린면 상남리에 있는 451번 도로 상의 고개로서 일명 '상남리 고개'라고 한다. 현재는 인제군 상남면 상남리로 행정구역이 바뀌었으며, 오미재라고 부르지만 6 · 25전쟁 당시에는 오마치 고개라고 불렀다.

4) 전쟁의 수준은 전쟁을 수행하는 주체별로 담당 영역과 수행해야 할 과업을 용병술 체계에 따라 전략적, 작전적, 전술적 수준으로 구분한 것이다. 이러한 전쟁의 수준은 지휘수준이나 부대의 규모 또는 유형에 따라 구분되는 것이 아니라, 국가전략목표 달성을 지원하기 위해 어떤 역할과 활동을 해야 하는가에 따라 구분된다. (합동참모본부, 『군사기본교리』, 2014, pp. 1-34~37.) 이해하기 쉽게 구분하자면 현리 전투에서 전략적 수준은 유엔군사령부와 국군의 전쟁지도부가, 작전적 수준은 미 제8군이, 전술적 수준은 군단급 이하 제대들이 수행하는 역할이라고 할 수 있다.

국군 제3군단과 미 제10군단의 신경전: '오마치를 확보하라' VS '오마치는 우리의 책임지역'

미 제8군사령관은 1951년 5월 이전 적의 배치상황을 근거로 공산군의 차기 공세는 서부 또는 중부 축선에 주력이 집중되어 이루어질 것으로 판단하였다. 즉 미 제8군은 현재 공산 측이 중공군 특유의 기만작전으로써 동부전선을 위협하는 척하면서 미 제8군의 서부전선 전투력의 일부를 동부전선으로 재배치하도록 유인한 후 서울 탈취를 재시도할 것으로 판단하고 있었다.

그동안의 공세에서 나타난 중공군의 취약점은 신장된 전선으로 인한 보급 문제였다. 따라서 미 제8군사령관은 도로망이 열악한 중동부 산악지대로 중공군이 주력을 지향하지는 않을 것이라고 생각했다. 더불어 유엔군 측과 공산군 측 간에 논의가 진행되고 있던 휴전 협상에서 유리한 고지를 확보하기 위해 공산군이 4월 공세와 마찬가지로 수도 서울점령에 가용역량을 집중시킬 것으로 보았고, 따라서 미 제8군사령관은 서부 및 중부 축선에는 강력한 전투력을 보유한 미군 사단들을 배치, 방어에 유리한 산악지형인 동부전선에는 국군을 배치하더라도 상대적으로 전력이 미약한 북한군을 충분히 방어할 수 있을 것으로 판단하였다.

이에 따라 미 제8군사령관은 미 제7사단과 미 제187공정연대[5] 전투단을 5월 1일부로 미 제10군단 지역(중동부축선)에서 미 제9군단 지역(중서부축선)으로 이동시켰다. 그리고 미 제7사단의 이동으로 생긴 공간에는 국

5) 공정연대는 공정작전을 실시하기 위해 편성된 연대급 부대이다. 공정작전이란 특정한 군사적 목적 달성을 위하여 공정부대를 공군 수송기로 목표 일대로 이동시켜 공두보를 확보한 후 제한된 지상전투를 실시하는 작전을 말한다.

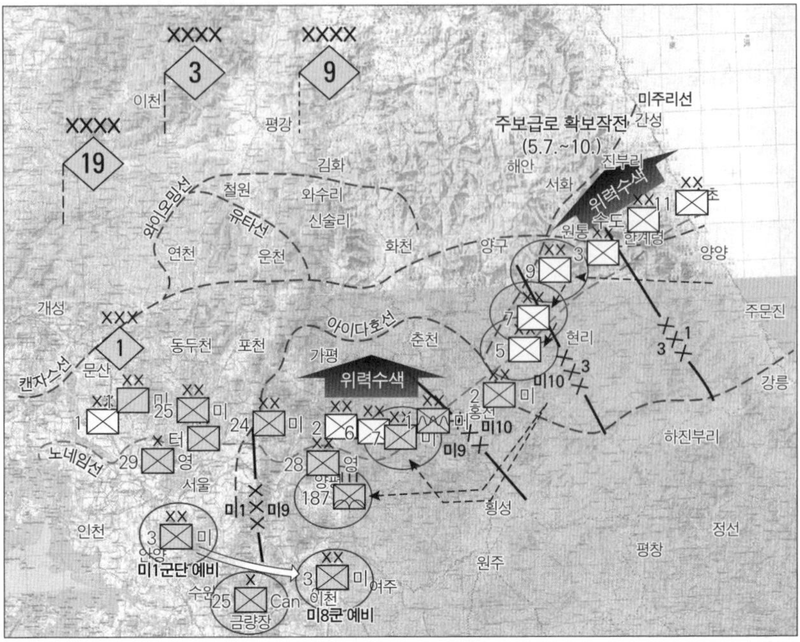

〈그림 4.4〉 미 제8군의 부대 재배치 및 위력수색

군 제7사단을, 국군 제7사단 위치에는 국군 제5사단을 배치하였다. 또한 미 제9군단 지역에 배치되어 있던 미 제1해병사단에 대한 작전통제권을 미 제10군단장에게 주고 미 제1군단과 미 제9군단의 전투지경선을 우측으로 이동시켰다.

이렇게 해서 국군 제3군단은 9사단을 배속받은 대신 국군 제7사단이 미 제10군단으로 배속 전환되었고, 그 결과 국군 제9사단과 3사단의 2개 사단으로 편성되었다. 이때 국군 제3군단장은 미 제8군의 작전명령 상에 명시된 군단 전투지경선을 보고 깜짝 놀랐는데, 고사리재 – 오마치 – 하남리 – 현리로 이어지는 군단 주 보급로의 대부분이 미 제10군단의 책임지역으로 부여되어 있었기 때문이었다.

〈그림 4.5〉
국군 제3군단의 주 보급로와 오마치 고개

이 중에서도 '오마치 고개'는 대암산에서 남쪽으로 뻗어내린 능선의 5km 지점에 있는 고개로서, 만일 이곳을 공산군이 장악하게 되면 현리 일대에 배치된 국군 제3군단의 유일한 보급로가 차단되고 기동장비의 철수가 불가능해지는 심각한 상황을 초래하게 된다. 이에 제3군단장 유재흥 소장은 중공군의 우회침투 전술에 대비하고 주 보급로의 안전을 보장하기 위해 군단 예비인 국군 제9사단 29연대의 1개 대대를 오마치 고개에 배치하였으나, 이 사항을 미 제10군단과 사전에 협조하지 않았다.

이에 미 제10군단장 알몬드 중장은 자신의 책임지역 내에 국군 제3군단의 부대를 배치하는 것에 대해 강하게 항의하며 부대를 철수시킬 것을 요구하였다. 국군 제3군단장은 "오마치 고개가 3군단에게 매우 중요한 지형이므로, 미 제10군단 예하의 국군 제7사단에서 경계병력을 배치시킨다면 언제든 철수하겠다."고 하였다. 그러나 알몬드 중장이 계속 강하게 항의하자, 국군 제3군단장은 대암산의 병력만 철수시키고 29연대 2대대는 계속 오마치 고개를 확보토록 하였다. 결국 미 제10군단은 이 문제를 미 제8군사령부에 보고하였고, 미 제8군사령부는 오마치 고개에 대한 경계 조치의 타당성은 인정하면서도 그곳이 미 제10군단의 책임지역임을 감안하여 국군 제3군단의 병력 철수를 지시하여, 국군 제3군단은 5월 11일부로 오마치 고개에 배치되었던 국군 제29연대 2대대마저 철수시킬 수밖에 없었다.

5월 16일 16시부터 중공군이 공격을 개시하여 미 제10군단 예하의 국군 제7사단의 방어선을 돌파하고 남쪽으로 진출하고 있는 동안, 수 미상의 북한군은 오마치 고개로 은밀히 침투하여 17일 00시 30분경 이곳에 도로장애물을 설치하였다. 국군 제7사단은 이들의 규모를 1개 중대 정도라고 판단하였으나 이러한 상황을 인접부대인 국군 제3군단이나 국군 제9사단에게는 통보하지 않았고, 국군 제7사단의 방어선이 붕괴되어 7사단의 일부 병력이 국군 제9사단 지역으로 유입되자 제9사단장이 국군 제7사단과 제5연대 전술지휘소와 교신함으로써 제7사단 전방의 상황을 파악할 수 있었다. 이에 제9사단장은 17일 03시에 군단장 유재흥 소장에게 제7사단의 상황을 보고하면서 오마치 고개 너머의 상남리로 철수를 건의하였고, 군단장은 인접 군단인 미 제10군단에 전방상황을 문의하였으나 군단 전방에는 아무 이상이 없다고 상황을 은폐[6]함으로써 국군

6) 상황을 의도적으로 은폐한 것인지, 국군 제7사단과의 통신이 두절되어 상황파악이 불가능했는지는 논란의 여지가 있다. 그러나 인접부대의 상황 확인 요청에 대해 정확한 확인절차 없이

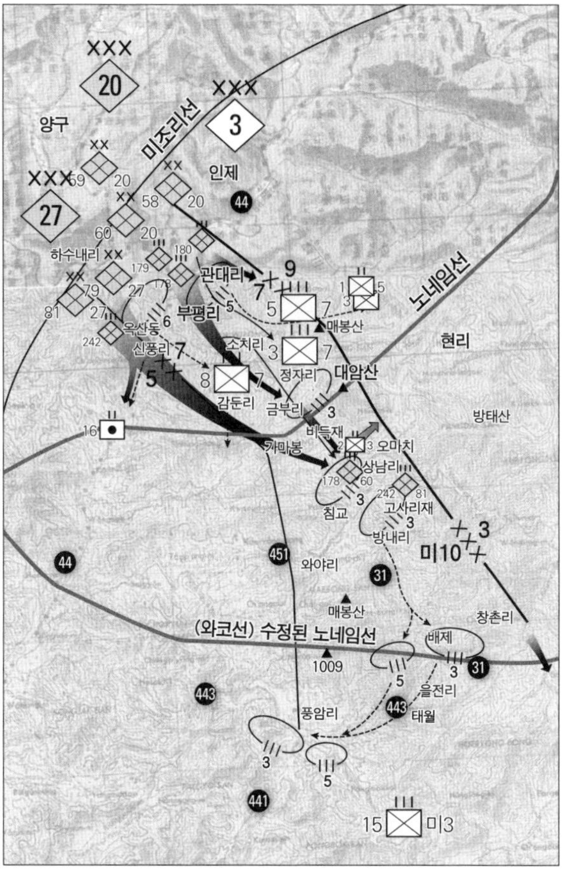

〈그림 4.6〉
국군 제7사단(국군 제3군단의 좌측 인접부대)의 붕괴

제3군단은 철수시기를 상실하게 되었다. 이로 인해 제9사단과 3사단 모두 오마치 고개에 대한 어떠한 조치도 취하지 못한 채 시간이 지연되어 17일 15시에는 2개 연대 이상의 중공군이 오마치 고개를 점령, 16시경에는 1개 사단이 넘는 규모의 공산군이 오마치 고개–현리 일대에 투입됨으로써 국군 제3군단의 퇴로가 완전히 차단되고 말았다.

전방에 아무 이상이 없다고 전파한 것은 상호 긴밀한 연락 및 협조체계가 구축되어 있지 않았음을 의미한다.

위기: 현리에서 포위된 국군 제3군단의 철수

국군 제3군단은 주 보급로인 오마치 고개가 차단된 위기의 상황을 극복하기 위해 오마치 고개를 점령하여 포위망을 돌파하고 철수하고자 하였다. 그러나 이 과정에서 지휘관들의 무능력으로 지휘체계가 마비되고, 현리 일대에 여러 부대 소속의 장병들이 혼잡하게 집결된 상태에서 전장 공포가 급속히 전파되어 포위망을 돌파하기 위한 노력은 무산되었다. 결국 국군 제3군단은 방태산으로의 무질서한 철수를 시작하게 되었다.

국군 제3군단의 위기와 철수작전: 오마치 고개를 돌파하라

중공군이 형성한 돌파구의 좌측방(미 제10군단 지역)이 확대되고, 국군 제3군단의 퇴로가 차단되고 있는 상황에서 국군 제3군단은 현리 전방의 좌측에 제9사단, 우측에 제3사단을 배치하였으나 군단 예비를 보유하지 못하여 우발상황에 능동적으로 대응할 수 없는 취약한 상태에 있었다. 군단 좌측에 배치된 국군 제9사단은 제3군단의 유일한 보급로이자 철수로인 오마치 고개가 차단당한 사실을 5월 17일 06시 30분경에 인지하고 군단과 인접 제3사단에 통보하였다. 이때 국군 제3사단은 방어 정면에서 북한군의 치열한 공격을 받고 방어선 일부가 돌파되어 북한군이 사단 후방으로 침투하고 있었는데, 군단의 유일한 퇴로가 차단당하고 인접 제9사단이 철수 중이라는 상황을 인지하자 08시경, 예하 부대에 현리 지역으로 철수할 것을 명령하였다.

국군 제9사단은 5월 17일 01시경, 사단의 좌전방을 담당하던 제28연대가 중공군으로부터 전후방 동시타격을 받아 1시간 만에 돌파되었고, 사단은 예비인 제29연대를 매봉과 원대리의 계곡 북쪽으로 기동시켜 적을 저지하려 했지만 여의치 못해 철수했다. 이에 따라 제28연대는 좌우측의 국군 방어선이 모두 돌파당한 가운데 고립될 위기에 놓이게 되었으며, 02시경, 좌측 국군 제7사단의 붕괴상황을 인지한 제9사단장은 03시경에

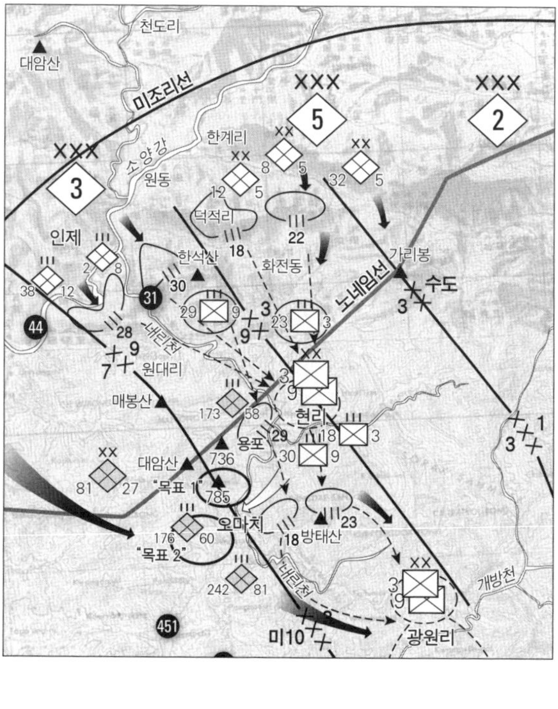

〈그림 4.7〉
국군 제3군단의 붕괴와
방태산으로의 철수

군단장에게 철수를 건의했으나 군단장은 미 제10군단과의 연락을 통해 전방에 아무 이상이 없다는 전파를 받고, 이를 승인하지 않았다. 이에 제9사단장은 퇴로가 차단당하기 전에 야포와 차량 등 기동장비를 먼저 철수시키기로 결심하고 장비들을 이동시켰으나 오마치 고개 일대를 중공군이 이미 점령한 상태였기 때문에 용포로 돌아올 수밖에 없었다.

이러한 상황을 보고받은 사단장은 04시경 예하 부대에 철수 명령을 하달했고, 사단 예하 부대는 10시경 사단 전술지휘소가 위치한 용포로 집결하였으나 12시경 용포 서쪽 능선에서 이루어진 적의 요란사격[7]으로 집결해 있던 병력들은 사방으로 분산되었다. 이에 국군 제9사단은 용포 일대에서 포위 · 섬멸당할 우려로 다시 북쪽으로 이동하여 13시 40분경 현리에 도착했다. 당시 현리에는 국군 제3사단 및 군단 직할부대, 제7사단 5연대, 수도사단 제1연대 1대대의 일부 병력이 혼재되어 있었다. 병력들이 한데 모이자 대규모 중공군의 공격으로 국군 제7사단이 붕괴되고 오마치 고개가 피탈당한 상황을 모두가 알게 되어 장병들의 불안과 동요가 확산되었다.

한편 군단의 우측 덕적리, 한석산, 가리봉을 연하는 선에 진지를 편성한 국군 제3사단은 제9사단으로부터 제7사단이 철수 중이며 주 보급로인 오마치 고개 일대를 피탈당했다는 연락을 받고 군단이 적에게 포위되었다고 판단했다. 그리고 제9사단 28연대가 철수를 개시했다는 보고를 받자 5월 17일 08시경 철수 명령을 하달하였고 제23연대의 엄호 아래 13시경 현리에 집결했다. 비슷한 시각에 제9사단을 비롯한 부대들이 속속들이 현리로 모여들었으나 이미 북한군 제6사단 1연대가 국군의 퇴로

7) 집결지, 지휘 및 통신소, 교통요지 등에 간헐적으로 사격을 가하여 적의 이동을 제한하고 병력 손실 및 사기저하를 강요하며 적 부대를 혼란시키기 위해 실시하는 사격.

를 차단하고 있었다. 북한군 제5군단이 정면과 후방에서, 중공군 제20군이 좌측방에서 공격한다면 국군 제3사단을 비롯한 국군 제3군단의 주요 부대들이 포위될 상황이었다.

이렇듯 현리 지역의 전황이 악화되자 5월 17일 14시경, 국군 제3군단장은 급히 현리로 이동하여 제3·9사단장과 포위망 돌파대책을 강구하였다. 그러나 군단장은 오마치 고개를 탈환하거나 방태산 일대에서 새로운 방어선을 형성할 적극적인 조치를 취하지 않은 채, 포위망 돌파에 대한 작전지휘를 제3사단장에게 위임한 후 15시 30분경 하진부리에 위치한 군단사령부로 복귀하였다.

한편 육군본부에서는 5월 17일 17시경, 국군 제3군단의 상황과 미 제10군단의 상황을 종합검토한 다음 미 제8군과 협의하여 제1·3군단장에게 5월 18일 여명을 기하여 '와코선(WACO-Line)'으로 철수 명령을 하달하였다. 이에 국군 제3사단장은 제9사단장과 협의하여 각 사단에서 1개 연대씩을 이용하여 포위망을 돌파하고 용포－오마치－고사리재－창촌을 따라 철수할 것을 결정하였고, 이에 따라 국군 제9사단 30연대는 제3대대가 오마치 고개를 공격하기 위한 주요 지형인 736고지를 무혈점령했다. 그런데 제3대대가 736고지를 점령한 이후 후속하여 785고지를 점령하기로 한 제1·2대대가 내린천을 따라 남하하다가 방태산으로 퇴각하고 말았다. 그러자 사단 전체가 방태산으로 퇴각하기 시작하였고, 이는 방태산－광원리－을수재로 연달아 군단이 퇴각하게 된 비극의 서막이었다.

한편 국군 제3사단 제18연대는 제9사단 제30연대가 중간목표를 점령하면 이를 초월하여 오마치 고개를 공격하기로 되어 있었다. 그러나 현리 일대에 집결해 있던 병력들이 기습을 받아 방태산으로 흩어지고,

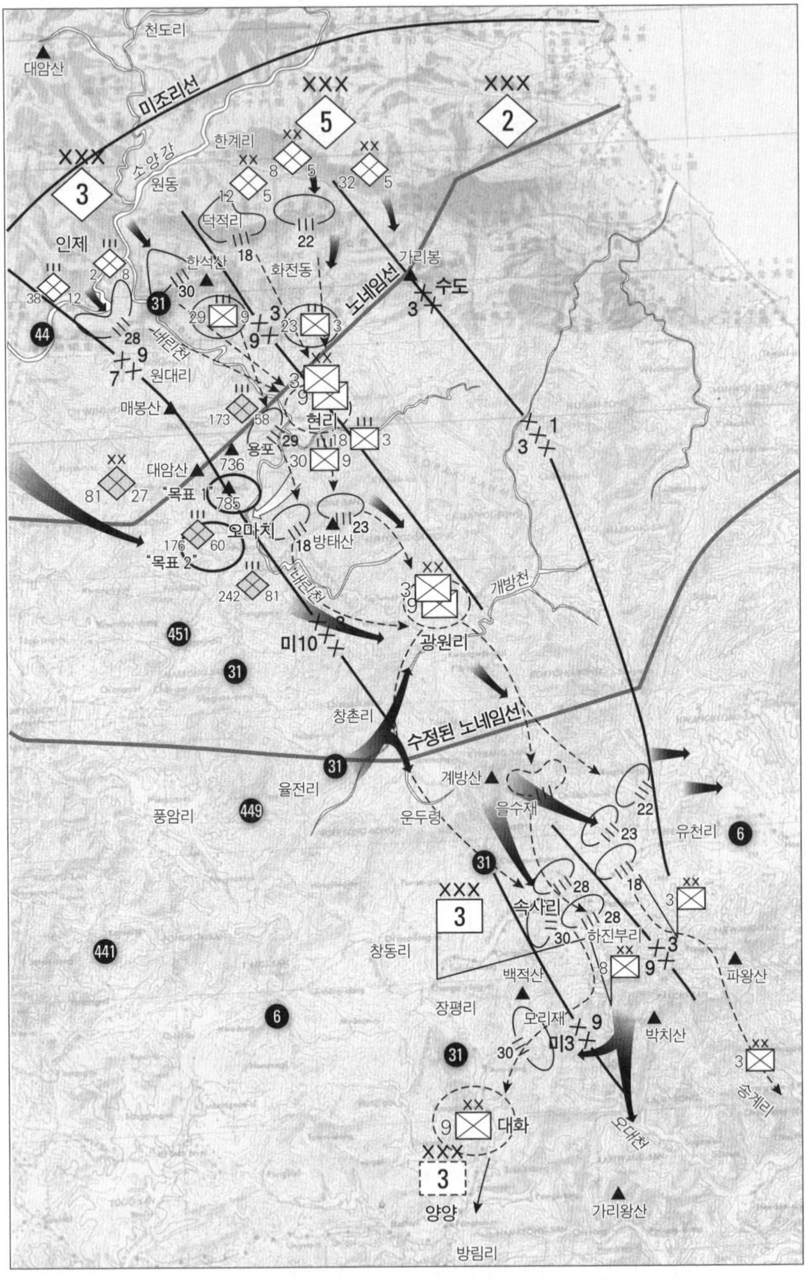

〈그림 4.8〉 국군 제3군단의 철수 경과

제9사단도 대오를 잃고 방태산으로 퇴각하자 제3사단장 역시 방태산으로 철수해야겠다고 판단했다. 이 당시 현리 일대의 좁은 지역에는 미 제10군단에 배속된 국군 제7사단의 일부 병력과 전방에서 철수한 2개 사단 병력이 혼잡하게 집결되어 있었으며, 내린천 건너편의 감제고지에는 중공군이 포위망을 형성한 가운데 요란사격을 가하고 있었다. 이로 인해 장병들의 사기가 극도로 저하되어 전의를 상실한 가운데, 유일한 퇴로마저 차단된 사실이 알려지자 걷잡을 수 없는 공포감에 사로잡힌 병력들은 날이 어두워지기 시작하면서부터 지휘체계가 무너져 분산된 채 방태산으로 철수하기 시작하였고, 결국에는 도저히 수습할 수 없는 혼란이 야기되었다.

이에 따라 국군 제3사단장은 5월 18일 03시 30분경, 모든 장비를 파괴하고 방태산 방향으로 철수할 수밖에 없다고 판단하고, 현리 일대에 집결한 예하 부대에게 방태산을 경유하여 창촌 일대로 철수할 것을 명령하였다. 이때부터 국군 제3군단은 무질서한 철수를 시작했고, 장병, 노무자, 위문공연단 등이 뒤섞여 철수하면서 공용화기와 장비를 파괴하거나 유기하면서 방태산으로 퇴각했다. 퇴각 후 집결지는 방태산 남쪽의 광원리로 한다고 입에서 입으로 전파하면서 험난한 주억봉, 구용덕봉을 넘었다. 제3 · 9사단은 해발 1,436m의 험준한 방태산을 거치는 동안 소대, 중대 단위에서 10~20명 규모로 분산되었고, 굶주림과 피로 속에 낙오병이 속출하고 상당수의 병력이 중공군의 추격으로 희생되었다.

이리하여 제3 · 9사단은 방태산, 광원리를 경유하여 5월 19일 15시경에 가까스로 중공군의 포위망을 벗어나 하진부리 일대에서 철수병력 수습과 재편성에 착수하였다. 중공군은 5월 19일 방태산을 넘어온 일부 부대를 이용하여 광원리에서 창촌으로 가는 유일한 도로인 원당동 일대

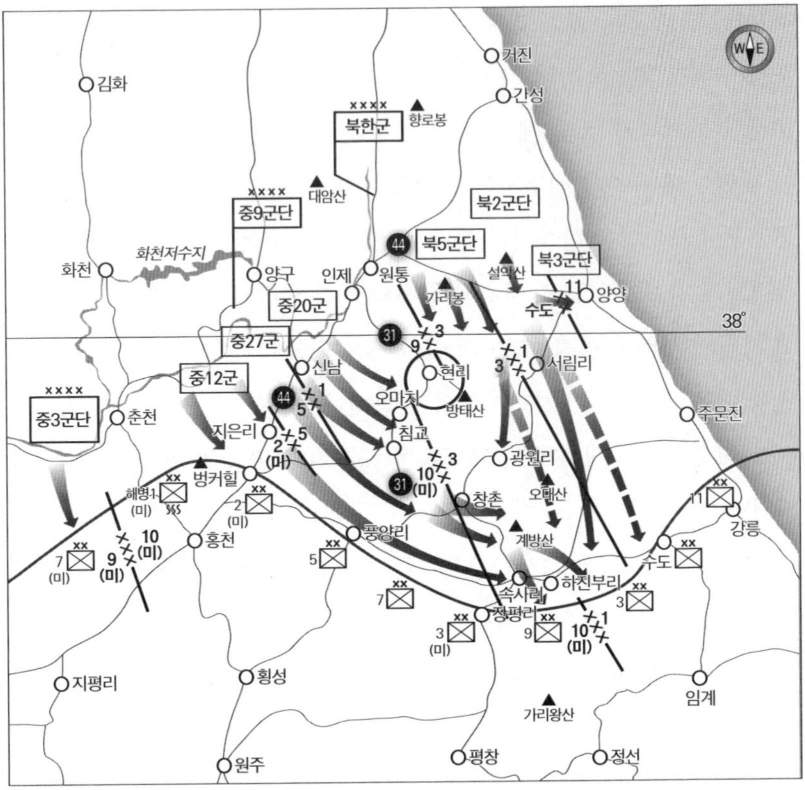

〈그림 4.9〉 공산군의 5월 공세 결과(중동부전선)

자료: 육군군사연구소, 『6 · 25전쟁 실패 사례와 교훈』, 2013.

마저 차단했다. 국군 제9사단은 원당동 일대에 중공군이 진출했다는 보고를 받고 하진부리로 철수할 계획을 수립했다.

국군 제3군단이 선택할 수 있는 유일한 퇴로는 경사가 60도에 달하는 1150고지의 을수재밖에 없었다. 장병들은 체력과 정신력이 고갈된 상태에서 탄띠, 철모, 군복까지 벗어던지고 맨몸으로 하진부리로 향했다. 군단은 북으로부터 오대산 – 하진부리, 소계방산 – 하진부리, 계방산 – 하진부리를 연하는 선으로 3분하여 뿔뿔이 퇴각을 실시, 그 일부가 5월

19일 15시경 최초로 하진부리 일대에 도달했다.

5월 20일, 하진부리에서 수습된 병력은 제3사단이 3,600여 명, 제9사단이 4,600여 명으로 전체 병력의 40% 미만이었다. 이후 미 제8군 사령관은 국군 제3군단장에게 하진부리 일대에서 더 이상 철수하지 말고 적을 저지할 것을 직접 명령했으나 속사리와 하진부리 일대에서 재편성을 하던 제3, 9사단은 중공군이 운두령을 넘어 속사리 북쪽까지 진출하자 5월 20일 04시 30분경 하진부리에서 철수를 시작했고, 이것이 국군 제3군단의 해체에 결정적이고 직접적인 원인이 되었다.

5월 21일, 중공군의 공격을 받고, 제3사단은 송계리, 제9사단은 대화로 각각 철수하였으며, 군단사령부는 횡계리에서 영월로 이동했다. 이에 따라 5월 22일, 속사리－횡계리 간에는 20km에 달하는 방어공백지대가 형성되었고 5월 22일부로 국군 제3군단 예하의 제9사단과 제3사단은 각각 국군 제1군단과 미 제10군단에 다시 배속되었다. 결국 5월 26일부로 국군 제3군단은 해체되고 말았다.

극복: 적의 약점을 공략한 미 제8군의 대응

이처럼 현리 전투에서 국군 제3군단이 거듭된 패배와 철수를 반복하고 있을 때, 미 제8군사령관 밴 플리트 장군은 중동부지역의 전술적 패배를 작전적 수준의 승리로 전환시킬 구상을 하였고, 중공군이 자신들의 취약점인 군수지원 문제로 인해 험준한 중동부 산악지역에서 공세를 지속시킬 능력이 부족하다고 판단하였다.

미 제8군사령관의 생각대로 중공군의 공세능력은 길게 가지 못했고, 중공군에게 시간과 공간을 내주는 것은 그들에게 작전한계점 도달을 강요하는 것과 같았다. 특히 국군 제3군단이 주 보급로인 오마치 고개를 중공군에게 점령당하고 심리적 마비가 된 것처럼 돌파구의 첨단부대가 계속 공격하는 동안 중공군의 주 보급로인 운두령을 점령함으로써 심리적 마비를 달성하여 중공군이 급히 철수할 수밖에 없도록 하였다.

〈그림 4.10〉 밴 플리트 장군

이 과정에서 밴 플리트 장군은 최악의 상황인 서울의 피탈을 대비한 상태에서 중동부전선의 대규모 돌파구에 적시 적절한 예비대 운용과 막강한 화력의 우세를 달성함으로써 전세를 역전시켰고, 늘 전선의 전방을 직접 살펴보며 장병들의 사기를 고양시키는 등 모범적인 리더십을 보여주었다.

중공군의 최대 약점, 군수지원 문제: '유엔 해 · 공군' VS '강철 보급선의 건설'

중공군이 운동전 전법을 적극적으로 적용하여 전투를 하게 된 가장 큰 이유는 6 · 25전쟁 초기부터 유엔군이 제해 · 제공권을 완전히 장악[8] 하고 있어, 이를 최대한 회피하기 위함이었다. 이것은 공산군의 작전지속능력에도 결정적인 영향을 미쳤는데, 유엔군의 압도적인 해 · 공군력을 앞세운 후방차단작전으로 공산군은 군수지원에 가장 많은 어려움을 겪었고, 이 부분이 중공군의 가장 치명적인 약점였다.

중공군이 6 · 25전쟁에 참전하기 전, 장기간의 국공내전 시 중공군이 필요한 무기는 대부분 적군에게 노획한 것에 의존하였고, 필요한 의식과 군수물자는 점령지역 주민의 징발에 의존하였다. 6 · 25전쟁 이전까지만 해도 중공군은 이러한 개인 휴대방식에 의존함으로써 장기적으로 체계적인 군수지원 부서를 건립하지 못했다.

그러나 1950년 가을 중국의 중앙군사위는 6 · 25전쟁에 참전하기 위한 준비를 하면서, 상대는 고도로 현대화된 장비를 갖춘 미군이라는

---

8) 6 · 25전쟁 기간 중 참전한 항공모함만 무려 42척(미국 36척, 영국 5척, 호주 1척)에 이르렀고, 삼면이 바다로 둘러싸인 한반도에서 항공모함과 함재기, 전함 등 해군은 동 · 서해상의 전후방을 가리지 않고 맹활약하였으며, 미국의 제5공군(9개 비행단)과 극동공군 폭격기 등의 공군도 대규모로 참전함으로써 제해 · 제공권을 완전히 장악할 수 있었다.

〈그림 4.11〉 정박 중인 항공모함 레이테(Leyte)

〈그림 4.12〉 솜옷을 입은 중공군 포로

것과 전장환경도 과거와는 차이가 많다는 것을 고려하였다. 하지만 현대화된 전쟁에 대한 경험 부족으로 중공군은 충분한 군수지원 역량을 갖추지 못하였고, 방공무기가 전혀 없어 유엔군의 강력한 공군화력을 막아낼 방법도 없었다. 게다가 당시 중공군은 주민에게서 물자를 노획하지 못하도록 하였으며, 필요한 식량 역시 현지 주민들의 재산 정도에 따라 제한적으로 차용하도록 하였고, 한국 내 주민들 역시 옷과 식량이 매우 부족하여 많은 주민들이 오히려 중공군의 구제를 필요로 하였기 때문에 결국 후방에서 전방으로 수송된 물자에 의존할 수밖에 없었다. 따라서 중공군은 유엔 해 · 공군의 강력한 후방차단작전에 맞서 강철 보급선을 건설하는 데 많은 노력을 기울였지만 역부족이었다.

1950년 10월 중순부터 6 · 25전쟁에 참전한 중공군은 겨울의 혹한

〈그림 4.13〉 감자를 먹고 있는 중공군(좌)과 전선에 보낼 볶음면을 삶는 중국 인민들(우)

속에서 유엔군의 항공정찰과 폭격 때문에 취사를 할 수 없어 후방에서 추진된 볶음면[9]과 미숫가루, 생쌀을 눈과 같이 먹으며 냉식(冷食)을 해야 했으며, 개인별로 휴대한 2~3일분의 식량과 탄약이 떨어지면 더 이상 작전을 진행하지 못하고 보급을 기다려야만 했다. 그러나 이마저도 후방에서 수송하는 차량들이 야간에 전조등을 켜지도 못한 채 운행을 하면서 하루 30~40km밖에 전진하지 못하거나, 전복되는 차량이 많아 최소 수송량의 30~40%만을 공급할 수 있었다. 이러한 군수지원의 어려움으로 인해 중공군의 보급수준은 미군의 일일 보급량의 10%에도 미치지 못하였고, 전선이 한반도의 남쪽으로 진출할수록 더 악화되었기 때문에 종심 지역으로의 공격 기세를 유지할 수가 없었다.

반면 6 · 25전쟁 발발 시 미군에게도 군수지원은 매우 중요하고 심각한 문제였다. 미 본토 해안에서 5,000마일이나 떨어진 한반도에서의 전쟁은 군수지원이 심각한 문제가 될 것이라는 것은 분명하였고, 미국이 한반도에 투입할 수 있는 병력 규모를 결정하는 데에도 군수지원 능력이

9) 밀 70%, 콩 및 옥수수 30%를 원료로 삶은 다음 말려서 0.5%의 소금을 섞은 전투식량으로 초면(炒麵)이라고도 한다.

핵심적인 요소였다. 유엔군 사령부는 한반도에 인접한 일본과 필리핀의 생산, 정비, 저장시설과 태평양의 도서들에 위치한 군수시설과 양호한 철로 및 고속도로 등을 고려할 때, 남한을 지원하기 충분할 것으로 판단하였다.

결국 유엔군이 제해 · 제공권을 완전히 장악함으로써 미국은 태평양으로의 해상수송을 통해 5,000마일이나 되는 미국 본토와 한반도를 연결하더라도, 육상수송을 해야만 하는 공산국들의 수송비용에 비해 훨씬 저렴하게 물자 수송이 가능한 반면, 육상을 통해 군수지원을 하는 공산군은 강철 보급선 건설에 많은 노력을 기울였지만 제해 · 제공권을 전혀 확보하지 못해 전쟁지속능력에 제한이 따를 수밖에 없었다.

위기극복을 위한 작전적 수준의 조치:
중공군의 공격이 완전히 멈출 때까지 반격하지 말 것

미 제8군사령관은 중공군의 4월 공세 이후 적의 배치상황을 고려, 휴전협상에서 유리한 고지를 확보하기 위해 서울 점령에 가용역량을 집중시킬 것으로 보고, 차기 공세는 중서부축선에 집중될 것으로 판단하였다. 이에 따라 서부와 중부축선에 강력한 전투력을 가진 미군을 배치하였다. 그동안 중공군은 신장된 보급선으로 인한 군수지원 문제 때문에 조기에 작전한계점에 도달했기 때문에 도로망이 열악한 중동부 산악지대로 중공군의 주력이 지향될 것이라고는 생각하지 않았다.

이러한 상황판단을 기초로 부대를 재배치한 후 위력수색을 강화하도록 지시하였으며 이에 따라 5월 7일부터 미 제10군단, 국군 제1, 3군단의 국군 6개 사단은 노네임선 20km 북방에 설치된 미조리선으로 공격을 시작하였다. 그 결과 미 제8군은 김포반도 – 봉일천 – 의정부 – 가평 – 춘천을 확보한 데 이어 동부전선의 인제와 속초까지 탈환함으로써 4월 공세 당시 상실한 지역의 절반을 회복하였고, 이처럼 상황이 호전되자 미 제8군사령관은 38도선을 향한 본격적인 반격작전 계획을 수립하였다.

하지만 이런 상황에서 화천 지역에서의 야간 차량통행 급증과 함께 중공군이 소양강에 교량을 가설하고 대규모 병력이 동쪽으로 이동하는 등 중공군 주력이 중동부축선으로 집중되는 일련의 정황들이 포착되었고, 이에 미 제8군사령관은 5월 10일, 반격계획을 즉시 취소하고 방어로 전환하는 한편, 예하 부대에 공산군의 공세에 대응한 조치를 강구토록 지시하였다.

그러나 미 제8군은 작전계획이나 전선을 조정할 수 있는 시간적인 여유가 없었다. 당시 미 제8군사령관 밴 플리트 중장은 ① 선제공격으로 기선을 제압하는 방안과 ② 공산군에게 최대한의 피해를 강요하기 위한 일정 지역에서의 지연전을 실시하는 방안, 그리고 ③ 준비된 진지를 강력하게 고수하는 지역방어를 실시하는 방안 등 세 가지 대응방안 중 세 번째 안을 채택하였다.

그러나 제대로 방어 준비가 되지 않은 상태에서 중동부축선을 향해 중공군의 주력이 공격을 준비하고 있다는 소식이 예하 부대에 알려질 경우 전투가 시작되기도 전에 장병들이 심리적으로 위축되거나 최악의 경우, 전선에서 국군의 대량이탈 사태가 발생할 수도 있었다.

이러한 이유로 미 제8군사령관은 기존의 방어계획을 유지한 채, 미 제1군단(서부축선)의 예비인 미 제3사단을 미 제8군의 예비로 전환하여 언제든지 중동부전선으로 이동할 수 있는 태세를 갖추도록 준비 명령을 하달하고, 또한 미 제1군단에게는 만약 공산군이 서울 정면을 공격하지 않을 경우, 역으로 임진강선을 향하여 공격함으로써 중동부전선에 지향된 공산군의 압력을 견제할 대책을 강구하도록 지시하는 등 최소한의 조치만을 시행하였다.

미 제8군은 중공군이 공격을 개시한 5월 16일로부터 2일이 지나자 중공군의 주공이 미 제10군단 지역으로 집중되었다는 것을 인식했다. 이에 미 제8군사령관은 수정된 노네임선을 방어선으로 설정한 후 미 제8군 예비인 미 제3사단, 미 제9군단의 예비인 제187공정연대 전투단, 호남지역에서 공비토벌작전 중이던 국군 제8사단 등 가용한 모든 예비대를 미 제10군단 지역에 투입했다.

5월 18일 20시 30분경, 미 제8군사령관은 참모들로부터 국군 제3군단의 철수에 관한 특별 브리핑을 받았으나, 미 제8군사령관으로서도 중공군의 규모와 기세, 퇴각을 거듭하는 국군 제3군단의 상황을 고려하면 별다른 조치를 취하기 어려운 상황이었다. 따라서 그는 예하 지휘관들에게 이 지역에서 중공군의 공격이 완전히 멈출 때까지 반격을 개시하지 말 것을 지시했다.

한편 중공군 제12군, 제27군은 공격을 계속하여 속사리까지 진출하였고, 북한군 제5군단은 광원리, 청도리 일대를 점령하고 일부는 하진부리 북쪽까지 진출하여 집결한 국군을 계속 공격했다.

이에 미 제8군사령관은 미 제10군단장을 대동하고 국군 제1군단과 미 제9군단을 방문하여 전황을 보고받은 후, 미 제10군단과 국군 제3군단 사이에 벌어진 간격이 가장 큰 문제라고 하면서 국군 제3군단이 더 이상 동남쪽으로 퇴각해서는 안 된다고 강조했다. 동시에 중동부전선의 중

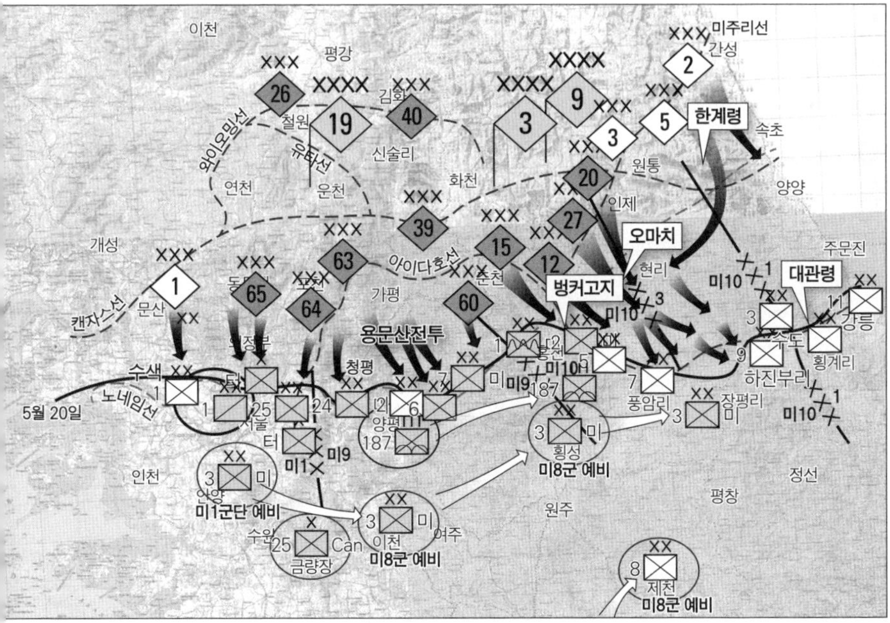

〈그림 4.14〉 미 제8군사령관의 대응(예비대 운용)

공군이 작전한계점에 이르렀음을 보여주는 상황들을 설명하면서 중공군이 잠시 재충전 후 서부전선으로 공격 방향을 전환할 가능성에 대해 언급했다. 따라서 국군과 유엔군이 주어진 책임지역을 잘 지킨다면 화천 방향으로 제1차 반격을, 금화, 철원, 평강의 일명 '철의 삼각지대'로 제2차 반격을 가할 것이라고 했다.

5월 20일 아침, 하진부리에서 미 제8군사령관이 주재하고 미 제3사단장, 국군 제1군단장이 참가한 가운데 작전회의가 개최되었다. 미 제8군사령관은 5월 19일을 전후하여 중공군의 공세가 현저히 약화되었으므로 반격을 개시할 적기로 판단하고, 미 제3사단을 서측, 국군 제1군단을 동측 공격부대로 하여 반격할 것을 지시했다.

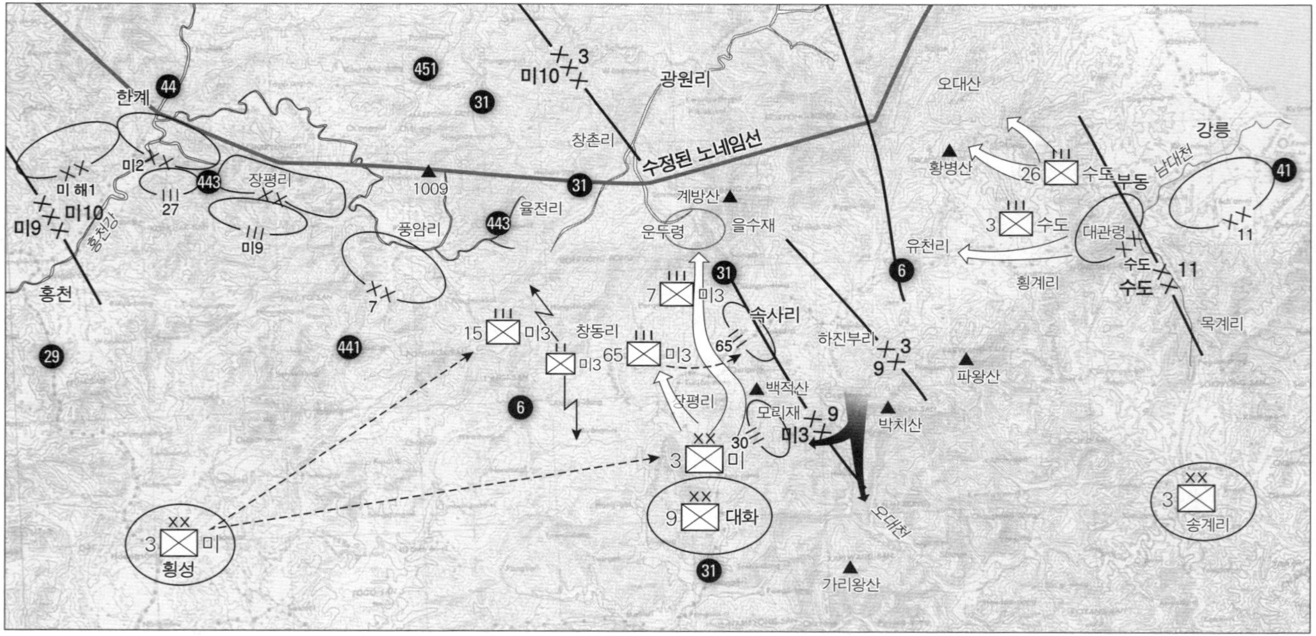

〈그림 4.15〉 미 제3사단의 운두령 점령 경과

이에 5월 20일 20시부로 미 제10군단에 배속된 미 제3사단은, 제15연대를 국군 제7사단의 작전지역인 풍암리에 투입한 후, 미 제3사단의 주력인 제7연대와 65연대를 돌파구의 첨단인 속사리 일대에 투입하기 위해 장평리 방향으로 진출시켰다. 미 제3사단 제7연대는 백적산 방면으로 진출하는 과정에서 중공군의 주력이 운두령 일대에 집중되어 있음을 확인했고, 5월 21일 미 제3사단은 미 제65연대를 서측, 제7연대를 동측부대로 하여 공격을 개시했다.

이러한 미 제8군의 신속한 조치에 중공군은 미 제3사단이 운두령을 확보하고 속사리에서 돌파구 첨단을 봉쇄할 것에 대해 대비하지 못했다. 그러나 순조롭게 진격하던 미 제3사단은 속사리, 하진부리를 연하는 선에 배치되어 있던 국군 제3군단이 공산군의 공격을 받고 퇴각하기 시작하자 우측방으로부터 역습을 당할 위기에 처하였다. 따라서 미 제3사단은 공격을 멈추고 적과의 접촉이 적었던 서측 공격부대인 미 제65연대를 속사리 방면으로 이동시켜 우측방을 강화한 후 5월 22일 공격을 재개하였다. 미 제3사단 제7연대는 강력한 포병화력의 지원하에 운두령 일대에서 치열한 전투를 벌여 5월 22일 18시경 마침내 운두령을 확보함으로써 속사리, 하진부리까지 남진한 공산군의 보급로를 차단하는 데 성공하였다.

운두령은 서측의 방내리 방면, 동측의 원당동 방면에서 오는 도로가 만나는 주 보급로로서 이곳을 빼앗긴 공산군은 마침내 퇴각하기 시작하였다. 공세 초기 국군 제3군단이 후방의 오마치가 피탈되면서 무기력하게 철수했듯이 이번에는 공산군이 그 전철을 밟게 된 것이다.

중공군이 작전한계점에 도달한 것으로 판단한 미 제8군사령관은 5월 22일, 국군 제3사단은 국군 제1군단으로, 국군 제9사단은 미 제10군단으로 각각 배속 변경하고 군단 전투지경선을 조정하여 미 제10군단은 5월 23일부터 홍천－인제－간성 방향으로, 국군 제1군단은 서북진하면서 지대 내 적을 격멸토록 하였다. 이에 따라 국군 제9사단은 미 제10군단의 3사단에 재배속되어 반격작전에 참가하였으며, 대화－하진부리－광원리 축선으로 공격하여 5월 25일에는 유천리에서 국군 수도사단과 연결작전에 성공하였다. 한편 수도사단은 대관령에서 역습을 개시하여 25일에는 유천리－황병산을 연하는 선을 회복하고 공격 중인 국군 제9사단과 연결하였다. 이에 따라 국군 제1군단은 5월 26일부터 본격적인 유엔군 제3차 반격작전에 참가하였으며, 작전통제능력을 상실한 국군 제3군단은 해체되었다.

솔루션: 리더의 역할

갈등상황에서 리더의 역할:
갈등의 속성을 이해하고 소통으로 해결하라

오마치 고개를 둘러싼 국군 제3군단과 미 제10군단의 갈등에서 시작된 문제는 결국 상호 간에 불신과 인접부대와의 협조체계의 단절로 악화되었고, 결국 국군 제3군단이 퇴로가 차단되어 중공군에게 포위되는 위기를 맞게 되었다. 미 제8군사령부의 전투지경선 설정 시 국군 제3군단의 주 보급로를 고려하지 않은 잘못도 있다고 할 수 있으나, 이 문제는 분명 해당 부대끼리의 협조를 통해 충분히 해결할 수 있는 문제였다. 그렇다면 갈등이 가지는 속성은 무엇이며, 이를 예방 또는 관리할 수 있는 방법은 어떤 것이 있을까?

먼저 갈등의 속성과 해결방법을 간단히 정리해보면 첫째, 갈등은 대부분 서로 의존하는 관계에서 일어나는 속성을 가진다. 의존은 기대를 낳고 때때로 실망으로 이어지며, 그 탓을 상대에게 돌리면서 커지는 경향이 있다. 따라서 리더는 조직 내외부에서 갈등이 발생했을 경우 갈등이 발생하게 된 원인을 상대방의 탓으로 돌리기보다는 자신에게서 그 원인을 찾아야 갈등의 정도가 심각해지지 않는다.

둘째, 갈등을 없앨 수 있다고 기대하지만, 갈등은 부분적으로 예방하거나 관리할 수는 있어도 완전히 제거할 수는 없는 속성을 가진다. 따라서 리더는 갈등은 없어져야 한다는 인식을 버리고 이를 예방하고 관리할 수 있는 시스템을 마련하는 것이 좋다. 만약 리더가 단순히 갈등은 없어져야 하는 대상이고, 화합에 대한 지나친 기대를 가지고 있으면 구성원들 사이에서 갈등이 있더라도 해소되지 않은 채 물밑으로 들어가 새로운 갈등을 만들게 된다.

셋째, 갈등은 관계를 해치는 역기능과 관계를 돈독하게 하는 순기능으로 작용할 수도 있는 중립적인 속성을 가진다. 따라서 리더는 갈등이 발생했을 때 이것을 조직 발전을 위한 순기능적인 역할을 할 수 있도록 공론화하여 해결방안을 모색하고, 파괴적 갈등은 적시에 차단하여 갈등이 심화되는 것을 막아야 한다.

넷째, 갈등은 겉으로 드러나기도 하지만 잠재적인 상태로도 존재하며, 발생 시점의 상태가 시간이 지나면서 변화하는 속성을 가진다. 갈등이 해소되거나 약화되기도 하지만 심화되거나 더 다양한 이슈들이 갈등요소가 되기도 한다. 따라서 리더는 갈등의 원천이 무엇인지 명확히 파악하여 조치할 수 있는 방법을 모색하고, 이 과정에 조직 구성원들이 참여함으로써 조직문화가 될 수 있도록 해야 한다.

그렇다면 당시 오마치 고개를 둘러싼 국군 제3군단과 미 제10군단의 갈등을 해결할 수 있는 방법에는 어떤 것들이 있었을까?

첫째, 미 제10군단과의 사전협조 없이 미 제10군단의 책임지역 내에 병력을 배치한 국군 제3군단은 병력 배치 전에 오마치 고개에 경계병력을 배치해야 하는 이유를 충분히 설명하고, 이를 미 제10군단에서 수용하지 않을 경우 미 제8군사령부를 거쳐 오마치 고개에 대한 경계대책을 강구하도록 했어야 했다. 미 제10군단 역시 국군 제3군단이 오마치 고개에 사전협조 없이 병력을 배치했지만 그 이유가 타당하다면 이를 수용하고 차후에는 이러한 상황이 발생하지 않도록 연락체계를 강화하는 대책을 수립했어야 했다. 단순히 책임지역을 지키지 않았다는 이유로 감정적인 대응을 함으로써 갈등을 더욱 심화시키는 결과를 초래하였고, 이로 인해 다른 부분(인접부대 상황 은폐)에서의 갈등이 추가로 발생하게 되었다. 이는 갈등이 발생한 이후 시간이 지나면서 악화되거나 다른 형태로 나타나게 되는 속성에서 기인한 것이다.

둘째, 오마치 고개를 둘러싼 갈등은 결국 오마치 고개가 중요하다는 것을 상호 인정하는 것이므로, 오마치 고개에 대한 적절한 경계대책을 공동으로 수립함으로써 두 군단이 오마치 고개를 더욱 확고하게 점령할 수 있는 순기능으로 작용될 수 있었다. 즉, 갈등을 통해 오마치 고개에 대한 중요성을 상호 인지하고 이에 대한 대비책과 협조방법 등을 체계화시키는 순기능의 결과를 보여줄 수 있었던 것이다.

셋째, 두 군단 간의 잠재적인 갈등요소를 추가적으로 확인할 수 있는 기회가 될 수 있었다. 예를 들면 미 제10군단 예하의 국군 제7사단의 일부가 중공군에게 돌파되어 철수 시 국군 제3군단 지역으로 유입되는 경우라든지, 철수 시 도로 사용의 우선권을 부여함으로써 효과적인 작전수행을 할 수 있었을 것이다. 이는 잠재적인 갈등요소를 사전에 확인하고 표면화함으로써 차후 발생 가능한 갈등을 사전에 예방할 수 있는 갈등의 순기능적인 역할이라 할 수 있다.

마지막은 두 군단의 갈등관계에 대한 미 제8군사령부의 적극적인 역할이다. 미 제8군사령부가 오마치 고개의 중요성을 인지하지 못하고 설정한 전투지경선으로 인해 발생된 갈등이었기 때문에, 오마치 고개의 중요성을 인지한 시점에서 양 군단의 입장을 충분히 들어보고 상호소통할 수 있는 기회를 제공하거나 조정하는 역할을 할 수 있었을 것이다. 이것은 갈등의 원인을 정확히 파악하여 더욱 심화되는 것을 예방하고, 이를 표면화함으로써 잠재된 상태로 남아 있지 않도록 하기 위한 역할이다.

결국 갈등을 해결하기 위한 가장 중요한 요소는 소통이다. 위에서 언급한 갈등의 해결방법들은 결국 갈등 당사자 간의 소통이나 조정자 역할을 해주는 상 · 하급 조직 간의 소통을 통해서 찾아낼 수 있는 것이다. 오마치 고개를 둘러싼 갈등이 심화되는 과정에서 어느 누구도 먼저 소통하려는 노력이 없었고, 상급부대인 미 제8군이 조정자로서 상호소통의 기회를 제공하지 못했기 때문에 국군 제3군단의 해체라는 비극적인 결과를 가져오게 되었다.

위기상황에서 리더의 역할:
전장의 특성을 이해하고 리더십으로 위기를 극복하라

국군 제3군단은 중공군의 오마치 고개 점령 사실을 인지하고 오마치 고개를 돌파하여 퇴로를 확보하고자 하였으나, 현리 일대에 집결한 장병들 사이에서 무분별하게 정보가 전파되면서 장병들의 불안과 동요가 확산되기 시작하였다. 이후 국군 제9사단 30연대 3대대가 오마치 고개 점령을 위해 736고지를 점령하였지만, 다음 고지인 785고지를 점령해야 할 1 · 2대대가 방태산으로 퇴각하기 시작하자 사단 전체가 방태산으로 퇴각하기 시작하였고, 결국 현리 일대의 좁은 지역에 혼잡하게 밀집되어 있던 국군 제3군단의 2개 사단과 좌측에 인접해 있던 국군 제7사단의 일부 병력들 모두가 누구의 명령이나 통제 없이 걷잡을 수 없는 공포감에 사로잡혀 방태산으로 무질서한 철수를 할 수밖에 없었다.

클라우제비츠는 전장(戰場)을 위험과 육체적 피로와 고통, 마찰, 불확실성의 영역으로 구분하여 설명하고 있다.[10] 여기서 위험이란 전투에서 죽음 또는 부상의 두려움 때문에 전투원들이 명확하게 생각하고 효과적으로 행동하는 것을 방해하는 것을 의미하고, 육체적 피로와 고통은 때때로 전투원에게 강요하는 보통 이상의 육체적 요구로 인하여 전투원의 사고 또는 활동이 방해받는다는 것을 의미한다. 그리고 마찰은 미리 예상하지 못했던 요인들 때문에 모든 것이 지연되고, 그것 때문에 목표를 달성하지 못하게 되는 수많은 사건들이 발생한다는 것을 의미하고, 불확실성이란 전장에서 적 및 아군 상황, 지형, 기상 등 모든 면에서 복잡성과 모호성이 증가하게 된다는 것이다. 결국 전장의 특성은 극단적인 공포와 스트레스, 심신의 피로와 배고픔, 갈증을 느끼는 최악의 조건에서도 주어진 임무를 수행해야 한다는 것이다.

이러한 전장의 특성을 정리하면 첫째, 전장은 불확실성의 영역이다. 따라서 전투지휘자는 상황에 대한 정확한 판단능력과 우발적 상황에서 임기응변할 수 있는 유연한 사고, 그리고 위기극복 역량이 요구된다. 둘째, 전장은 위험의 영역이다. 따라서 대부분의 참전자들이 전장공포를 느끼게 되고, 이러한 공포심으로 인해 극심한 전투 스트레스를 느끼게 된다. 전장공포를 효과적으로 관리하지 못하면 참전자들은 공황 상

10) 카를 폰 클라우제비츠, 김만수 옮김, 『전쟁론』 제1권, 갈무리, 2009, pp. 148-163.

태(panic)에 빠지게 되어 심한 경우에는 정신을 잃거나 자살을 하기도 한다. 셋째, 전장은 극심한 피로와 고통의 영역이다. 따라서 전투원의 체력과 정신력이 고갈되고, 그로 인해 고통은 더욱 가중된다. 넷째, 전장은 끊임없는 마찰의 영역이다. 따라서 전투원 간의 인간적 마찰요인과 기상 및 지형 등과 같은 환경적 마찰, 보급품이나 식량/식수의 부족과 같은 마찰로 인해 지휘자의 의지대로 전투가 이루어지지 못하는 경우가 많이 발생한다. 따라서 위기상황의 리더들은 이러한 전장의 특성을 고려하여 이를 극복하기 위한 노력이 필요하다.

그렇다면 현리 일대에서 중공군에게 포위된 위기상황의 리더들에게 어떠한 해결방법을 제시할 수 있을까?

첫째, 리더는 최대한 현장에서 상황을 정확하게 판단하고, 무분별한 정보가 전파되지 않도록 통제해야 한다. 현리 일대에 집결한 장병들은 모두 공산군의 공격으로 인해 철수한 상황이었고, 중공군의 계속되는 요란사격으로 전장공포가 극심한 상태였다. 이런 상황에서 무분별한 정보는 눈덩이처럼 불어나 극단적인 방향으로 향하게 된다. 따라서 현장 지휘관은 단순히 정보를 차단하는 것이 아니라 정제된 정보를 부하들에게 적절히 제공하고, 그 정보를 바탕으로 차후 작전을 구상함으로써 부하들이 비이성적으로 판단 및 행동하는 것을 예방할 필요가 있다.

이런 측면에서 비추어볼 때 국군 제3군단장이 명확한 정보판단이나 차후 작전을 위한 구체적인 지시 없이 제3사단장에게 권한을 위임하고 현장을 떠난 것이나, 제9사단장이 오마치 고개를 공격하여 포위망을 돌파하기 위한 준비를 하고 있던 국군 제3사단 18연대의 전술지휘소를 들렀다가 바로 방태산으로 철수한 상황은 아쉬울 수밖에 없는 대목이다.

둘째, 리더는 위기상황일수록 의연하고 자신 있는 태도와 언행을 보여야 한다. 방태산으로 철수 시 밀려든 인파로 인해 능선과 골짜기까지 사람들로 꽉 차게 되었고, 높은 지역으로 오를수록 밀집되어 더욱 혼잡하게 되었다. 결국 각 부대 병력들이 뒤섞여 혼란은 가중되었으며, 현리－용포 일대에서 중공군의 진출을 저지하던 제30연대 3대대마저 방태산으로 철수하자 중공군은 철수부대의 후미를 바싹 추격하기 시작하였고, 제3군단 병력들은 우선 뒤에서 추격하는 중공군의 사정권에서 벗어나기 위해 표고가 1,436m에 이르는 방태산을 빠른 속도로 오르면서 기진맥진하게 되어 낙오자가 속출하였다. 이렇게 철수대열이 오합지졸의 상태에 이르자 병사들은 누구의 지휘도 받으려고 하지 않았으며 장교들도 이런 병사들을 지휘하려고 하지 않았다. 일부 장교들은 포로가 될 경우에 대비하여 계급장을 떼고 사병으로 위장하기까지 하였다.

반면, 방태산을 넘어 광원리에 집결한 상황에서 제30연대 3대대장 김진동 중령은 밭 가운데에 있는 바위 위로 올라가 지휘도를 뽑고 호각을 힘차게 불고는 "나는 제30연대 제3대대장 김진동 중령이다. 나는 사단장 명령에 의해 여기 있는 병력을 지휘하여 을수재를 넘어 하진부리로 철수하려고 한다. 제30연대 12중대장 조철권 대위가 선두에 서라!"라고 힘차게 외쳤다. 이러한 김 중령의 의연하고 자신 있는 행동은 방태산 철수 간 나서서 조치하는 지휘관이 없어 의기소침한 상태로 광원리 일대에 집결해 있던 제3군단 장병들의 사기를 고양시키는 역할을 하였고, 장병들은 다시 을수재를 통해 철수할 수 있는 용기를 낼 수 있게 되었다. 이처럼 위기상황에서 리더의 자신 있는 태도는 부하들에게 방향성을 제시해주고 부하들의 사기를 높여주는 중요한 요인이 된다.

셋째, 리더는 위기상황 초기에 간명하고 신속하게 의사결정을 내리고, 명확하게 지시해야 한다. 중공군에게 오마치 고개를 점령당한 상황에서 오마치 고개를 돌파하기 위해 국군 제3사단 30연대가 736고지와 785고지를 차례로 점령하기로 하였을 때, 먼저 제3대대가 736고지를 점령하였으나 785고지를 점령하기로 했던 제1대대는 방태산으로 철수하고 있었다. 그러나 당시 상황에 대해서는 당사자인 제30연대장(손희선 대령)과 제30연대 1대대장(김상의 중령)의 증언이 엇갈리고 있다. 1대대장은 군단주력의 철수를 엄호하기 위해 방태산에 병력을 배치하였다고 주장하고 있으며, 30연대장은 지금까지도 1대대장이 785고지를 점령하라는 명령을 수행하지 않은 이유를 알 수가 없다고 증언하고 있다.

당사자의 이유가 어떻든지 둘 다 거짓을 얘기하고 있는 것이 아니라면, 당시의 상황이 매우 급박하였고 상호 간의 의사소통이 분명하지 않았다는 것을 쉽게 유추해볼 수 있다. 오마치 고개를 돌파하기 위한 작전계획을 구상할 당시 1대대장이 방태산 점령에 대한 자신의 복안을 건의했을 수도 있고, 그 상황에서 연대장의 명확한 지시가 없어 자신의 건의가 받아들여진 것으로 확신하고 부대를 운용했을 수도 있다. 위기상황에서는 리더이든 부하이든 자신의 생명을 보호하고자 하는 욕구가 더욱 강해지기 때문에 외부에서 받아들이는 많은 정보들을 자신이 원하는 방향으로 처리할 가능성이 높아진다. 따라서 위기상황에서 리더의 지시사항은 평상시보다 더 간명하고 명확해야 하며, 부하들이 지시사항을 명확히 이해했는지 확인하는 절차를 추가할 필요가 있다.

넷째, 리더는 위기상황에서 나타나는 모든 정보를 비관적으로 판단하여 대비계획을 준비하고, 계획대로 실행할 수 있는 준비를 철저히 해야 한다. 최초 오마치 고개가 국군 제3군단의 책임지역이 아닌 미 제10군단의 책임지역으로 부여되었을 시, 좌측 인접부대인 국군 제7사단이 중공군에게 돌파되었을 시, 그리고 중공군에 의해 오마치 고개가 점령당했을 시까지 국군 제3군단 입장에서는 최악의 상황을 피할 수 있는 몇 번의 기회가 있었다. 그러나 그때마다 지휘관은 상황이 비관적으로 전개될 것에 대비하여 계획을 수립하고 준비하기보다는 상황이 낙관적으로 전개될 것으로 판단하고 상황 변화를 기다리고만 있었다.

국군 제3군단의 주 보급로인 오마치 고개가 미 제10군단의 책임지역으로 부여되었을 때에는 오마치 고개의 안전을 확인하기 위해 인접부대인 국군 제7사단이나 제7사단 5연대에 연락관을 파견하는 등의 적극적인 조치를 통해 오마치 고개의 안전에 영향을 미칠 수 있는 상황의 변화를 더욱 민감하게 수집할 필요가 있었다.

제9사단장이 제7사단의 상황을 어느 정도 확인하고 군단장에게 철수를 건의했을 때에도 단순히 미 제10군단에게만 전방상황을 문의하고 이상 없다는 대답에 제9사단의 철수 건의를 보류할 것이 아니라 추가적인 정보를 확인하고 최악의 상황을 대비해야만 했다. 또한 국군 제7사단의 방어선이 붕괴되었음에도 중공군의 진출속도가 그렇게 빠르지 않을 것이라고 낙관적인 판단만을 계속하고 있었기 때문에 결국 아무것도 대비하지 못한 채 중공군에게 포위되는 위기의 상황을 맞이하게 된 것이다.

물론 국군 제7사단의 지휘체계가 마비되어 상황전파가 제대로 이루어지지 않았고, 국군 제3군단 예하 사단들의 지휘체계 역시 마비된 상황에서 지휘관이 취할 수 있는 조치가 많지 않았을 수는 있다. 하지만 리더는 이러한 우발적인 위기상황과 지휘체계가 마비된 최악의 상황을 모두 가정하여 훈련하여야 하며, 이런 훈련을 통해 전술관을 공유함으로써 상·하급부대 상호 간의 예측 가능한 행동을 할 수 있다. 즉, 소통이 불가능한 최악의 상황을 대비하여 평시에 이러한 상황을 가정하여 대비계획을 수립하고, 이러한 계획을 실행할 수 있는 준비를 철저히 해야 한다는 것이다.

극복상황에서 리더의 역할: 최악의 상황을 대비하라!

미 제8군사령관 밴 플리트 장군이 현리 전투에서 국군 제3군단의 패배를 작전적 승리로 전환시킬 수 있었던 요인을 살펴보면 크게 효과적 예비대 운용을 통한 돌파구의 확장 방지, 화력의 우세 달성, 위기상황에서의 명확한 지침 하달과 사기 고양 노력으로 볼 수 있다.

앞서 설명하였듯이 밴 플리트 장군은 당시 최악의 상황인 서울을 피탈당하지 않기 위해 중서부전선을 강화하는 한편, 중동부축선의 산악지대로 중공군의 주력이 지향될 경우 조기에 작전한계점에 도달할 것이라고 판단하고 최소한의 조치만을 취하였다. 이는 중공군의 최대 약점인 군수지원 문제가 도로망이 잘 발달된 서부전선에서도 심각하였으므로, 도로망이 열악하고 산악지대로 이루어진 중동부축선에서는 더욱 악화되어 중공군의 전투력이 종심 깊게 진출하지 못할 것이 분명하기 때문이었다.

따라서 밴 플리트 장군은 국군 제3군단의 연이은 퇴각에도 불구하고 돌파구의 확장을 방지하기 위해 미 제2사단은 돌파구의 좌측 견부(벙커고지), 국군 제1군단은 돌파구의 우측 견부(대관령)를 확보토록 하고, 미 제8군의 예비인 미 제3사단을 투입하여 돌파구 첨단에서 계속 공격하는 중공군의 주 보급로인 운두령을 차단하게 함으로써 반격의 여건을 마련할 수 있었다. 즉, 최악의 상황인 서울 피탈을 대비한 가운데, 작전 실시간 예비대를 적시 적소에 운용함으로써 전선을 안정적으로 유지하고 반격의 여건을 마련할 수 있었다.

두 번째는 화력의 우세를 달성하였다. 중공군의 인해전술에 맞서 유엔군의 피해는 최소화하면서 중공군의 출혈을 극대화할 수 있는 방법은 화력의 우세를 달성하는 것이었다.[11] 이러한 화력의 우세를 달성하기 위해 중공군의 5월 공세 시 미 제10군단의 화력지원은 '밴 플리트 탄약량'이라는 신조어가 생겨날 정도로 무제한적인 탄약 사용을 허용하는 것이었다.

중공군의 5월 공세가 시작된 5월 16일부터 반격으로 전환된 22일까지의 화력지원 현황[12]을 보면, 이 기간 중 지원화력을 약 5배가량 증가시켜 치열하게 화력지원을 실시하였다. 밴 플리트 장군은 위기상황을 극복하기 위해 다소 파격적인 결심을 통해 막강한 화력의 우세를 달성하고, 돌파구 내 중공군의 전투력 저하와 후방차단을 실시하여 중공군의 작전한계점 도달을 강요하였다.

세 번째는 위기상황에서 밴 플리트 장군의 명확한 지침 하달과 사기

---

11) 중공군이 6 · 25전쟁에 참전하여 유엔군이 38도선 일대까지 후퇴하자 미 합참은 "축차적인 방어작전의 반복으로 적에게 출혈을 강요하고 유엔군의 피해를 최소화한다"는 전략지침을 내렸다. 이는 미 행정부가 한반도에 추가적인 지상군 파병을 하지 않기로 결정하면서 하달된 지침이었고, 지침이 하달될 당시 미 제8군사령관이었던 리지웨이 장군은 화력의 우세를 달성하기 위해 10개의 야전포병대대를 추가로 요청하였다. 또한 중공군이 공세를 준비할 여건을 박탈하기 위해 공세적 위력수색작전과 단계적 공격작전을 실시함으로써 37도선 일대까지 물러났던 전선을 38도선 일대까지 회복시킬 수 있었다. 이를 두고 중공군은 유엔군의 막강한 화력의 우세를 '화해(火海)전술'로, 강력한 위력수색작전을 '자성(磁性)전술'로 칭하며 중공군이 고전할 수밖에 없었던 주요 원인으로 분석하였다.

12) 〈5월 공세 중 미 제10군단의 화력지원〉

구분	5. 16.	5. 17.	5. 18.	5. 19.	5. 20.	5. 21.	5. 22.
포병	17,112발	37,855발	41,357발	49,875발	49,704발	47,188발	49,986발
공중	-	-	165회	187회	165회	68회	-
기타	-	-	-	B-29 폭탄 170톤	-	-	-

자료: 육군본부, 『현리-한계 전투』, 2009, p. 121.

고양 노력으로 볼 수 있다. 5월 20일 오전 밴 플리트 장군은 하진부리 비행장에서 미 제3사단장(로버트 소장)과 국군 제1군단장(백선엽 소장) 등과 함께 작전회의를 실시하였다. 당시 전선이 하진부리 북쪽 5km 지점에 형성되어 있었기에 하진부리 비행장은 매우 위험한 지역이었음에도 불구하고 밴 플리트 장군은 자신의 작전참모를 대동하고 2대 비행기로 하진부리 비행장에 도착하였다. 착륙과정에서 비행기가 중공군의 대공사격에 명중되었지만 흰 연기를 뿜으면서 가까스로 착륙에 성공하였다.

이 작전회의에서 밴 플리트 장군은 미 제3사단장과 국군 제1군단장에게 직접 작전명령을 하달하였으며, 자신의 의도를 명확히 이해시켰다. 현리 전투에서 국군 제3군단의 주요 지휘관들이 전투현장이 아닌 철수로에서 제 역할을 다하지 못했던 것과는 대조적으로 밴 플리트 장군은 위기상황에서도 위험을 무릅쓰고 전선으로 나아가 자신의 의도를 간결하고 명확하게 하달하였다.

이것은 밴 플리트 장군이 사기를 높이기 위한 하나의 수단이 되기도 했다. 당시 계속되는 패배와 철수로 인해 저하된 사기를 고무시키고 전투를 더 잘 지휘하기 위해 예하 전투지휘관들에게 전방에 위치할 것을 강력히 요구하였으며, 본인이 솔선수범하였다. 하진부리에서의 작전회의와 같이 그는 대부분의 시간을 전선에서 보내면서 적과 교전 중인 부대 지휘소를 모두 시찰하였다. 또 미 제8군 병사들의 사기를 고무시키기 위해 방어보다는 공세작전에 투입하고자 노력하였다.

이처럼 미 제8군사령관 밴 플리트 장군은 상황에 대한 의도적인 비관적 판단으로 최악의 상황을 대비하고, 적과 아군의 강 · 약점을 명확히 파악하여 적의 약점인 군수지원 문제에 유엔군의 강점인 기동력과 화력의 우세를 투사하였으며, 국군과 유엔군의 약점이었던 사기저하 문제를 리더십으로 극복하였다.

지금까지 조직의 갈등과 위기, 그리고 이를 극복해가는 과정에서 리더의 역할을 6 · 25전쟁 시 1951년 5월의 현리 전투를 통해 살펴보았다. 오마치 고개 점령 문제에서 시작된 갈등은 국군 제3군단이 현리 일대에서 중공군에게 포위되는 위기로 악화되었고, 그 위기 속에 숨어 있었던 주요 지휘관들의 부족한 리더십으로 인해 철수를 거듭하다 군단이 해체되는 최악의 위기로 치닫게 되었다. 그러나 이러한 위기는 밴 플리트 장군의 위기극복의 리더십을 통해 오히려 작전적 승리로 전환될 수 있었고, 이후 중공군은 더 이상 유엔군에게 맞서 군사적 승리를 이루어낼 수 없음을 인식하고 정전협상 전략으로 전환하게 되었다.

Solutions of victory

V

반복적인 과오와 돌격정신

러일전쟁의 뤼순 전투

"부끄러움을 알라.
길을 벗어난 일을 하고도
부끄럼움을 모르는 것은 금수보다 못하다."

노기 마레스케

역사(歷史)라는 것은 과거의 현상에 대해 현재의 관점과 가치를 통하여 평가하고 해석하는 것이기 때문에 하나의 고정된 사실이 아닌 변화하는 사실이라 할 수 있다. 역사적 사실은 변함이 없으나 바라보고 분석하는 관점에서 달라질 수 있다는 것이다.

일본에서 러일전쟁의 영웅이라고 불리는 노기 마레스케 장군은 러시아군의 철옹성과 같은 뤼순 요새를 점령하여 승리를 거둔 명장으로 평가를 받는다. 두 아들을 뤼순 전투 전장에서 잃을 정도로 헌신적인 지휘관이었고 뤼순 전투 시 많은 부하들의 죽음에 대한 책임을 지기 위해 스스로 할복하여 사무라이 정신을 보여주었던 영웅으로 칭송받고 있다.

하지만 투철한 군인정신의 대명사로 불리는 노기 마레스케 장군은 과연 전쟁의 승리를 위한 전략과 전술에서 탁월했는가? '빛 좋은 개살구'처럼 전쟁의 승리와 사무라이 정신이라는 겉모습에 전략과 전술의 반복적 과오라는 치명적인 과정이 감추어져 있는 것은 아닌가? 반복적인 과오 속에서 그토록 많은 피를 흘리면서 요새를 점령해야 했는가? 반면에 이러한 과오를 이겨내고 승리할 수 있었던 것은 어떤 과정이 있었는가? 이러한 의문을 해소하기 위해 전쟁준비부터 전투과정, 기타 지휘관의 특성, 군수지원 등을 연구했지만, 명확한 한두 가지의 요인으로 도출해내는 것은 적합하지 않았다. 그래서 추가하여 러일전쟁의 전반적인 배경을 전략

〈그림 5.1〉 노기 마레스케

적인 차원에서 분석하고 러일전쟁 중 뤼순 전투라는 특징적인 전투를 전술적인 관점에서 세밀하게 따져보는 노력이 요구되었다. 이러한 군사적인 관점의 연구와 분석을 통해 뤼순 전투에 나타난 반복적 과오의 이유와 극복방법을 찾을 수 있었다.

동양 병서 중 최고봉으로 손꼽히는 『손자병법』은 전쟁이 무엇이며, 승리를 위한 전쟁수행 원리에는 어떤 것이 있는지 제시하고 있다. 전쟁은 '불확실성의 연속'이기 때문에 세부적으로 전쟁을 수행하는 방법에 대해서 손자는 모든 것을 기록할 수 없었을 것이나 전쟁 전반의 관념적 원리는 정확하게 제시하고 있다고 해도 과언이 아니다. 그중 대표적인 원리가 바로 '우승열패(優勝劣敗: 강한 자가 이기고, 약한 자는 패배한다)'와 '전승불복(戰勝不復: 전쟁의 승리는 반복되지 않는다)'이다.

이 전쟁의 원리들은 러일전쟁에서도 여실히 나타났다. 특히, 초기 전투인 뤼순 전투에서 일본이 주도권을 장악하고 결국은 승리한 원인 분석에 있어서도 상기의 전쟁의 원리가 적용되었다. 동양의 조그만 나라 일본과 거대 인구의 강대국인 러시아가 한판 붙은 전쟁으로 당연히 러시아가 승리할 것으로 판단되었지만 예상외로 일본의 승리로 귀결되었다. 그 근본원인은 실제 전투력이 충돌한 전투공간, 즉 한정된 전장에서는 일본군이 더 많은 병력을 투입했고, 또한 주도권을 쥐기 위해 더 치열한 전투를 러시아군에게 강요하여 결전에서 승리했기 때문이었다.

만주와 한반도를 노리는 러시아와 일본

신흥강호 일본과 전통강호 러시아의 극동에서의 대립!

러일전쟁이 일어날 당시 러시아는 유럽지역으로의 팽창이 차단되면서 극동지역, 즉 한반도가 있는 방향으로 관심을 전환하였다. 이는 러시아가 그토록 원하고 있던 얼지 않는 항구인 부동항을 확보하기 위한 방법 중 하나였다. 당시 극동지방은 중국 지역의 부상과 함께 대(對)중국 무역의 관심이 증대되고 있었고 극동지역에 대한 식민지를 확대하기 위한 강국들의 팽창이 지속되고 있었다.

러시아는 1890년대 중앙아시아의 나라들을 흡수하면서 중앙아시아를 가로질러 아프가니스탄까지 영토를 확장하고 있었다. 서쪽으로는 폴란드, 동쪽으로는 캄차카 반도까지 확장해 있었다. 특히 극동지역에서 러시아는 아무르강(흑룡강)을 점령하는 것에 대해 청나라와 협의한 아이훈 조약(1858)과 베이징 조약(1860)을 맺음으로써 팽창하고 있었고 약 30년 뒤(1891)에는 시베리아철도 공사를 통해 모스크바로부터 블라디보스토크까지 연결하면서 팽창을 위한 발판을 더욱 강화하고 있었다.

하지만 청일전쟁(1894)에서 일본이 승리하게 되면서 갑자기 극동지

〈그림 5.2〉 시베리아철도

자료: 합동교육참고12-2-1, 『세계전쟁사(상)』, pp. 2-76-61.

역의 신흥강자로 등장하자 러시아는 이를 제지하기 위한 조치를 취하게 되었다. 러시아가 극동지역의 패권 다툼에 개입하게 된 직접적인 목적은 일본의 팽창을 저지하는 것도 있었지만 청나라의 청일전쟁 패배로 러시아가 차지한 남우수리 지방의 국경이 일본의 위협 범위 내에 가까워지게 되었기 때문이었다.

러시아의 외교적인 노력이 이 지역에 집중되면서 당시 열강들의 압력, 즉 3국 간섭을 이끌어내었고 결국 일본은 3국 간섭의 결과 랴오둥반도를 다시 청으로 반환하게 되었다. 러시아는 일본으로부터 반환된 랴오둥반도를 25년간 조차(租借)[1]하게 된다.

러시아는 25년이라는 조차기간 동안 랴오둥반도에 대규모 해군기지를 건설하였다. 이는 러시아가 항상 꿈꿔왔던 부동항을 확보하기 위한 노력 중 하나였다. 이듬해 러시아와 청은 상호 간에 러 · 청 밀약을 맺었고 이로써 러시아는 만주 일대의 군사 및 행정권을 장악하게 되었다. 특히 러시아는 시베리아철도를 부설하기 위한 노력의 일환으로 만주 일대 병력들을 동강철도 주변으로 배치함으로써 최소한의 군사력을 통해 지역 대부분을 효율적으로 지배하려 하였다.

하지만 이러한 러시아의 팽창을 우려하던 국제사회는 러 · 청 밀약의 불평등을 이유로 미국, 영국, 일본 등의 나라를 주축으로 하여 러시아에 적대적인 의사를 표시하였다.

당시 러시아는 외부적으로는 국제사회의 압력이 고조되었고 내부적으로 자체적인 혁명의 열기가 심화되어 만주 문제를 직접적으로 다룰 수 있는 여력이 없었고, 결국 만주 지역을 다시 청에게 양보하는 만주 환부조약(1902. 4.)을 체결하게 되었다. 하지만 이 조약 이후에도 러시아는 만주에서 병력을 철수하지 않았고 오히려 1903년 극동특별총독부를 설치하여 극동지역의 문제에 적극 개입하는 이중적인 모습을 보였다. 극동특별총독부의 설치를 통해 러시아와 일본과의 관계는 급속도로 악화되었고 아관파천을 계기로 러시아가 조선에 적극적으로 개입하게 되면서 극동지역의 팽창을 꿈꾸는 일본과 직접적인 충돌을 피할 수 없게 되었다.

---

1) 조약에 의해 타국으로부터 유상 또는 무상으로 영토를 차용하는 행위.

일본의 진출에 대한 러시아의 대비

러시아에게 있어서 일본은 가상의 적(敵) 중 하나였다. 세계의 패권을 갖고 고민을 하던 러시아에게 극동에서의 일본의 성장은 러시아에게 위협적인 요소로 작용했었다. 러시아는 일본을 미래 가상의 적국으로 상정하고 러일전쟁의 약 10년 전인 1895년부터 전쟁계획의 초안을 작성하였다. 그 초안의 내용에는 우선적으로 일본의 팽창을 저지하는 계획이 포함되어 있었는데 남우수리 지역과 뤼순항을 방어하는 계획이었다. 러시아는 지속적인 극동지역의 패권을 유지하고자 하였고 이를 위해서는 남우수리 지역과 뤼순항의 부동항을 유지하는 것이 반드시 필요하다고 판단하였다.

이후 1901년 8월에 러시아는 기존의 작전계획을 수정하였다. 새로 수립된 계획은 일본이 한반도를 점령했을 경우에 중점을 두었는데, 기존 초안에 있었던 남우수리 및 뤼순의 방어계획에 '일본의 만주 지역 공격시 블라디보스토크로 병력을 전환'한다는 내용을 추가 반영하였다.

이 계획은 제한된 전투력을 갖고 비교적 장거리이지만 남우수리 지역과 블라디보스토크 지역을 상황에 따라 전환한다는 야심찬 계획이었으나 일본군의 당시 육군력과 해군력의 수준을 오판한 결과였고 지상과 해상의 양방향을 공격할 수 있음을 예측하지 못한 계획이었다. 쉽게 말하면 육군이 진출할 지역과 해군이 진출할 지역이 별도일 것으로 판단하고 지역마다 구분한 계획이었다.

러시아군의 당시 전투력을 살펴보면 육군이 약 50만 명 이상으로 보병 88개 대대, 기병 35개 중대, 야포 120문, 공병 3개 중대의 규모였고, 해군력은 발트함대로 제3태평양함대가 총 27척, 동아시아함대는 총

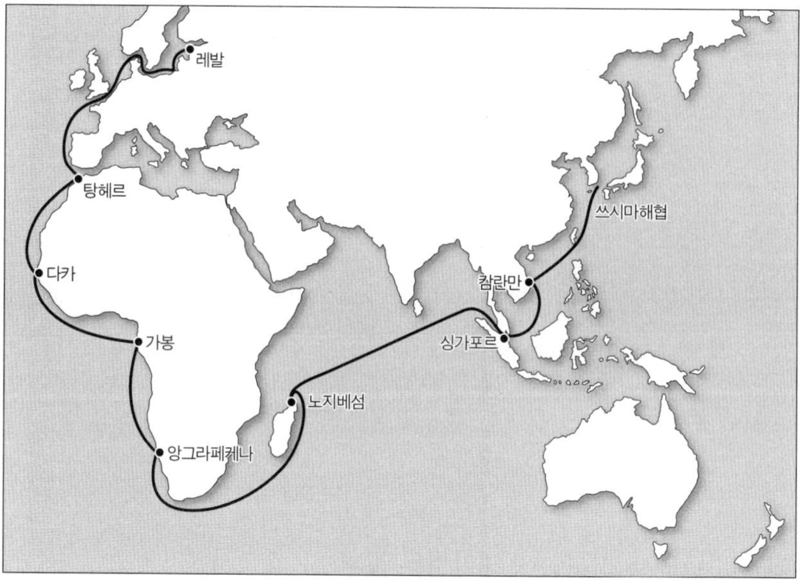

〈그림 5.3〉 러시아 발트함대의 항로(1904. 10.~1905. 5.)

24척을 보유하고 있었다. 영토 확장을 지속하던 러시아군은 만주까지 약 5,500마일까지 신장된 병참선을 극복해야 했기 때문에 일본의 육군이 공격해온다면 이를 지연시키거나 해군력을 빠르게 전환하여 이용하는 방법을 택할 수밖에 없었다.

당시 러시아의 황제였던 니콜라이 2세는 해군력을 최초부터 이용하기보다는 공격을 지연시켜 시간을 버는 방법이 더 효과적일 것으로 판단했고, 비록 육군이 일부 실패하더라도 시간이 확보되면 해군력이 복귀할 수 있을 것이고 해군력이 발휘되면 일본과의 전쟁에 충분히 승리할 수 있을 것이라 생각했다. 또한 러시아는 일본군이 상륙할 지역을 조선의 부산항으로 예상하였고 최대한 북쪽으로 상륙하더라도 조선의 원산 부근일 것이라고 판단했다.

결국 러일전쟁 당시 러시아가 갖고 있던 지상전의 작전 개념은 만주에서 일본군을 견제하며 뤼순 지역의 방어를 통해 지연으로 시간을 확보하는 것이었고, 그동안 시베리아 병단과 발트함대를 이 지역으로 전환시켜 증원 후 전력을 향상시켜 대응하는 것이었다. 이에 따라 러시아군은 시베리아철도의 마지막 연결고리인 동청철도 부근 위주와 압록강 일대에서도 한반도를 경유하여 공격해올 것을 대비하여 방어진지를 준비하였다. 또한 뤼순 일대를 요새화하여 일본의 진출을 최대한 지연하려 하였던 것이었다.

패권을 노리는 러시아에 대항하는 일본

당시 일본은 청일전쟁에서 승리함으로써 제국주의 팽창정책에 탄력을 받기 시작하였다. 일본은 메이지 유신이라는 대대적인 개혁 이후 주변국과의 적극적인 외교정책을 추진하였다. 메이지 유신을 통해 일본은 오키나와와 쓰시마섬을 일본 영토로 확정하였고 막부시대의 모든 불평등조약을 개정하고 각국의 치외법권을 철폐하였다. 또한 대륙으로 진출하는 팽창정책을 추구하여 한반도로의 세력을 확장하였고 조선에 대해서는 동학농민운동을 평정한다는 명분을 내세워 한반도 일대로 진출하였다. 이러한 일본의 급속적인 팽창에 따라 청과 한반도에서 충돌하게 되어 청일전쟁이 발발하게 되었던 것이었다.

청일전쟁의 결과 체결된 시모노세키 조약에 의해 대만과 만주의 랴오둥반도는 일본에게 할양되었지만 이에 대해 러시아, 독일, 프랑스의 3국 간섭으로 랴오둥반도를 청에 반환케 되었다. 이 사건을 통해 러시아

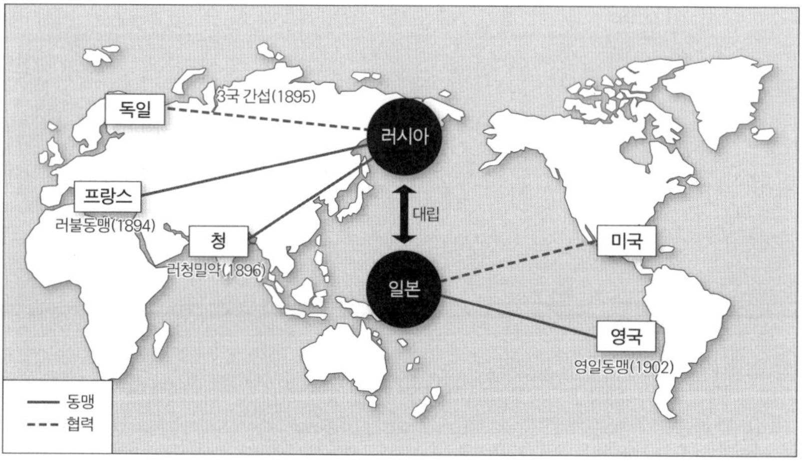

〈그림 5.4〉 러일전쟁 당시 극동 정세

자료: 합동교육참고12-2-1, 『세계전쟁사(상)』, pp. 2-76-59.

의 만주 방향의 진출 의도와 일본의 팽창이 대립할 수밖에 없었고 일본은 극동지역에서의 팽창을 위해서 러시아와의 전쟁이 불가피함을 인식하고 치밀하게 전쟁을 준비하였다.

먼저 일본은 국제적 노력을 통해 영일동맹(1902)을 체결하였는데 이 동맹의 목적은 러시아의 극동지역 진출을 차단하기 위함이었고 일본은 이에 더하여 3국 간섭의 주체였던 독일, 프랑스가 러시아를 지원하지 못하도록 견제세력으로 영국을 우선 선택했던 것이었다. 결국 러시아와 일본 사이에서 체결된 만주 환부조약(1902. 4.)의 이행을 위한 교섭(1903. 8.~1904. 2.)에서 일본은 만주와 '만한 교환론'(만주를 러시아에 주고 일본이 조선을 차지한다는 논리)을 제시하였고 러시아는 '조선 중립화론'(북위 39도선을 기준으로 북쪽은 러시아가, 남쪽은 일본이 통치하는 분할 통치안)을 제시하며 첨예하게 대립하게 되었다. 결국, 이러한 대립 속에서 일본이 1904년 2월 8일 뤼순항을 기습하면서 러일전쟁은 발발하게 되었다.

당시 일본은 극동의 육군/해군력, 철도 문제 등을 고려해보았을 때 러시아와 전쟁을 치른다면 원정 전쟁을 수행하고 있었던 러시아의 전력이 극동 방향으로 전환되거나 증원되어 강화되기 이전에 개전의 시기를 앞당길수록 유리하다고 판단하였고, 이에 일본은 기습적으로 전쟁을 일으켰다.

참고: 러일전쟁 관련 각종 조약

① 아이훈 조약(1858)

러시아의 동아시아 진출의 계기가 된 것으로, 아무르강(흑룡강)을 양국의 국경으로 하고 청으로 하여금 그 항해권을 인정하게 한 조약.

② 베이징 조약(1860)

러시아와 청나라 간에 맺어진 조약으로, 블라디보스토크까지 포함한 우수리 일대 확보라는 러시아에 유리한 결과를 가져온 조약.

③ 러청밀약(1896. 6. 3.)

모스크바에서 러시아와 청 사이에 체결된 비밀조약으로, 일본이 러시아와 청나라 중 하나에 침공할 경우 상호방어를 위해 참전하기 위한 목적이었지만 러시아가 청나라로부터 만주의 권익을 인정받게 된 불평등조약.

④ 만주 환부조약(1902. 4.)

일본의 랴오둥반도 점령에 대해 3국이 개입하여 맺어진 조약으로, 러시아군에 의해 점령되기 이전의 상태로 만주의 통치권을 청에게 반환한다는 조약.

⑤ 시모노세키 조약(1895. 4. 17.)

청일전쟁의 전후처리를 위해 체결된 조약으로, 조선에 대한 개입 불가, 랴오둥반도와 대만, 평후섬 등을 일본에 할양, 2억 냥의 배상금 지불, 청나라 항구의 개항, 일본인의 거주 및 무역의 자유 승인 등의 내용으로 청나라에 불평등하게 맺어진 조약.

일본과 러시아의 전쟁계획

일본, 강대국의 허점을 노려라

제국주의의 팽창에서 계속적인 승전가도(勝戰假道)를 달리고 있던 일본은 전장의 지리적 근접성을 이용하여 전쟁계획을 수립하고 치밀한 전쟁 준비를 통해 전쟁에 대한 자신감이 충만한 상태였고 청일전쟁의 승리로 획득한 청의 거액 배상금을 이용하여 군사력 증강에 집중한 결과 1903년에는 부대 수가 13개 사단(약 17만 4,000명)으로 증대되었고 특히 해군력은 군함 48척, 수뢰정 30척을 보유하게 되었다.

〈표 5.1〉 러일전쟁 시 양국의 전력 비교

구분		계	보병대대	기병중대	포병	공병중대
육군	러시아	약 9만 명	88개	35개	120문	3개
	일본	약 15만 명	156개	5개	684문	39개

구분		계	전함	순양함	구축함	기타
해군	러시아	63척	7척	11척	27척	18척
	일본	80척	6척	20척	27척	27척

자료: 합동교육참고12-2-1, 『세계전쟁사(상)』, pp. 2-76-61.

일본군은 당시 러시아군에 대한 병력 수, 전쟁 준비 수준, 군수물자, 교통시설 등 다양한 정보를 수집하고 있었다. 러일전쟁에서 일본의 전쟁 목표는 유리한 정치 · 전략적 상황하에서 전쟁을 신속히 종결시켜 랴오둥반도와 뤼순을 되찾고 조선의 지배를 공식화하는 것이었다.

이에 따른 작전 개념은 러시아군의 증원 이전에 만주 지역에 주둔한 러시아군을 섬멸하는 것이었다. 즉, 러시아가 극동지역에 대한 해상의 패권을 장악하기 이전에 우선적으로 뤼순의 태평양함대를 기습하여 파괴, 봉쇄함으로써 지상부대의 안전한 전개를 확보하려 했다. 이 공격을 위해 일본군은 한반도를 주요 전진기지로 활용하고자 부산, 인천, 남포 일대로 상륙을 하여 공격을 준비하였고 한반도의 지상기동을 통해 국경선까지 진출하며 랴오둥 지역과 뤼순 일대를 위협하였다.

일본 작전계획의 핵심은 러시아의 대규모의 병력이 남만주 지역으로 이동하기 전에 기습적으로 공격하여 성공해야 한다는 것이었다.

일본은 해상공격과 지상공격을 구분하여 공격작전을 2단계로 단계화하였다. 1단계는 조선의 서쪽, 황해지역의 제해권을 우선 장악하기 위해 한반도와 랴오둥 지역에 상륙하는 것이었다. 이 작전의 성공을 위해 일본은 1군을 한반도로, 2군을 뤼순 지역으로 상륙시키고 독립 10사단을 뤼순과 한반도 국경의 지리적 중간지역인 대고산 방향으로 상륙시켜 1군과 2군의 넓은 간격을 엄호하는 계획을 수립하였다.

2단계는 뤼순 요새와 만주 지역을 공격하는 것이었다. 2군은 랴오양 방향으로 북상하게 하고 3군을 별도로 편성하여 뤼순 지역을 공격하도록 했다. 그리고 독립 10사단을 증편하여 4군을 편성하였고 랴오양 방향으로 공격하게 하였다. 1군은 압록강을 건너 만주 방면으로 진출하도록 하였고 8사단의 경우에는 나진 지역에 상륙하여 전반적인 주요 작전을 견

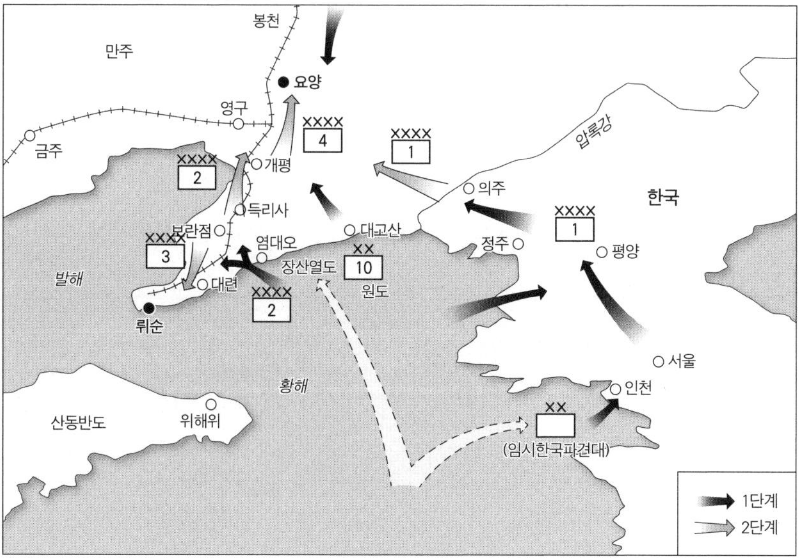

〈그림 5.5〉 일본군의 기동계획

자료: 합동교육참고12-2-1, 『세계전쟁사(상)』, pp. 2-76-61.

제하도록 계획하였다.

이를 위해 일본은 해상권을 장악할 수 있는 강력한 함대를 창설하였고 군수지원을 위한 대규모의 상선대를 조직하였다. 또한 한반도를 기점으로 다양한 군수지원 등이 될 수 있도록 하였다.

러시아, 군항 뤼순을 요새화하다

뤼순 지역은 랴오둥반도 남쪽 끝에 위치한 항구도시로서 수심이 깊고 극동지역으로의 진출의 주요 목으로서 무역과 각종 문화의 교류가 가능해 지정학적으로 유리한 조건을 갖춘 곳이다. 중국의 둥베이(東北) 지방의 문호가 되는 항구는 뤼순과 다롄(大連)이 있었는데 뤼순은 군항으로, 다롄은 무역항으로 발달하였다. 뤼순은 위치상 톈진(天津)과 베이징(北京)을 방어하는 주요 목에 있었다.

뤼순이라는 단어는 '여행객들의 편안한 여행을 위한 길'이라는 의미를 갖고 있다. 이 의미처럼 현재까지도 뤼순은 중국 해군기지와 휴양지로 개발되어 사용하고 있다.

뤼순항은 연중 지속적인 출항이 가능한 매우 주요한 항구로 청나라 말기에는 북양함대의 근거지였다. 청일전쟁 이후에는 러시아가 이 지역에 대한 25년간의 조차(租借)를 하게 되면서 러시아의 대(大)군항지로 발전하였다.

지상군 전투의 결전, 뤼순 전투

해상전투와 일본 지상군 전개

1905년 2월 6일 일본 함대는 해상으로의 선제공격을 감행하였다. 일본의 주공인 1함대는 뤼순 방향으로, 2함대는 인천으로, 나머지 함대는 블라디보스토크의 러시아 함대가 쓰시마(對馬) 해협을 통과할 경우를 대비하여 배비하였다. 이때 일본군은 제12사단의 선발대를 호송하기 위해 인천항을 장악했고 2월 8일 뤼순으로 이동한 일본의 주공부대는 야간을 틈타 러시아 전함 2척과 순양함 1척을 공격하였다. 갑자기 공격을 받은 니콜라이 2세는 아연질색할 수밖에 없었고 러시아군도 이에 대응하며 기습적인 공격에 매우 수세적이었다. 결국, 일본은 손쉽게 뤼순항의 전함을 타격하고 뤼순항을 봉쇄할 수 있었다. 기습당했던 러시아는 8일 후인 16일이 되어서야 전쟁을 선포하였다.

이에 일본군 제12사단은 2월 16일 조선의 인천에 상륙하여 북상했고 일본의 1군 주력도 3월 11일에 진남포 지역으로 상륙하여 빠른 속도로 북상하였다. 이어서 일본의 2군은 5월 5일 염대오 지역으로 상륙하여 5월 30일에는 대련을 점령하고 이후 뤼순과 랴오양 지역으로 진출하여 지상전을 치르게 되었다.

이렇게 일본군은 최초 계획대로 상륙작전과 지상 및 해상작전을 진행하였지만 계획대로 이루어지지 않은 부분도 있었다. 바로 뤼순 지역까지 지상군이 접근하는 데 약 6개월이라는 시간이 소요되었던 것이다. 러시아군이 점령하고 있던 진저우성(錦州省)에는 러시아 야전 축성의 달인인 로만 콘트라첸코 소장이 맥심 기관총과 화포로 구성된 요새를 배비하고 일본군을 기다리고 있었기 때문에 오가와 마다쓰구 일본군 4사단장은 집중포격과 육탄돌격으로 약 3,000여 명의 희생을 쏟은 후에야 진저우성을 탈환할 수 있었다. 이렇게 진저우성 점령기간이 6개월이란 시간을 러시아군에게 제공하였고 그동안 러시아군은 이 뤼순 요새에 수많은 공병시설을 포함한 장애물을 갖추어 방어 준비를 하였다. 총 29km에 달하는 뤼순 방어전선은 매우 견고하였으며 그중 1/3 규모는 해안과 연결된 전선으로 구성되어 있었다. 이 방어선은 약 20여 개의 영구적인 포대가 설치되어 방어의 견고함을 더하고 있었다.

무역항이며 뤼순과 근접한 지역의 항구도시인 다롄을 일본의 2군이 점령하게 되자 점령에 성공한 일본은 1904년 5월 29일 뤼순 공격의 주력군이 될 제3군을 편성하고 노기 마레스케를 사령관에 임명했다. 노기 마레스케는 청일전쟁 당시 뤼순을 점령하여 승리를 거두었던 장군이었다.

일본 지휘부에서는 노기 마레스케의 임명을 통해 뤼순에서의 손쉽고 신속한 승리를 기대하고 있었다. 노기 마레스케의 일본 제3군은 1904년 7월 하순경 제9사단, 보병 제4여단을 포함한 기타 다수의 포병부대와 공병부대를 추가적으로 배속받았고, 1904년 8월 중순까지는 자체적인 공성포병(攻城砲兵)[2]을 배치하였다.

---

2) 요새를 부숴서 돌파구를 만들어야 하는 임무를 지닌 공성포를 운용하는 부대.

뤼순 지역에 대한 공격준비를 마친 일본군은 1904년 8월 19일부터 고립된 뤼순 요새를 '청일전쟁의 승리'라는 과거의 확신에 찬 방법으로 돌격정신을 앞세워 공격을 개시하였다.

참고: 청일전쟁에서의 뤼순 전투

1894년 7월 25일 풍도해전과 성환전투 이후 평양전투를 성공적으로 이끈 일본 제1군은 곧이어 압록강을 도하하였다. 이어 압록강 전투를 승리로 이끌고 대고산, 수암까지 진출하였다. 또한 일본은 제1군의 진출에 호응하여 요동반도를 석권하기 위해 제2군을 편성하여 해상으로 이동하여 상륙작전을 실시했다. 이에 따라 제2군은 10월 24일 화원구에 상륙한 후 곧장 뤼순 방향으로 진출하였다.

한편, 청군은 대련 북방의 금주에서 방어선을 펼쳤으나 일본군 공격에 대패하면서 지리멸렬되었다. 일본군은 이들 청군의 후방을 차단하고 곧바로 뤼순으로 돌입했다. 이후 뤼순에서의 공방은 허망하게도 단 하루 만에 일본군에게 패하면서 점령당하고 말았다.

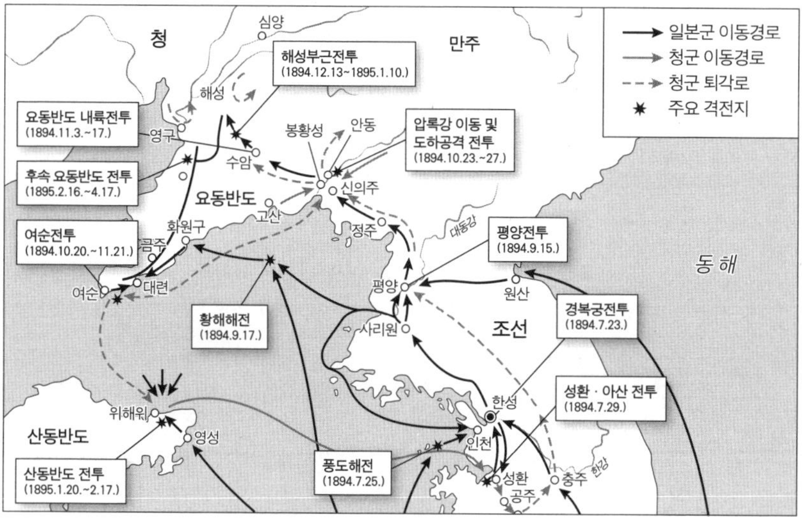

〈그림 5.6〉 청일전쟁 종합상황도(1894. 7.~1895. 4.)

자료: 육군군사연구소, 『청일전쟁』, 2014, p. 256.

1차 공반전: 과오의 시작

뤼순 전투는 러일전쟁 중에서 가장 규모가 크고 치열했던 전쟁으로 기억되고 있으며, 러시아군은 사망자 약 3만 명, 일본군은 사망자 1만 6,000명과 부상자 4만 4,000명이라는 양국에 상당한 희생을 가져온 전투였다.

뤼순 전투는 155일간 벌어졌는데 이 전투에서 러시아군은 고립된 요새지역에서 완강히 저항하는 모습을 보여주었고 앞으로의 전쟁이 총력전의 양상으로 전개될 수 있다는 가능성을 제공했던 전투였다. 〈표 5.2〉에서 볼 수 있듯이 실제 피아간 사용한 화포 수는 그 비율이 기존의 전투에 비해서 상당히 높았다.

뤼순 전투는 일본군의 공세에 따라 크게 세 차례의 공방전으로 전개되었다.

일본 제3군사령관인 노기 마레스케는 뤼순이라는 곳이 동북 정면을 고려할 때 가장 견고한 정면을 갖고 있지만 요새의 위치가 철도의 종착역(장령자역)에서 가깝기 때문에 공격포병을 단시간 내에 전개시켜 요새의

〈표 5.2〉 러일전쟁 뤼순 전투 시 투입된 병력 및 화포

구분	일본군			러시아군		
	병력(명)	화포(문)	화포 / 병력 1만	병력(명)	화포(문)	화포 / 병력 1만
제1차	50,765	380	74.9	33,700	488	144.8
제2차	44,100	427	96.8	32,500	646	198.8
제3차	64,000	426	66.6	31,700	638	201.3

자료: 육사, 『세계전쟁사』, 황금알, 2005, p. 176.

돌출부로 집중시키면 승리를 손쉽게 할 수 있을 것이라 판단했다. 또한 당시 부대 위치에서 곧바로 공격할 수 있는 방향이 동북 정면이라 판단하여 이 지역을 주공 정면으로 선정했다. 이 판단은 기존의 전투의 승리에 대한 경험을 바탕으로 정한 방향이었고 지정학적으로 타당한 공격 방향이었다.

먼저 보급기지로 활용하기 위한 장령자(長嶺子, 현재 훈춘)역까지 운송의 안전을 확보하기 위해서 주변 관측과 사계가 용이한 대·소고산을 점령하였다. 다롄에서 42km의 장령자역까지 공성포병의 전개에 필요한 탄약을 운반하여 15일 저녁에는 1문당 약 300발의 분배를 완료했다. 이어서 제3군 임시기구대를 봉황산(鳳凰山) 북방에 위치시켜 정면에 있는 러시아 요새의 내부, 뤼순항 러시아군 함선의 동정, 시가의 군사시설 등을 정찰하여 적정을 파악하였다. 흥미 있는 사실 중 하나는 400m에서 700m까지 상승하는 폭 6.5m, 길이 22.5m의 큰 기구를 이용하여 정찰을 실시함으로써 요새를 점령하고 있는 러시아군에게 공포심을 유발하기도 했다는 점이다.

노기 마레스케 사령관은 러시아와의 전쟁도 청일전쟁과 다를 바 없는 전쟁이라고 생각했다. 변화된 러시아의 방호력 수준에 대해서는 제대로 알지 못했고 기존의 승리의 경험에 도취되어 '요새는 파괴할 수 있는 단순 장애물에 불과하다'라는 인식을 하였다. 이에 청일전쟁에서 승리를 거두었던 것처럼 수 시간 혹은 수일 동안을 포병화력으로 공격한 뒤 보병으로 돌격하여 요새를 빼앗는다는 '강습탈취전법'을 동일하게 사용할 것을 결심하였다.

노기 마레스케는 우선, 포병사격으로 목표지역 일대를 초토화시킨 뒤 제1사단이 서측으로 돌파구를 형성하고 지속적으로 돌파구를 확장하며 제9사단과 4예비연대가 후속하여 목표지역인 뤼순 요새를 탈취하는 전술적 판단을 통해 공격을 실시하였다.

1905년 8월 19일 오전 06시부터 일본의 포병대는 강습탈취전법의 일환으로 포격을 시작했다. 의자산(倚子山), 송수산(松樹山), 이룡산(二龍山), 반룡산(盤龍山), 동계산(東鷄山) 등에 대한 포격은 이 주요 보루들의 모습이 바뀔 정도로 많은 양을 지속적으로 퍼부었고, 그 결과 보루 내의 화약고가 터져 포대들이 앙상히 드러나는 혁혁한 효과를 가져오게 되었다.

포병사격이 끝나자마자 공격을 개시한 제1사단은 포병의 사격으로 초토화가 되었을 것이라 판단했던 목표지역으로 기동하였다. 하지만 예상과 달리 기동 중 공격목표지역의 인접 포대에서 퍼붓는 측방사격에 중대 규모들이 전멸당하는 사태가 속출하기 시작했다. 필사적으로 러시아군의 진지 전방으로 기동했던 부대들도 측방에서의 기습적인 사격으로 인해 돌격력을 상실하였다. 결국, 대대장과 중대장의 지휘관을 비롯한

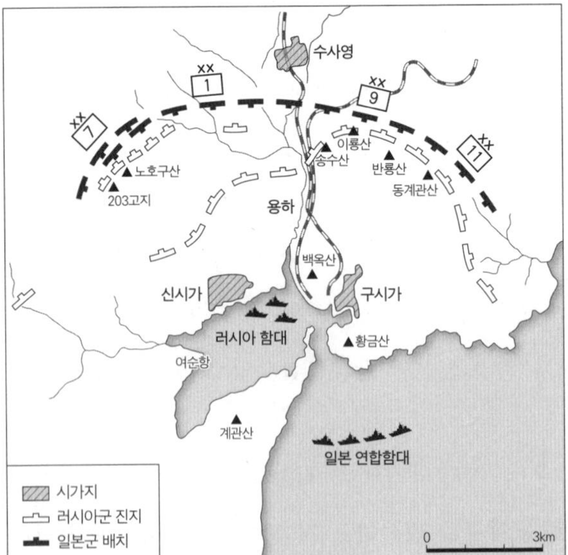

〈그림 5.7〉
뤼순 전투의 1차 공방전 요도

자료: 로스뚜노프 외 전사연구소, 김종헌 옮김, 『러일전쟁사』, 2004, p. 262.

병력들의 막대한 피해가 발생하여 제1사단은 더 이상 공격을 이어가지 못하고 패퇴하였다.

제1사단의 실패에 따라 제9사단은 서측에서 중앙으로 방향을 변경하여 러시아군 포병의 침묵을 틈타 절단한 철조망 사이로 통과하며 공격을 개시하였다. 하지만 요새화된 뤼순에서 러시아군의 소총과 기관총 집중사격을 받으며 진출할 수 없었고 제1사단의 공격과 같이 인접 보루의 집중포화까지 받아 결국 피해가 최소화될 수 있는 감시사각지역으로 후퇴하고 말았다.

8월 20일이 되자 재차 가동되었던 120문의 공성포병사격이 그쳤고, 이에 제1사단이 다시 수사영(水師營) 방향으로 공격을 실시하였지만 정상 직전에 정면과 이웃 보루의 집중포화에 어김없이 노출되었고 심지어 뤼순 항구 내의 군함에서의 십자포화도 받게 되면서 지휘관을 포함한 장교들의 과반수를 잃고 말았다. 이 전투 결과 일본군은 일몰까지 꼼짝없이 숨어 있어야 했다.

이러한 상황을 살핀 노기 마레스케 사령관은 문제점을 포병의 사격이 부족했다고 판단했고 밀도 있는 포격을 계속할 수 있는 탄약이 부족해짐에 따라 일시적으로 공격을 중지하였다.

이후 탄약을 재정비하고 3일 뒤인 24일 새벽 04시 10분이 되어서야 다시 공격을 재개하였다. 하지만 노기 마레스케가 이끄는 군 예하의 보병 제7연대는 러시아군의 집중포화로 인해 20여 명의 장교를 포함한 병력들 대부분이 전사하여 거의 전멸하고 말았다.

이에 노기 마레스케 사령관은 다양한 돌격에 대한 방법들을 구상하게 되었다. 그중 한 가지 방법은 공격 시 피해를 감소시키기 위해 한 번의 약진 거리를 30m 이내로 제한하고 부대를 수 명의 단위로 구분하여 지형의 사각을 이용해 일렬종대로 전진시키는 방법이었다.

중앙의 동계산 방향으로 공격하던 4예비연대도 24일 새벽 02시에 전진을 개시하였고 돌격대를 편성하여 장애물을 제거하고 공격하였다. 하지만 러시아군의 참호 외각에 도착하는 순간 역시 기관총의 세례를 받고 전멸해버렸다.

8월 21일까지 4일 낮과 밤의 전투를 벌이던 일본군은 극도의 피로에 시달렸다. 그들은 수 개의 탄흔들과 지면의 굴곡들 속에서 몸을 숙인 채 더 이상의 공격할 수 없는 상태로 대기할 수밖에 없었다. 충분한 전투력 복원과 탄약의 재보급 없이는 차후 공격은 실로 불가능한 상황이었다.

이렇게 일본의 선제적인 공격으로 이루어진 1차 공방전은, 전투 참가인원 5만 765명 중 약 1/3 규모인 1만 5,860명의 사상자가 발생하는 처참한 일본군의 실패로 기록되었다.

2차 공방전: 반복된 과오가 낳은 처참함

제1차 공방전에서 실패한 일본의 제3군은 전선을 정비하며, 러시아군의 포격에 피해를 받았던 전투력을 단기간에 회복하기 위해 노력했다. 1차 공방전의 결과 일본군은 러시아의 포격에 대항할 수 있는 공성용 포병이 매우 필요함을 깨달았다. 1차 공방전을 거치며 일본군은 러시아 요새 내에 있는 고정포인 280mm 거포를 분해하여 이후에 활용할 목적으로 6문 정도를 가져왔다.[3)]

---

3) 이 공성용 포는 발트함대의 동향 때문에 의논이 분분하다가 증원되었다. 그러나 실 전장에서의 효과는 그리 크지 못했다. 이 포 대부분이 군함의 갑판용이었기 때문에 땅에 닿을 경우 불

아울러 보병부대에 배속되어 있는 전(全) 기관총을 이곳, 뤼순 지역으로 투입하도록 조치했다. 총 기관총 48정에 달하는 분량이었다.[4] 하지만 일본군은 기관총의 용도에 익숙지 못하여 큰 효과를 보지 못했고, '보병이 기관총을 휴대하는 것은 용감하지 못한 꼴이다'라는 식의 이유로 자신들의 미숙함을 '용감'이라는 단어로 포장하였다.

2차 공방전에서는 공성용 포병과 기관총과 같은 무기체계의 변화도 있었지만 공격전술의 변화가 있었다. 바로 '보방(Vauban)의 공성법'[5]을 채택했던 것이었다. 이 방법은 먼저 출발 지점을 제1공격지역으로 하여, 이

보방의 공성법(정공대호 작업법)

① 공격부대가 방어부대 사거리에 이르면 엄폐물에 엄폐
② 공병이 요새를 향해 갈지(之)자를 그리며 접근호 구축
③ 근접한 지역에서 접근호와 수직이며 성곽과 평행한 호 구축
④ 평행호에 보병병력 및 장비를 투입하여 1, 2, 3 평행호 겹겹이 구축
⑤ 성곽 근접한 지역에서 높은 성벽을 쌓고 포 위주 공격
⑥ 적의 피해가 예상되면 보병의 공격

세바스티앙 르 프레스트르 보방(1633-1707)

〈그림 5.8〉 보방의 공성법

자료: 합동교육참고12-2-1, 『세계전쟁사(상)』, pp. 2-76-61.

발이 많았기 때문이다.

4) 실제 기관총은 제3차 공방전 시 80정이 추가 할당되어 운용되었다고 한다.

5) 불필요한 출혈을 극도로 싫어했던 프랑스의 군사건축가 보방이 착안한 공성법.

곳에서부터 공격목표를 향하여 두 갈래의 공격로를 파면서, 파낸 흙을 호의 외측에 쌓아나가고, 좀 더 시간이 있으면 깊고 넓게 파고 들어가 전방 약 100m까지 나아가, 이곳에 제2공격진지를 만들면서 작업 엄호부대를 배치하고, 또다시 동일 요령으로 나머지 100m를 반복하면서 조심스럽게 파 나가, 그곳에 최후의 돌격진지를 만든 뒤 포병화력의 맹렬한 포격에 뒤이어 공로를 뛰쳐나와 돌격으로 전환하는 방법이었다.

일본군이 보방의 공성법을 사용했을 때 러시아는 이 공격법의 효과를 무시하였다. 하지만 시간이 지날수록 이 공격방법이 효과가 있음을 깨닫고 필사적으로 이 공격을 막아내기 위해 노력하였다.

당시 일본군 작업대는 지형의 특성 때문에 거의 수직에 가까운 박격포 사격으로 러시아군의 화기를 제압해야 했으며, 작업장소 전면에서는 철제로 만든 들것을 이용하여 흙을 날라야 했다. 결국은 시간의 지연으로 인해 보방 공성법의 작업을 야간까지 이어갔고 그도 여의치 않아 지하갱도를 굴착하는 것으로 방법을 전환했다.

당시에 일본군의 '보방의 공성법'을 기초로 한 공격방법은 매우 효과적이었다. 탄환 중량이 218~224kg이나 되며 최대사정이 7,850m인

〈그림 5.9〉
일본 3군의 280mm 거포

자료: 합동교육참고12-2-1, 『세계전쟁사(상)』, pp. 2-76-69.

구경 280mm의 거포는 마치 급행열차가 바로 코앞에서 지나가는 듯한 소리를 내며 러시아군 진영에 작열했고, 두더지처럼 파고들어 오며 전진하고 참호를 구축하여 방어와 공격을 병행하는 전술은 1차 공방전보다 더 많은 전방으로의 진출을 가져왔다.

하지만 야포 1문당 평균 40발도 채 못 되는 포탄의 사용량이 보여주듯 포탄의 부족으로 더 이상의 진출은 어려웠다. 설상가상으로 러시아군의 발트함대의 내항이 곧 이루어질 것이라는 소식에 초조해진 일본의 3군은 열악한 포탄 지원상황 속에서도 공격을 하지 않을 수 없었다.

결론적으로 2차 공방전에서 일본군 3군의 각 사단은 10월 26일 전면적으로 공격을 재개하였으나 러시아군의 강력한 저항을 이기지 못한 채 실패하였고 사상자가 3,830명이나 발생하였다. 이러한 피해 속에서도

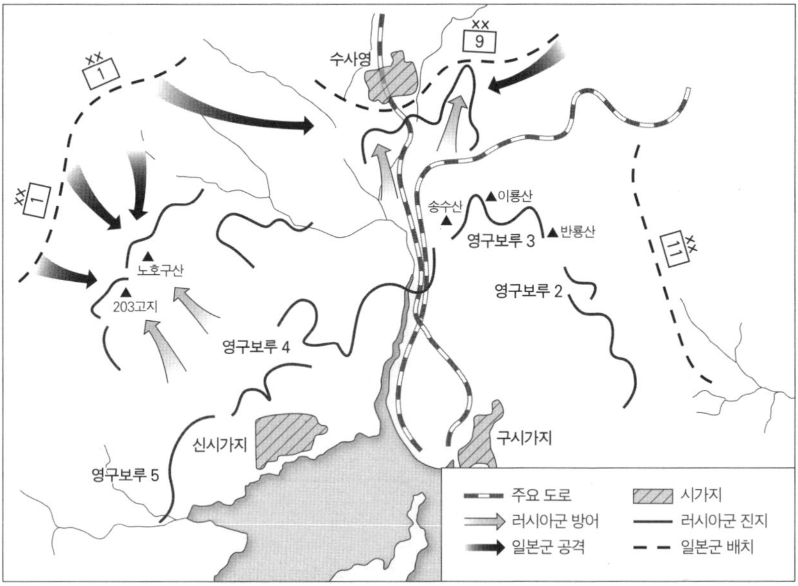

〈그림 5.10〉 뤼순 전투의 2차 공방전(9월 6~9일)

자료: 로스뚜노프 외 전사연구소, 김종헌 옮김, 『러일전쟁사』, 2004, p. 262.

일부 성과가 있었다면 일본군의 3군은 '보방의 공성법'을 통해 전쟁 기간 내 대부분의 러시아 보루에 대해 각각 대응할 수 있는 참호작업을 거의 끝내놓은 상태로 2차 공격을 끝냈다는 것이었다.

일본의 노기 사령관은 이 보방의 공성법을 운용하는 데 있어서 지휘관 및 병력들에게 다음 표에 보이는 세 가지의 전술적 보완사항을 교육했다. 신속한 돌파와 러시아군 포병에 의한 피해를 최소화하는 방법, 초전의 선두에 있던 장교들의 피해를 교훈 삼아 장교의 일부만이 선두에서 지휘하고 배후에서 장교들이 위치하고 있다가 전방의 장교가 사상되었을 때 대신 임무를 수행하게 하는 방법이었다. 장교 일부를 후방에 배치하는 방법은 1·2차 공방전에서 장교들의 피해가 증가하자 지휘체계가 무너져 전장상황을 판단하고 결심할 수 없었던 과거를 되풀이하지 않으려는 방법이었다. 노기 사령관의 세 가지 전술적 보완사항은 많은 희생을 최소화하고 기회가 될 때 빠른 돌격을 이용하여 뤼순 요새를 점령하고자 하였다.

노기 사령관의 보방 공격 지시
① 정공법(正攻法)을 실시하되 기회만 주어지면 신속히 강습법으로 전환하라. ② 보루의 일부라도 점령하면 가장 두려운 것은 적의 집중포화이니 필요한 최소한의 병력만을 남겨두고, 그 나머지는 신속히 보루 밖으로 대피하라. ③ 보루에 돌입한 경우 필요한 장교만이 부대를 선두지휘하고, 다른 장교는 되도록 배후에서 부대를 후진시키며, 선두가 희생될 경우에만 대행하라.

자료: 합동교육참고12-2-1, 『세계전쟁사(상)』, pp. 2-76-61.

한편 봉천 방면의 러시아군 증가가 현저해지고 있다는 소식에 하루라도 빨리 뤼순 지역을 공격하여 점령하고 그 병력(제3군)을 북상시키는 것이 시급한 상황으로 전개되었다. 뤼순 요새에 대한 공격은 발트함대가 복귀할 항구에 대한 접근을 막음은 물론 군 작전 전반의 병력 운용의 자유를 얻기 위한 관건이었다. 그렇기에 1 · 2차 공방전으로 부대 충원이 시급했던 일본의 3군은 마지막 전략예비로 남아있던 병단인 제7사단을 군 수뇌부인 일본의 대본영에 요청하기에 이르렀다.

3차 공방전: 공방의 끝, 변화를 추구하라!

1 · 2차 공방전에서 진출에 실패한 일본 3군은 병력과 탄약 등의 부족으로 인해 대본영으로 부대 충원을 요청하였다. 이에 일본 대본영은 본국에 있는 예비대인 제7사단과 공병 3개 중대를 증원해주었다. 전력을 재정비한 일본 3군은 11월 26일부터 3차 공격을 감행하였다.

3차 공방전 공격 초기에도 일본 3군의 각 사단은 공격이 개시된 순간부터 계속 돌격을 실시하였다. 하지만 1 · 2차 공방전과 같이 이렇다 할 성과를 거두지 못한 채 난항을 겪고 있었다.

이러한 상황을 타개하기 위해 노기 사령관은 새로운 결사대를 조직하였다. 제1사단에서 보병 2개 대대, 제9사단과 제11사단에서 1개 대대, 제7사단에서 2개 대대 총 6개 대대 3,100명이 가슴에 크로스밴드(흰색)를 착용하고 중촌(中村) 소장의 인솔하에 송수산 보루를 향해 야습을 감행하였다. 산 중턱까지는 무난히 진출할 수가 있었으나 지뢰가 터지면서 탐조등 아래 맹렬한 사격이 오가게 되었다. 노기 마레스케 사령관은 각 연대에서 선발된 정예의 병사들이 기습을 상실하고 무모하게 희생되는 것을 더 이상 두고만 볼 수 없었고, 결국 퇴각명령을 내렸다. 하지만 결사대인 그들에게 명령을 전달할 방법이 강구되지 못한 상태였기 때문에 날이 밝을 때까지 기다릴 수밖에 없었다.

이윽고 날이 밝자 전장에는 즐비한 일본군 병사의 시체가 산을 이루었고 잠시 휴전을 요구한 일본군은 결사대의 시체를 수습하기에 바빴다. 일본의 결사대 또한 1 · 2차 공방전에 이어 처절한 패배를 또 반복적으로 경험했던 것이었다.

노기 마레스케 사령관은 제3차 총공격이 실패를 향해 가고 있는 절망적인 상황에서 급히 주공 방향을 전환하기로 결심하였다. 마지막으로 새로운 전술적 시도를 통해 이 상황을 타개하고자 했던 것이다. 노기 마레스케 사령관이 새롭게 선정한 주공 방향은 민둥산인 이령산(203고지)이었다. 이 203고지의 실제 표고는 208m이나 청일전쟁부터 203고지로 불렸고 러일전쟁 당시에는 청일전쟁의 임시 축성의 모습에서 벗어나 영구축성의 견고함을 자랑하는 곳으로 변모했었다. 남북 약 250m, 동서 약 100m 고지의 뤼순 요새는 서북면 정면 중에서 가장 훌륭한 전망을 갖고 있었고, 뒤로는 뤼순항의 전역이 한눈에 내려다 보이는 관측과 사계에 유리한 지형적 특징을 갖고 있었다. 이 요새에 대한 공격은 일본군으로는 최후의 선택이요, 노기 마레스케 사령관의 회심의 일격이었다.

11월 30일 일본 3군은 203고지에 포화를 집중시키면서 돌격을 시작했다. 이 공격에서 일본 3군의 포탄 발사량은 280mm 거포 약 5,000발(그 외의 구경 탄환은 셀 수 없을 정도)로, 당시 갖고 있는 모든 전력을 투사한 최후의 공격이었다.

12월 2일과 4일 사이에 양군은 근접한 거리에서 공방전을 반복하다가 5일 오전 10시 30분경, 5,052명의 전사자를 발생시킨 가운데 결국 일본 3군이 203고지를 점령하였다. 203고지를 점령하자 일본 3군은 뤼순

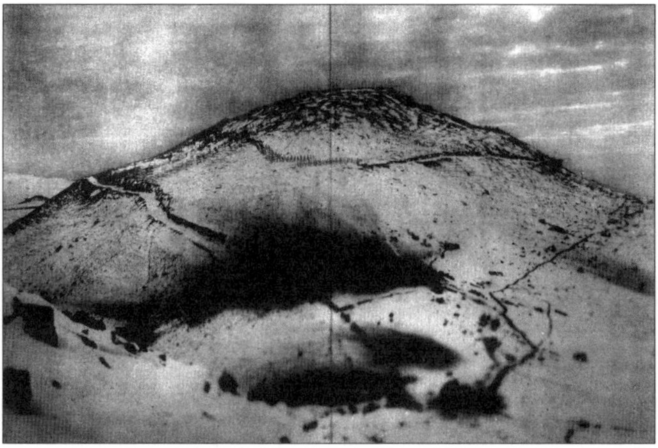

〈그림 5.11〉
203고지 전경

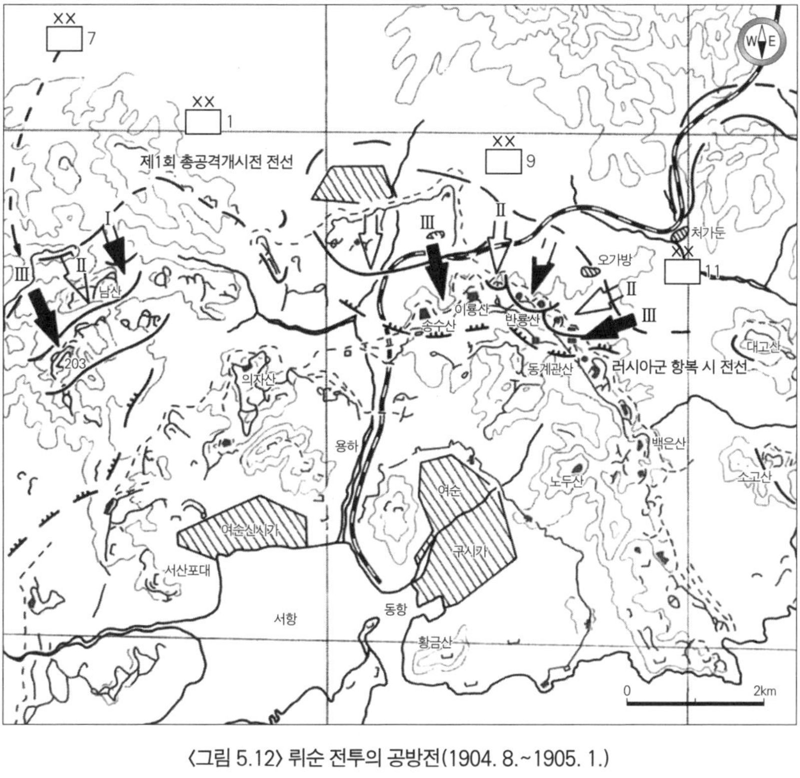

〈그림 5.12〉 뤼순 전투의 공방전(1904. 8.~1905. 1.)

자료: 육군사관학교 전사학과, 『세계전쟁사 부도』, 황금알, 2009, p. 60.

요새의 내부를 한눈에 관측할 수 있었고 오후 2시부터 일본군은 280mm 거포의 사격 방향을 뤼순 요새에서 뤼순 항구로 전환할 수 있게 되었다. 뤼순 항구에 대한 거포 공격으로 피해가 속출하게 되자 러시아군은 1월 1일 휴전교섭에 응했고 뤼순 전투는 막을 내리고 말았다. 이 전투에서 일본군은 약 1만 7,000명의 피해를 입었으며 획득한 포로는 약 3만 5,000명이었다.

전승불복의 본보기

전승불복의 환경을 응형무궁으로 극복하라!

『손자병법』 제6편 「허실(虛實)」에서 손자는 '전승불복 응형무궁(戰勝不復 應形無窮)'이라고 말하고 있다. 전쟁에서 거둔 승리는 반복되지 않으므로 과거와 같은 방식으로는 다시 승리하기 어렵다는 뜻이다.

손자는 전승불복이라는 명제 속에서 승리를 달성할 수 있는 원칙을 '응형무궁'이라고 말하고 있다. 여기에서 '응(應)'은 적에 대응하는 것을, '형(形)'은 전술의 형태나 전투 행동을, '무궁(無窮)'은 끝없이 변하는 상황을 의미한다. 끝없이 변화하는 불확실성의 연속인 전장에서 변화를 고찰하고 적절한 대응을 해야 한다는 것이다. 손자는 대부분의 부대가 승리하게 된 '형세' 자체는 알고 있지만 그 '형세'를 가져온 이유에 대한 깊은 고찰을 하지 않다 보니 적이 형세를 변경하는 것에 주목하지 않을 것이고 예전에 승리를 이끈 작전은 다시 되풀이될 수 없다고 말하고 있는 것이다. 결국 주도권을 바탕으로 계속적인 승리를 이어가기 위해서는 전쟁에서 승리한 작전을 막연하게 재사용하기보다는 적군의 형세에 따라 무궁무진한 작전을 계획하고 시행해야 한다. '전승불복'이 전쟁의 원리라면, '응형무궁'은 전승불복의 원리 속에서 승리를 위한 해결책인 것이다.

러일전쟁의 뤼순 전투는 이러한 '전승불복'이 나타난 대표적인 전투였다고 할 수 있다. 1894년 11월, 노기 마레스키는 1군단장으로 청일전쟁의 뤼순 전투에 참전하였다. 청일전쟁에서의 뤼순 전투는 앞에서도 잠깐 언급했지만 청나라군과 일본군이 뤼순에서 치렀던 전투다. 이미 압록강 전투와 황해 해전에서 일본에게 패배한 청나라군은 비교적 방어에 유리한 지형인 뤼순을 선택하여 방어선을 갖추고 일본의 공격을 막아내려 하였다. 당시에도 뤼순은 언덕진 지형과 강력한 포대가 배치된 난공불락의 요새로 여겨지고 있었다. 하지만 뤼순에 이르기까지 청나라군은 계속 후퇴하며 이렇다 할 방어를 해내지 못함으로써 무혈로 뤼순 일대까지 후퇴하였던 것이다.

청나라군은 뤼순을 방어하며 57구경 대형포와 163구경 소형포의 전력을 갖추고 포병사격을 통해 일본군을 저지하려 했으나 일본군은 '강습탈취전법'과 보병의 돌격정신으로 요새를 공격하였다. 포병의 대응사격과 보병의 돌격으로 일본군은 철옹성과 같은 청나라의 뤼순 요새를 점령했던 것이었다.

〈그림 5.13〉 러시아군의 참호(좌)와 뤼순 요새의 러시아 포대(우)

하지만 러일전쟁에서의 뤼순 요새는 청나라군의 뤼순 요새와 확연히 달라진 모습을 갖고 있었다. 러일전쟁 당시 러시아군은 6인치 대함포와 9인치 대포 등으로 무장되었고 진지도 보강하여 방어를 준비하고 있었던 것이었다.

또한 청일전쟁 당시에는 북양함대의 생존을 위해 일본군의 병참선을 늘어뜨린다는 목적으로 전방부대들이 모두 철수하기 바쁘다 보니 상대적으로 요새화되어 방어준비가 되어 있었다고 알려진 청나라군의 뤼순 요새는 실제로 진지의 강도가 약해진 상태였다. 이렇게 변화한 환경과 상황을 고찰하지 못한 채 과거의 승리에 집착했던 노기 마레스케는 3차 공격을 통해 무려 6만 명이라는 병력 피해를 초래하였던 것이다. 러시아군이 조금 더 전쟁을 지속했었더라면 랴오둥반도 일대에서의 일본 2군은 진출이 지연되었을 것이고 만주에서 진출하고 있는 1군과의 협조된 작전이 제한됨에 따라 일본군의 러일전쟁 승리는 어려웠을 것이다. 뤼순 전투의 승리는 일본군의 전술이 뛰어났다고 평가하기보다는 러시아 내부의 혁명 등에 의한 결과라고 언급하는 학자들도 적지 않다.

일본군은 뤼순 요새의 변화를 받아들이는 데 너무나 많은 희생을 치렀다. 1 · 2차 공방전에 이르기까지 반복적인 과오를 계속 고집했었다. 끝까지 포기하지 않는 끈기의 돌격정신은 높이 살 만하나 그렇게까지 희생을 감수해야 했냐는 질문에는 당당히 대답할 수 없을 것이다.

이 사건은 고지식한 고집의 대표적 사례로 전해진다. 당시 노기 마레스키 사령관 예하에서 부대를 지휘했던 참모장은 이치치 고스케 소장이었다. 기록에 의하면 참모장은 매달 26일마다 대공세를 펼쳤다. 그 이유는 26이라는 숫자에 대한 막연한 믿음 때문이었다. 그는 26의 숫자가 짝수이기 때문에 운수가 좋은 숫자고 뤼순 요새를 점령할 수 있다는, 상식으로 생각해도 말이 되지 않는 미신을 믿고 병력들을 전투현장으로 보냈던 것이었다. 그는 독일에서 유학을 경험한 엘리트 장교였음에도 그와는 상관없는 한낱 미신으로 인해 더 많은 피해를 초래했다. 러시아군은 25일에 전열을 정비하고 최고의 방어태세를 갖춘 상태에서 기관총으로 일본군이 공격하는 주요 '목' 지점에 배치하여 수많은 일본군을 사살했다.

일본군이 변화한 러시아군의 요새를 면밀히 분석했다면 기관총의 추진배치와 측방 요새의 포병사격, 203고지의 중요성 등을 먼저 판단했을 것이고 효율적으로 병력을 운용하여 단기간 내에 전투를 승리로 이끌 수 있었을 것이다. 하지만 노기 마레스케 사령관은 청일전쟁의 승리 방식인 강습탈취전법에 도취되어 있었고 이치치 고스케 참모장은 26이라는 숫자에 고착되어 부하들을 사지(死地)로 몰았던 것이었다.

일본의 수장인 노기 마레스케 사령관에게는 '전승불복'이라는 전쟁의 원리를 이해하고 준비하는 지혜가 필요했고 '응형무궁'이라는 융통성 있는 대응이 절실했었다. 결국 이 전쟁에서 노기 마레스케는 자신의 두 아들을 잃었다. 과연 그들의 죽음의 원인은 무엇이었을까? 아마도 그들의 죽음의 원인 중에는 아버지인 지휘관 노기 마레스케의 융통성 없는 반복적인 전투수행방법이 있지 않았나 생각해본다.

상대적 전투력의 우세, 우승열패가 열쇠!

총력전 양상 속에서의 우승열패: 예견된 승리

러일전쟁에서의 뤼순 전투는 당시 전쟁에서의 새로운 양상인 '총력전(總力戰)'[6]을 보여준 전쟁이었다. 세 차례의 공방전과 6만 명의 희생을 치렀음에도 결국 승리를 달성할 수 있었던 것은 지속적인 일본군의 병력 증원과 각종 무기체계 등이 뒷받침된 결과였다. 즉, 러시아군에 비해서 전투력 수준과 무기체계의 수준이 우수했고 전쟁 준비 측면에서도 일본군은 보다 앞서 있었다.

우승열패의 차원을 단순 뤼순 전투에서만 평가하기보다는 총력전이라는 관점에서 지상과 해상의 전 분야에 대해서 살펴보는 것과 그 전체 흐름 속에서 분석하는 것이 타당하다고 생각한다. 따라서 전체적인 양국의 전쟁 준비를 비교해보고 뤼순 전투에서의 세부적인 전투준비를 비교하여 '우승열패' 원리의 적용을 살펴보겠다.

러시아는 동아시아로 세력을 확장하기 위해 '만주와 조선을 통한 남

6) 국가가 전쟁 수행에 대해 갖고 있는 국력의 제반 수단을 동원해 싸우는 전쟁형태.

하전략'을 군사전략목표로 선정하였다. 이 군사전략목표는 '러시아의 강역확장과 부동항 확보'라는 국가의 전략목표를 바탕으로 수립되었다. 이 목표를 실현하기 위해서 러시아 군부에서는 작전술이라는 도구를 통해 뤼순항에 태평양함대를, 만주에는 극동군을 배치하여 일본군의 공격을 지연하는 계획을 수립하였다.

당시 러시아는 해전만큼은 유리하게 전역을 이끌 수 있을 것이라는 낙관적인 입장 속에서 전쟁을 준비하였다. 전쟁 이전 러시아의 해양 전력은 약 80만 톤에 달하는 전력을 갖고 있었지만 전력이 전 세계적으로 곳곳에 분산되어 있었다. 발트함대는 유라시아 대륙 서측에 위치하고 있어서 극동지역으로 이동하기 위해서는 약 3만km가 넘는 거리를 이동해야 했다. 기존에 태평양에 위치한 함대는 함대 장갑함 7척, 장갑 순양함 4척, 경순양함 7척, 구축함 및 수뢰정 3척, 그리고 2척의 기뢰부설함으로 일본 해군전력의 절반 수준이었고 심지어 전력들도 블라디보스토크항과 뤼순항으로 양분되어 있어서 해상 전투력을 집중하여 운용할 수 없었다. 게다가 태평양에 위치한 러시아 함대는 장갑력이 약하고 속도도 느리며 장비 가동률에 있어서도 일본의 해양력에 뒤쳐져 있었지만 러시아군은 선진화된 일본군의 해양력을 제대로 파악하지 못했다. 게다가 러시아 해군기지는 취약한 상태로 보존되고 있었는데, 수리장비가 결여되어 한 번의 피해를 복구하는 데는 상당한 시간이 걸릴 수밖에 없는 상황이었고 연료로 쓰이는 석탄과 지원사격을 실시하는 포탄의 비축량 부족으로 계획을 더욱 실현 불가능하게 만들었다.

당시 뤼순항을 방어하기 위한 해상의 장애물로는 약 1,500개의 수중 지뢰가 있었고 일본군의 상륙이 예상되는 다롄만 일대에는 수중 지뢰를 추가적으로 더 설치한 상태였다. 하지만 기뢰를 맹신했던 러시아군의 예상과는 달리 오히려 러시아군의 순양함이 피해를 입는 등 효율성은 부족한 모습이었다.

지상군의 전역인 뤼순과 만주 지역에서는 시베리아철도를 활용한 병력의 증원을 염두하고 전쟁을 준비했다. 러시아군이 판단한 주된 전장은 러시아의 공업지역과 상당한 거리가 이격되어 있었고 별도의 군수기지 설치 등이 이루어지지 않은 상태였다. 시베리아철도가 부설되긴 했으나 일본과의 전쟁에서 증원될 러시아군의 이동로는 광활한 대륙을 횡단해야 했기 때문에 수만 명의 병력을 단기간 내 이동시키기는 어려운 상황이었다.

따라서 뤼순 전투를 준비하는 러시아 지상군의 경우에는 충분한 병력과 지원을 뒷받침받을 수 없는 상태에서 전쟁을 수행할 수밖에 없었다. 그들이 한 가지 희망으로 기대할 수 있었던 것은 동청철도를 연하는 선에 최초부터 병력이 잔존하고 있다는 사실과 언제든 시베리아철도의 연결된 지역으로의 지원은 가능할 것이라는 확신이었다. 이와 같이 러시아군의 전투준비는 매우 낙관적이었고 적군인 일본군을 제대로 판단하지 못한 상태였다.

일본군은 러시아가 극동지역에 대한 해상의 패권을 장악하기 이전에 뤼순의 태평양함대를 기습하여 파괴, 봉쇄함으로써 지상부대의 안전한 전개를 위해 한반도를 주요 전진기지로 활용하려 했다.

일본 해군의 경우에는 만주 지역에서 전쟁을 수행하기 위해 제해권 장악이 필수적이라고 판단하였고 러시아의 태평양함대를 기습하고 뤼순항을 봉쇄함으로써 해상을 우선적으로 장악하려 하였다. 이를 위해 일본군은 7개년 군함건조계획(제1차 함대강화계획)을 작성하여 추진했다. 이 계획은 전함 건조와 항만의 설비에 약 9,500만 엔을 투자하여 영국을 비롯한 해외에서 전함을 주문 건조하는 방식으로 전력을 향상시켰다. 당시 러시아의 팽창을 견제하던 미국과 영국은 일본을 적극 지원하였고 보다 수월하게 일본군의 해군은 전력을 증강시킬 수 있었다. 로스뚜노프의 『러일전쟁사』에는 일본의 해전력에 대해 1901년 상업용 증기선은 969척, 총배수량은 57만 7,000톤, 1984년에서 1904년에 이르는 시기 동안 상선의 수는 3배 이상 증가하였고 이 상선들이 실제 48시간 이내에 6개 사단 규모를 아시아 대륙으로 수송할 수 있었다고 기록하고 있다. 일본은 해군전력을 러시아와 대응할 수 있는 충분한 전력으로 단기간에 확보하였다.

일본의 지상군은 우선 한반도를 지상군의 전초기지로 활용하였다. 이에 부산과 인천, 남포 등에 상륙하여 만주 지역까지 이동하는 기동계획, 해군과 연계하여 지상군을 운용함으로써 지상군 전력이 충분히 발휘될 수 있도록 하였다. 이에 일본은 지상군을 지원하기 위한 군수기지를 한반도로 두고 조선의 자원을 활용하였다.

일본군은 장기간에 걸쳐 최신화된 장비를 보유한 부대를 육성하였고 청일전쟁의 경험과 각종 훈련으로 각개병사의 확고한 전승의지가 있었다. 실제 유형 전투력뿐 아니라 무형 전투력까지 우세한 상태에서 전쟁에 임할 수 있었다.

일본군은 청일전쟁을 통해 얻었던 제해권 확보의 중요성을 적용하여 전쟁을 준비했고 해전과 지상전의 계획이 서로 연계되도록 합동의 개념으로 준비하였다는 점에서 러시아에 비해 치밀하고 현실적으로 전쟁을 준비했음을 알 수 있다.

뤼순 전투에서의 우승열패, 전투를 결정짓다

전쟁 준비의 모습은 전투에서도 여실히 드러났다. 러시아군과 일본군의 뤼순에서의 모습을 살펴보자.

러시아군의 스테셀 중장은 뤼순 지역에서의 방어를 총지휘하였다. 러시아에서 발행한 『1904~1905년 러일전쟁』에는 당시 지휘관이었던 스테셀 장군의 훈령 지시가 소개되어 있다. 스테셀은 5월 2일 훈령을 통해 "적의 병력이 우세할 경우 전투를 피하면서, 서서히 진저우의 주둔지로 후퇴하라."고 지시했다는 것이다. 최대한 지연하여 해상력을 회복하고 만주 지방으로의 진출을 차단했어야 했기에 당연한 지시였다고 할 수 있다. 일본군을 효과적으로 방어하기 위해 러시아군은 예비대가 있었음에도 일본군의 공격에 대해 예비대를 효과적으로 사용하지 못했다. 뤼순 전투 당시에 러시아군이 열세했다는 단순한 사실만으로 병력이 적거나 화포가 부족했다고 알고 있는 경우가 많으나 실제로는 확보하고 있던 예비대가 제 역할을 할 수 있도록 하는 책임을 가진 지휘관들의 무능이 원인을 제공하였다.

뤼순 요새를 점령한 러시아군이 가장 필요한 것은 '포탄'이었다. 정밀한 포격은 뤼순 전투 이전에도 일본군에게 많은 피해를 입혔는데 뤼순 전투에서는 포탄의 공급이 원활하지 못했다. 포 1문당 60발 정도의 포탄이 지급되었는데 이 포탄의 양은 단 하루 정도 쓸 양밖에 되질 못했다. 당시 주변에서 전투를 수행하던 타 러시아 부대의 야전포대들은 사거리가 제한된다는 이유로 뤼순 전투에 도움이 되지 못했다.

최초 러시아군이 판단했을 때는 태평양함대에서 함포사격으로 뤼순 일대로 공격하는 일본군을 타격할 수 있을 것이라는 판단했다. 실제 뤼순에 정박 중이던 포함과 수뢰정은 일본군 3사단을 향해 포병사격을 실시하여 최초에는 성과를 거두었으나 이내 다롄항이 일본에게 피탈되면서 뤼순과 만주 주둔군 사이의 육상연결로가 차단되었고 전투에 대한 추가적인 병력의 증원 등을 고려할 수 없는 상황이 되었다. 결국 러시아군은 계속 후퇴하거나 상황이 나아지기를 바랄 수밖에 없었다.

일본군은 러시아군에 비해 국가의 전폭적인 지원을 바탕으로 전투를 시작하였다. 전투 초기 다롄을 점령하고 뤼순 전투를 용이하게 지원할 수 있는 진저우 진지까지 점령하면서 뤼순에 대한 공격을 집중할 수 있는 여건을 제공받았다. 일본군은 다롄항을 통해 만주와 관둥반도에서 작전 중인 육군부대에 무기, 탄약, 식량 등을 보급했다. 당연히 뤼순 전투에 참가한 부대들은 본토에서 한반도를 경유하여 다양하고 풍족한 지원을 받은 채 전투를 수행할 수 있었다.

일본은 전투를 수행하면서 1 · 2차 공방전을 통해 포병의 위력을 절실하게 경험하였다. 이에 일본군은 러시아군의 포병의 활동이 더욱 강화되고 전 전선에 포병지휘관이 배치되는 등의 모습을 보이자 이를 역으로 이용하는 전투를 수행한다. 상대방의 여건이 보장된 것을 불식시키는 전투를 수행한 것이다. 바로 기만작전을 통해 요새 주변의 임의 고지를 점령하는 것처럼 하여 그곳의 탄약소모량이 많게 하는 것이다. 이 방법은 효과가 있었고 러시아의 포탄을 조기에 소모시키는 데 기여하고 기습의 여건을 보장하는 방법이었다. 결국 일본군은 3차 공방전에서는 러시아군의 주의를 돌린 채 기습적으로 뤼순 요새를 점령할 수 있었고 사상자도 1 · 2차 공방전에 비해 혁혁히 줄어드는 결과를 가져오게 된 것이다. 일본군은 3차 공방전에서도 러시아군에 비해 충분한 병력, 무기, 화기 등을 보유하고 있었기 때문에 전방 사단이 전투를 수행하다 전력이 약화되면 새롭게 후방에 있던 예비사단을 투입하여 계속 진출하게 하였다. 결국 일본군은 전투에 대한 준비를 많이 한 기반을 통해 완벽한 수준의 지원을 받아 전투를 승리로 이끌 수 있었다.

'우승열패'라는 것은 전쟁의 원리이지만 이것을 달성하기 위해서는 갖고 있는 무기체계의 규모나 크기가 절대적이지는 않다. 다만 상대적 전투력의 우세를 달성하기 위한 '적의 강점을 약화시키고 약점을 찾아내는 관점'에서의 전쟁 준비는 전쟁에서의 승리를 보장할 수 있다.

일본군은 강력한 러시아의 포병사격에 초전에 고전을 면치 못했지만 작전을 지속적으로 유지하는 면에서 월등했고 3차 공방전에서는 상대적 전투력 우세를 달성함으로써 승리할 수 있었던 것이다.

뤼순 전투가 우리에게 주는 교훈

러일전쟁은 동아시아에서 식민지 분할을 위한 열강 간의 세력 각축의 결과로서 발발한 전쟁으로 1차 세계대전 당시 유럽 전역에서의 열강 간의 각축장이었던 발칸반도의 국가들과 유사한 모습으로 볼 수 있다. 동아시아의 패권을 장악하기 위한 러시아와 일본의 대립뿐 아니라 일본을 지원하며 러시아를 견제한 영국과 미국, 러시아에는 프랑스의 경제적 지원이 뒷받침된 상태에서 벌어졌던 국제적 역학관계 속에서 전쟁은 시작되었던 것이다. 이 전쟁을 계기로 한반도의 조선은 제국주의 열강의 승인 내지 묵인하에 일본의 식민지로 전락하게 되었고 일본은 극동의 주된 세력으로 떠오르게 되었던 것이다.

러일전쟁의 승패에 지대한 영향을 미쳤던 뤼순 전투는 일본군의 승리로 돌아갔으나 러시아군의 요새 지역 방어에 고전을 면치 못했음을 우리는 전투의 과정 속에서 알 수 있었다. 러일전쟁은 이후 전쟁이었던 1차 세계대전과의 관계를 분석했을 때 새로운 전쟁 양상의 변화를 주도했다. 러일전쟁을 보면 전쟁이 국가의 총체적인 노력이 투영된 총력전의 모습으로 나타났으며 진지에서 상호포격으로써 교전을 하는 장기전, 소모전의 양상을 보여주기도 하였다. 또한 무연화약, 연발 소총, 탄환 개량 등 다양한 무기체계의 발달이 있어 전쟁의 사상자가 다수 발생하는 변화를 경험하게 하였다.

이 전투를 통해 전투 정면이 넓어지고 기존의 중앙지대를 돌파하는 것이 가장 훌륭한 방법이 아니라는 것을 알게 되었으며 야간 전투의 중요성이 증대되었다. 특히, 뤼순 요새에 대한 공방전을 경험하며 공성전을 위한 막강한 공성포가 출현하였고 전투를 지속하고 상대방의 종심까지 공격해가는 예비 및 후방에 있는 병력을 확충하는 결과를 가져오게 되었다.

이 전쟁은 러시아에게 그리 좋지 않은 영향을 미치기도 했는데 기존의 '차르'라고 하는 제정군대에 대한 불만과 혁명적 분위기 고조의 계기를 제공하면서 부르주아 민주주의 혁명이 일어나게 되었다. 실제 레닌은 자신의 저서 『레닌』에서 "뤼순에서의 패배는 돌이킬 수 없는 군사적 충격이었으며 이 전쟁에서 가장 중요하고 근본적인 문제였던 제해권이 결정적으로 뤼순 전투를 통해 결정되었다."고 의의를 분석하기도 했다.

전쟁은 불확실성의 연속이기에 예측하기 어렵고 전쟁을 수행하는 모습은 그 시대, 환경, 정치, 경제 등 다양한 요소가 고려되어 발휘되기 때문에 매우 다양하다. 하지만 변치 않는 전쟁의 원리는 존재한다. 전쟁은 반복되지 않기에 유연하게 대응해야 한다는 전승불복의 원리와 우세한 자가 승리한다는 우승열패의 원리는 변함없이 존재한다.

이러한 원리 속에서 반복된 과오를 반성하고 적의 변화를 예의 주시하며 창의성과 융통성을 바탕으로 새로운 접근을 시도할 수 있다면 미래의 불확실한 전쟁을 주도할 수 있을 것이다. 이를 위해 뤼순 전투와 같은 전장을 우리는 간접적으로 경험하며 현재에서 우리의 행동의 방향성을 결정할 수 있는 것이다. 종국의 승리를 달성하기 위한 전쟁의 원리를 이해하고 전투수행방법을 구상하는 것은 진정한 승리의 해법, 솔루션이 아닐까 생각해본다.

Solutions of victory

VI

항재전장 의식과 수사불패 정신

제2차 베트남전쟁 시 디엔비엔푸 전투

"당신들 1명이 죽을 때마다
베트남인 10명이 희생당할지 모른다.
그러나 당신들은 패배할 것이고 우리는 이길 것이다."

호찌민 (1946년, 프랑스와의 결전을 앞두고)

이 장은 『군사평론』 제457호(2019. 2.)에 게재된 내용을 재편집하였음.

디엔비엔푸(Dien Bien Phu) 전투는 1954년 5월, 국민총생산이 불과 100달러도 되지 않는 극빈국이 실체 없는 게릴라 수준의 전투력으로, 실전 경험이 풍부한 정규군 위주의 강대국 프랑스를 물리친 전투다.

약소국 베트남은 불과 30여 년(1944~1979) 동안 세계 최강 프랑스, 일본, 미국과 중국을 차례로 물리쳤다. 특히 1954년 5월의 디엔비엔푸 전투는 제국주의 역사에서 피지배 국가가 식민통치 국가를 최초로 물리친 전투로 기록되고 있다. 이는 아시아의 작은 국가가 강대국 프랑스를 상대로, 당시 국제정치의 세계에서 불문율처럼 인식되던 약육강식의 논리를 부정하는 역사적 사례를 제공한 것으로 평가되고 있다. 이 전투로 인해 평화는 저절로 오는 것이 결코 아니었으며, 전쟁을 준비하고 전쟁을 수행할 수 있는 결의를 하는 나라가 평화를 누릴 수 있음이 입증되었다.

열세한 국력으로 강대국을 물리친 힘의 원천을, 『손자병법』 13편 중 백미(白眉)라 할 수 있는 제3편 「모공(謀攻)」에서 전승비결로서 제시하고 있는 '지승유오(知勝有五: 승리를 알 수 있는 다섯 가지 방법)' 측면에서 분석[1]해본다.

---

1) 군사평론 제456호(2018. 12.)에 게재된 내용을 재편집.

베트남: 외침에 대한 항쟁의 역사

베트남의 역사는 한마디로 '외침(外侵)과 격퇴(擊退)의 역사'로 점철(點綴)되어 있다. 약 1,700년에 가까운 기간을 중국의 수탈과 간섭으로부터 자주권을 쟁취하고, 독립을 유지하기 위해 여러 차례 중국 대군의 침략을 물리친 역사를 갖고 있다. 베트남 역사의 모든 전쟁은 자신들보다 압도적으로 우세한 적들과 싸워서 이긴 전쟁이었으며, 이러한 역사를 돌아볼 때, 제2차 세계대전 후 강대국들을 물리친 일은 새삼스러운 일이 아닐지도 모른다.

베트남은 기나긴 전쟁의 역사를 통해 자연스럽게 베트남 특유의 외세의 침략을 격퇴하기 위한 전략과 전술을 발전시켰으며, 남녀노소의 구분 없이 외침에 항쟁했던 저항정신은 민족적 전통이 되어버렸다. 이러한 전통은 베트남이 프랑스의 식민통치에서 독립하고, 이어 벌어진 미국과의 전쟁에서 승리해 통일을 달성하는 원동력이 되었다.

일반적으로 베트남의 19세기 이전은 '북거남진(北拒南進)'이라는 말로 표현된다. '북거'란 중국의 지배와 침입에 대한 베트남인들의 끈질긴 저항을 의미하고, '남진'이란 북부가 처음 정치적 중심지였던 베트남이 중부 지방의 해안을 따라 존재하던 소국가들의 연방체들을 점령한 다음 캄보디아 영토이던 남부까지 확장한 것을 말한다.

역사 초기에 베트남의 다수 민족인 비엣족(越族)의 영역은 홍강 델타와 하노이를 중심으로 한 이른바 통킹 지방과 지금의 중국 광시성 구이린(桂林) 및 광둥성 광저우(廣州) 일대에 걸쳐 있었다. 그러다 보니 중국의 역대 왕조는 이 지역에 대한 정복욕이 강했다. B.C. 111년 한(漢)나라는 이 지역의 남 비엣(南越) 왕국을 무너뜨린 후 서기 939년까지 약 1천 년 동안 계속 지배했다. 그 후 1407년부터 11년간 명나라의 지배를 받게 된 것을 제외하고는 여러 왕조들이 부침(浮沈)을 계속하였다.

베트남의 남진은 장기간에 걸쳐 이루어졌다. 1070년에 북쪽의 통킹 지방에서 북위 17도선까지 진출하였고, 1699년에 남부의 사이공을 포함하는 이른바 안남 지방을 완전히 석권하였다. 1757년에는 사이공 이남 지역까지 병합하였으며, 1802년에 응우옌(Nguyen, 阮) 왕조가 수립되었다. 이때부터 '베트남(越南, Vietnam)'이라는 국명을 사용하면서 오늘날까지 국가 명칭으로 사용하게 되었다.[2)]

19세기 초 프랑스는 영국과 함께 세계를 지배했다. 특히 프랑스는 19세기 중반부터 1954년 디엔비엔푸 전투에서 패배할 때까지 약 100년간 베트남과 라오스, 캄보디아를 통치했다. 1859년 메콩 델타 지역 미토(My Tho) 전투에서 패배함으로써 프랑스 지배 아래 들어간 베트남은 20세기에 들면서 호찌민(胡志明, 1890-1969)을 중심으로 끈질긴 독립 항쟁을 계속하였다. 1940년 일본군의 침략으로 베트남에서 물러났던 프랑스는 1945년 일본군이 물러나자 다시 베트남에 대한 지배권을 주장하며 군대를 파견했다. 이 무렵 동시에 호찌민이 베트남민주공화국을 선포하면서

2) 최용호, 『증언을 통해 본 베트남전쟁과 한국군(III)』, 국방부 군사편찬연구소, 2003, pp. 849-850.

강력하게 반발하며 무력투쟁을 시작하게 되었다.

이후 베트남은 1949~1975년간 세 차례에 걸친 전쟁을 치르게 되었다. 제1차 전쟁(1949. 12. 19.~1954. 5. 7.)은 프랑스가 전통적인 식민통치권을 주장하고 이의 강화를 위하여 군사적인 개입을 본격화함으로써 비롯되었으며, 디엔비엔푸 전투에서 프랑스가 패배하여 개입의 종지부를 찍게 되었다.

제2차 전쟁(1964. 8. 2.~1973. 1. 27.)은 프랑스와 베트남 사이에 제네바 협정이 조인되고 프랑스 세력이 물러서자 미국이 세계전략의 일환으로 공산세력의 봉쇄라는 명분하에 도미노 이론(Domino Theory)을 내세워 개입하게 된 기간이다. 최초 약 10년간은 비교적 간접적인 개입으로 친미적인 토착세력을 구축하려 하였으나 이것이 실패로 끝나자 '통킹만' 사건 이래 약 9년간은 직접적인 군사력의 투입으로 최고 55만 명의 미군이 주둔한 적도 있었다. 그러나 미국은 과거 진영 중심(Bloc System)적 질서에서 정치적 다원화 추세로 세계질서가 변질되자 1차적인 전초적 방위 책임에서 탈피하려 하였다. 이러한 시점에서 한국군의 베트남 파병이 실현되었던 것이다. 그러는 가운데 미국 내의 반전여론이 비등해지고 '반공전선'의 색채가 점차 퇴색해감에 따라 미국은 '명예로운 철군'을 모색하게 되었고, 그 결과에 '파리평화회담'이 이루어져 군사적 개입의 종식을 고하게 되었다.

제3차 전쟁(1974. 12. 31.~1975. 4. 30.)은 미군 철수 이후 남베트남의 패망에 이르는 기간이다. 즉 국내 정치상황의 혼란과 군의 사기저하, 리더십과 전략의 부재, 정보와 자원 부족 등으로 말미암아 조직적인 항전조차 제대로 못해본 자유월남이 썩은 고목처럼 공산화의 나락으로 떨어진 교훈을 보여준 기간이다.

제2차 세계대전 후 프랑스의 재점령

토끼 굴에 뛰어든 교활한 늑대

1800년대 중반 이래 인도차이나 반도의 약소국 베트남은 프랑스 제국주의자의 식민지배를 받으며 많은 자원과 노동력을 그들에게 수탈당해왔다.

1802년 베트남에서는 응우옌 왕조 수립 시 프랑스 선교사들의 도움을 받으면서 천주교 신자가 증가하게 되었고, 이는 토착신앙인 불교 신자와의 대립과 충돌의 원인이 되었다. 프랑스는 이를 빌미로 1858년 다낭(Đà Nẵng) 항을 침공하면서 이후 라오스, 캄보디아까지 포함한 인도차이나 반도를 식민지로 만들었다. 이때 베트남의 식민지 항쟁 역사에 중대한 분기점을 이루게 되었다.

그러나 제2차 세계대전이 일어나고 후발 제국주의자 독일의 침공으로 영토를 점령당한 프랑스가 식민지 관리에 소홀한 틈을 타서 기회를 엿보던 일본군이 종이호랑이 프랑스를 몰아내고 베트남으로 밀고 들어왔다. 그러나 그들 역시 이 나라의 자원에만 관심이 있었을 뿐, 오히려 프랑스보다 더 식민지 착취에 광분했다.

프랑스는 베트남을 점령한 이후 약 100년간 식민지배하였고, 2차 대전 후에도 이 식민지를 놓치지 않으려고 하였다. 그러나 이때 오랫동안 자신들을 지배했던 프랑스가 일본에게 무너지는 것을 지켜본 베트남 국민들은 독립 열기가 고조됨으로써 1941년에 공산주의 지식인 등 민족주의 세력을 포함한 '베트남 독립연맹' 즉 베트민을 결성하였고, 베트민은 베트남 민족주의 운동의 핵심세력으로 성장했으며, 이들을 중심으로 이후 항불 항일 투쟁은 계속되었다.

그리고 2차 대전에서 일본이 패망한 후 베트민에 의한 '8월 혁명'으로 응우옌 왕조의 마지막 황제인 바오다이 황제는 퇴위되었고, 호찌민은 1945년 9월 2일 베트남 민주공화국 수립을 선포하였다. 이에 일본의 지배를 벗어나 막 독립을 쟁취한 호찌민 중심의 베트남 민주공화국은 다시금 프랑스에 맞서 힘겨운 독립전쟁을 벌이게 되었다.

제2차 세계대전이 연합군의 승리로 종결되고, 수십 년 동안 베트남을 지배하다 태평양전쟁 때 일본에게 물러났던 프랑스군이 1946년 베트남으로 다시 돌아왔다. '베트남 민족전선'의 리더인 호찌민은 프랑스의 철수를 요구했으나, 이를 프랑스가 거부하면서 8년간에 걸쳐 제1차 베트남전쟁이 시작되었다. 베트남은 독립에 대한 열망으로 험한 산악지형과 끈기를 무기 삼아 절대강자 '프랑스'를 꺾었으며, 이 전쟁의 승패를 가른 게 그 유명한 '디엔비엔푸 전투'이다.

디엔비엔푸는 베트남 북서부에 위치하고 있고, 하노이에서 서쪽으로 300km 거리에 있으며, 라오스의 국경 근처에 자리해 변방에 있는 소박한 농촌이지만, 이곳은 절대적 열세 속에서 극적으로 프랑스를 꺾고 자존심을 지킨 베트남의 역사 현장이다.

개전 초기, 압도적으로 우세한 장비와 외인부대, 프랑스인, 프랑스

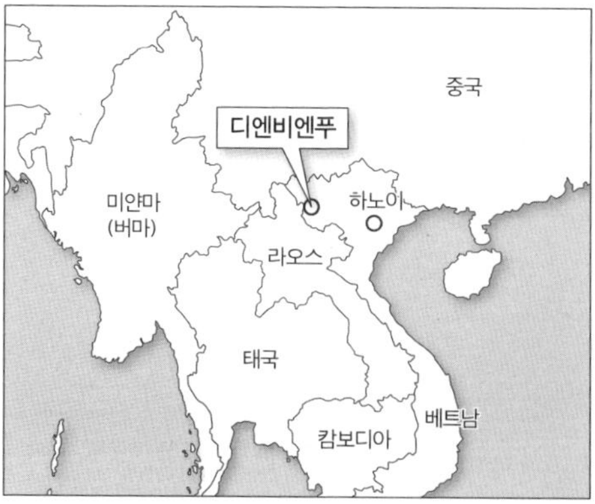

〈그림 6.2〉 디엔비엔푸의 위치

식민지인, 현지 주민 등으로 구성된 40만 정예 병력을 동원한 프랑스군은 제2차 세계대전을 통해 잔뼈가 굵은 나폴레옹의 후예들답게 정규작전에서는 모두 승리하였다. 하지만, 자전거를 타고 소총조차 부족해서 죽창과 칼 등의 열악한 무기를 가졌음에도 불구하고, 민족정신으로 무장한 베트남군의 치고 빠지는 게릴라 전술에는 당할 수가 없었다. 더욱이 베트남군은 시간이 지날수록 세력을 불려가고 전략 거점을 하나하나 탈환해갔다.

그러던 중 1953년 5월, 프랑스군 사령관으로 부임한 나바르(Henry Navarre) 장군은 베트남 국토의 2/3를 점령한 베트남군의 주력을 격파하기 위해 다음과 같은 방법을 모색했다.

① 베트남군의 근거지인 북부 산악지대와 홍하 델타 지역을 분리한다.

② 북부 라오스 지역에 대한 베트남군의 침입 봉쇄한다.

③ 차후 공세적 기동전략의 최종단계에서 작전기지로 활용한다.

이를 위해 나바르 장군과 미 군사고문단은 베트남 북서부 라오스 국경 근처에 위치한 디엔비엔푸로 베트남군을 유인해서 섬멸하는 작전계획을 세우고, 11월 20일 작전을 시작했다.

디엔비엔푸를 요새화하라

1954년 3월 초, 베트남군이 공격을 개시하기 직전 디엔비엔푸 일대의 프랑스군은 1만 6,200명 규모로 디엔비엔푸의 기지 외곽에 독립적으로 사주방어가 가능한 49개의 거점을 구축하고, 몇 개의 거점을 묶어 방어진지를 편성했다.[3)]

적의 주요 접근로에 강력한 외곽 방어진지를 구축했고, 특히 중요한 3개의 방어진지를 핵심진지로 선정하여 강력한 요새를 만들었으며, 이사벨(Isabelle), 베아트리체(Beatrice), 가브리엘(Gabrielle) 등 아름다운 여성의 이름을 붙였다. 또한 내곽 진지에는 지휘소, 포병 진지, 보급기지, 비행장이 위치했으며, 비행장 방호를 위해 몇 개의 요새를 구축했다. 따라서 이 같은 디엔비엔푸 거점은 베트남군의 능력을 고려할 때 난공불락의 요새였다.

이 전투는 나라의 운명이 걸린 결전이었다. 그러나 당시 베트남군의

〈표 6.1〉 프랑스군 병력 현황

보병		포병(문)			공병	전차	비행
대대	독립중대	105mm	155mm	4.75″	중대	중대	중대
17	10	28	4	12	1	1	1

3) 최용호, "지평리 및 디엔비엔푸 전투의 승패요인 비교분석", 『군사연구』 제119집, 육군군사연구소, 2004, pp. 342-343.

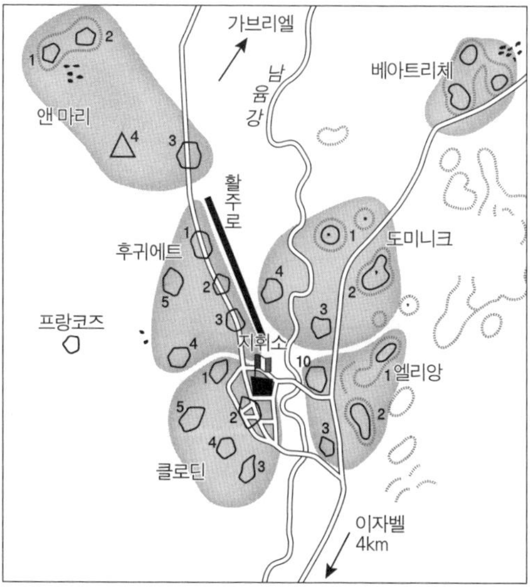

〈그림 6.3〉 프랑스군 진지 현황

전력은 3개 보병사단과 1개 포병사단에 불과했다. 강대국인 프랑스의 군대와 결전하겠다는 것은 '바위에 계란을 치는 격(以卵投石)'이었다. 프랑스 공군의 끊임없는 공중감시하에 4개 사단의 병력과 장비를 이동시켜야 하고, 장기간 작전을 계속할 수 있는 군수지원능력이 매우 제한되었기 때문이다.

프랑스 군대가 밀림 속 산악지역인 디엔비엔푸의 분지에 활주로와 요새를 구축하는 동안 베트남군은 무기 및 장비 등에서 압도적인 프랑스군에 대항하기 위해 상식을 초월한 국민의 의지와 집념을 발휘하였다. 디엔비엔푸는 사방이 산에 둘러싸인 분지 지형이라 한번 고립되면 거의 탈출이 불가능한 지역이었고, 애초에 공중에서 병력을 투하해서 만든 요새라 처음부터 프랑스가 지배하는 지역과의 육상교통로가 없었다. 그리고 육상교통로를 만들려고 해도 애초에 디엔비엔푸가 하노이 서쪽 300km에 위치한 국경지대이므로 불가능하였다.

베트남 최고의 승전, 디엔비엔푸 전투

베트남군의 전투 준비

인간사에 있어서 가능과 불가능의 판단은 각자의 가치 기준에 따라 결정되기 마련이다. 프랑스군 지휘관들은 그들의 가치관과 군사상식을 기준으로 베트남군을 평가함으로써 그들의 의지와 능력을 무시하였다. 프랑스군은 "디엔비엔푸의 산악지역은 매우 험난하여 도로가 없기 때문에, 베트남군의 중화기가 이곳까지 도달하는 일은 없을 것"으로 방심하였다.

베트남군들은 참호를 파고들어 갔으며 그곳에서도 아래의 프랑스군을 훤히 내려다볼 수 있었다. 그러나 프랑스군은 이러한 사실을 모른 채 호찌민군의 전력을 얕보고 있었다. 디엔비엔푸를 둘러싼 산들의 지세가 험난하여 호찌민군이 포병을 산 위에 배치시키지 못하리라 생각했던 것이다.

그러나 베트남군은 불가능을 가능으로 만들었고, 초인적인 힘을 발휘하여 결국 승리할 수 있었다. 베트남은 군과 주민이 일심동체가 되어 그들이 가진 모든 수단을 총동원했다. 1954년 3월 10일까지 3개 보병사

〈그림 6.4〉 야포를 운반하는 베트남군의 모습

자료: 〈http://blog.daum.net/nick-lim/3〉

단이 프랑스군 거점의 직전까지 땅굴과 교통호를 구축하고, 105mm 야포 20문, 포탄 15만 발, 12.7mm 대공기관총 100정 등 1개 포병사단의 중화기와 탄약을 모두 배치하였다.

또한 중기관총과 대공포 등을 손수 인력으로 옮기거나 혹은 부품 단위로 분해하여 등에 지고 산악의 정글을 헤쳐 고지 부근으로 옮긴 후 재조립했다. 그리고 베트남군은 약 200대의 자전거 짐수레를 활용하여 강과 정글을 뚫고 전쟁물자와 식량을 운반했다. 베트남군들은 공습을 피하기 위하여 밤에만 이동하며 생쌀을 먹었고, 낮에는 그물침대를 나무에 걸어 잠을 자면서 디엔비엔푸 주변으로 모여들었다.

식량을 운반하기 위해서 말과 소의 우마차, 하천에서 사용되는 보트 등 동원할 수 있는 모든 수단이 강구되었다. 하노이에서 디엔비엔푸까지 인력에 의한 쌀 운반조가 편성되었다. 식량을 비축하기 위해 최초 출발 시 24kg의 곡식을 휴대하였으나, 수송병력이 10일간 야간행군하는 동안 최소한의 식량을 소모하였음에도 산 정상 부근 진지에 도착하였을 때에는 2kg만이 남았다.

〈그림 6.5〉 자전거와 손수레로 보급지원을 하는 베트남 여성들의 모습

자료: 〈http://m.blog.naver.com/10042558675〉

여성도 포함하여 차단된 보급로 대신 자전거를 개조하여 수백kg의 군수물자를 산악과 정글에 둘러싸인 소로를 이용해 실어 날랐다. 이동 중에 타이어가 손상되자 헝겊을 말아 타이어 대신 사용했다.

지세가 험악한 산악지역이라 해발 700m 이상의 고지군을 극복하기 위해 새로운 도로를 개척하였다. 작업 중 비행기 소리가 나면 은폐하였다가 다시 작업하기를 수차례 반복했다. 무기 및 장비를 순수한 인력과 자전거만으로 운반하여 고지 정상에 배치한다는 것은 불가능한 것으로 보였다. 그러나 나폴레옹이 "나의 사전에 불가능이란 없다"라고 말했던 것처럼, 호찌민과 보응우옌잡의 지휘하에 모든 것을 가능하게 하였다.

베트남군은 그들의 근거지인 하노이 지역에서 500km 이상을 도보로 행군해야 디엔비엔푸에 집결할 수 있었다. 베트남군 병사들은 무기와 개인 장구를 짊어지고 주야로 행군했다. 프랑스군의 항공기가 출현하면, 행군종대는 길옆 숲속으로 뛰어들었다.

따라서 주간보다 야간 행군이 빨라 주간에는 30km 정도를 행군했으나 야간에는 50km를 행군할 수 있었다. 이 같은 방식으로 제316사단은

1953년 12월 10일까지 디엔비엔푸에 도착했고, 나머지 2개 보병사단도 12월 말까지 디엔비엔푸에 집결해 공격준비에 임할 수 있었다. 베트남군의 공격준비는 철저했다. 디엔비엔푸 외곽의 산악기지로부터 프랑스군의 진지 200m 전방까지 땅굴과 교통호를 구축해 접근하는 것이었다. 이 같은 방식으로 베트남군의 땅굴과 교통호는 수백km나 되는 거리를 프랑스군의 기지 외곽을 따라 거미줄처럼 구축하였다.

이렇게 각종 포와 탄약을 디엔비엔푸까지 이동시켜, 디엔비엔푸의 고지 전사면에 방렬했다. 일반적인 경우처럼 포병을 고지 후사면에 배치하지 않고, 전사면에 배치한 것은 화력지원의 효과를 극대화하기 위함이었다. 이 과정에서 고지에 거의 도달한 야포가 순간적인 부주의로 굴러떨어진 경우가 있었는데, 병사들은 굴러내려 오는 포를 몸으로 막았다.

결사의 전쟁터, 디엔비엔푸

철저히 준비를 마친 베트남군은 드디어 1954년 3월 13일 야간에 디엔비엔푸의 프랑스군 거점을 향해 총공격을 시작하였다. 55일간의 디엔비엔푸 공방전이 시작된 것이다. 베트남군은 며칠 전부터 장애물 제거반이 은밀히 프랑스군 진지에 접근하여 철조망을 절단하고 지뢰를 제거했다.

공격 개시 이전에 보병은 구축된 땅굴과 교통호에 배치되어 프랑스군 진지 200m 전방까지 진출해 있었고, 포병 역시 만반의 준비를 갖추고 있었으나, 프랑스군은 베트남군의 공격징후를 예측하지 못했다. 베트남군의 압도적인 병력은 포병화력의 지원을 받아 기습적으로 공격했다.

〈그림 6.6〉 디엔비엔푸 전투 장면

자료: 〈http://blog.naver.com/sundin13/140009171391〉

그리고 공세 6일만인 3월 18일까지 프랑스군의 외곽 핵심거점 3개를 점령했다. "베트남군은 게릴라 수준의 오합지졸(烏合之卒)에 불과하다"며 방심하고 있던 프랑스군은 경악했다. 나바르 장군에게 "베트남군의 야포는 3발을 쏘기 전에 아군의 포병에 의해 파괴되어 버릴 것"이라고 큰소리쳤던 프랑스군 포병단장은 자결했다.

한편 베트남군은 최초 1단계 공격에서 2,500명의 병력 손실을 입었으나, 3개의 핵심거점을 제압하였다. 대공화기를 점령한 거점으로 이동시켜 프랑스군의 공중지원을 교란하는 한편, 포병으로 프랑스군 진지에 대해 끊임없는 포격을 가했다. 주 · 야간의 간헐적인 전투가 계속되는 가운데, 베트남군의 공격은 계속되었다. 베트남군의 2단계 공격목표는 동쪽과 서쪽의 거점들을 점령함으로써, 프랑스군 비행장의 기능을 마비시켜 프랑스군의 보급을 차단하는 것이었다.

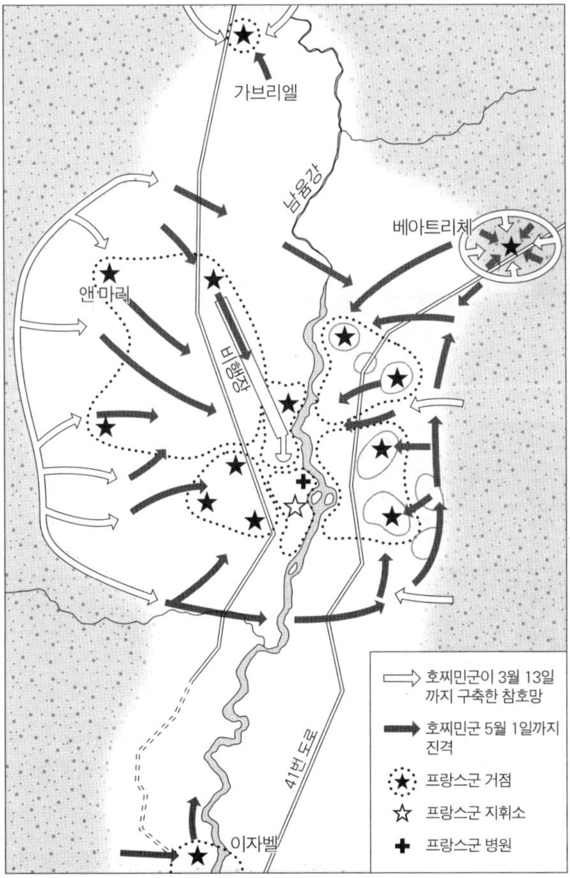

〈그림 6.7〉
디엔비엔푸 전투 경과

자료: 합동군사대, 합동교육참고 12-2-1, 「세계전쟁사(中)」, 2012, pp. 3-46-17 참조.

베트남군은 주변 고지로부터 무수히 갈라지는 땅굴과 교통호를 구축하면서 전진했다. 프랑스군의 격렬한 포화를 극복하면서 베트남군 병사들은 인내심과 끈기로 한 발짝씩 땅굴과 교통호를 파며 접근했다. 그리고 3월 30일, 3개 사단이 모두 투입된 제2단계 총공격이 개시되었다. 프랑스군도 용감하게 분전했다.

1개의 거점을 놓고, 몇 번씩이나 주인이 바뀌는 치열한 공방전이 벌

〈그림 6.8〉
승리를 환호하는 베트남군 병사
자료: 〈http://blog.daum.net/nick-lim/3〉

〈그림 6.9〉 프랑스군 포로의 이동 모습

어졌다. 어떤 거점에서는 피아간의 간격이 10~15m에 불과한 적도 있었다. 그러나 베트남군의 압도적인 병력 집중, 막대한 화력지원, 땅굴과 교통호를 이용한 침투전술로 프랑스군 거점들은 하나하나 점령됐다.

프랑스군이 믿었던 공중지원도 별 효과가 없었다. 당시 베트남에 주둔하고 있던 프랑스군의 항공전력은 그렇게 대단한 것이 아니었다. 300여 대의 항공기 중 전투기는 80여 대였는데, 그나마 공군 기지와 디엔비엔푸 간의 비행거리 때문에 충분한 지원이 곤란하였고, 베트남군의 대공화기는 끊임없이 프랑스군의 항공기를 격추시켰다. 이에 따라 프랑스의 항공기는 48대가 디엔비엔푸 상공에서 격추되고, 18대는 지상에서 파괴되었으며, 167대가 피해를 입었다.

1주일 가까이 격렬한 공방전이 계속되는 가운데 4월 5일에 이르러서는 프랑스군은 4개의 방어진지를 제외하고, 나머지 진지는 모두 베트남군에게 피탈되었다. 프랑스군의 저항도 대단하였고, 베트남군도 2만여 명에 가까운 손실을 입었기 때문에 일단 공격을 중단할 수밖에 없었다. 베트남군의 손실이 엄청났기 때문에 병사들이 동요하고 있었다.

그러나 프랑스군은 외부의 지원이 차단된 상태였기 때문에 시간은 베트남군 편이었다. 베트남군은 병력을 보충하고, 전열을 가다듬은 5월 1일, 제3단계 총공격을 감행했다. 그리고 5월 7일, 베트남군 제308사단이 마지막 남은 프랑스군 진지를 점령함으로써, 디엔비엔푸 결전은 베트남군의 승리로 끝났다. 호찌민군의 참전병력 5만여 명 중에서 8,000명의 전사자와 1만 5,000여 명의 부상자가 발생한 반면에, 프랑스군은 전사 2,293명에 부상 5,134명, 포로 1만 1,000명으로 호찌민군의 1/2에 불과했지만, 디엔비엔푸는 전략적으로 완전한 베트민의 승리였다.[4)]

---

4) 유제현, 『월남전쟁』, 도서출판 한원, 1992, pp. 74-75.

'더우짜잉' 정신을 통한 필사즉생(必死卽生)

베트남군이 열세한 병력으로 강대국을 물리칠 수 있었던 것은 "일반 국민 3천만 명이 전사(戰士) 3천만 명"이라는 의식을 가지고 있었기 때문이다. 국민은 군대를 위해, 군은 국민을 위해 싸웠고,[5] 그들은 싸울수록 더욱 단결하였고, 점점 더 강한 전투력을 발휘하였다. 남녀노소 구분 없이 전후방에서 모든 정치공작, 생산 및 보급 활동 등에 참여함으로써 국민 모두가 전쟁에 참여하는 결과를 가져왔다.

베트남군은 전투를 거듭할수록 더욱 강한 군대가 되어갔다. 그들은 제한된 병력과 물자에도 불구하고 '더우짜잉(Dau Tranh : 鬪爭투쟁)' 정신으로 강한 군대와 전쟁을 치루면서 점차적으로 강한 군대로 만들어나갔고, 결국 승리할 수 있었다.

'더우짜잉'이란 적의 침략을 격퇴하기 위해서 모든 군사적 · 비군사적 수단을 동원해 장기간 동안 항쟁하는 것을 의미하며, 이를 위해 국가의 모든 인적 · 물적 자원과 국민들의 항쟁의지를 총결집시켰다.[6] '더우

5) 권쾌현, 『아주 특별한 베트남 이야기』, 연합뉴스, 2010, p. 44.

6) 김종수, "호찌민과 보응우옌잡의 전략전술", 『베트남전쟁 연구총서(II)』, 국방부 군사편찬연구소, 2003, p. 278.

짜잉'하의 국민들은 단순한 전사(戰士)가 되거나 또는 전사를 지원하는 것이 아니라 남녀노소를 막론한 모든 사람들이 '더우짜잉'의 수단 즉 무기가 되어 전장으로 투입되었다.

낮에는 논에서 일을 하고 밤에는 전사로 돌변하여 적들과 싸웠으며, 젊은 남자만이 아니라 남녀노소 모두 적에게 치명적인 타격을 가하는 전사들이었다. 전쟁 자체는 그대로 생활 자체였던 것이다. 모든 국민이 군인이 되고, 모든 동네가 요새가 되고, 전국이 모두 전장(戰場)이 되어 어디에서나 적을 분산하고, 봉쇄 또는 공격하며, 패배시켰다.

베트남군은 전쟁을 수행하기 위해 별도의 준비를 한 것이 아니라, 평시 생활 자체가 전쟁 준비의 일환이었다. 칭기즈칸이 "사람과 전쟁하지 않을 때는 동물과 전쟁하라"고 말하면서 평시 군대의 사냥훈련을 강조했듯이,[7] 그들은 "언제나 전장에 있다"는 '항재전장(恒在戰場)' 의식이 평상시 충만해있었다.

중화민국 군사이론가인 장백리(蔣百里)가 "국민생활과 전투생활이 일치하는 자는 강하고, 두 생활 간에 거리가 먼 자는 약하며, 서로 대치하는 자는 망한다."라고 말하였듯이 그들은 부여된 임무를 수행하기 위해서는 물불을 가리지 않고, 전투에서 능력을 100% 발휘할 수 있었다. 19세기 프로이센의 군사이론가 클라우제비츠는 『전쟁론』에서 "물질력이 칼집이라면 정신력은 칼의 시퍼런 날"이라며 정신전력의 중요성을 강조한 바 있다.

프랑스군은 전쟁의 명분을 얻지 못하는 가운데, 게릴라 수준에 불과하다고 비하하고 있던 베트남군에게 패배함으로써 프랑스는 베트남에서

---

7) 인해, 『13세기 몽골군의 전투수행을 위한 현대 기동전 시각에서 분석』, 합동군사대학교, 2015, p. 13.

더 이상 싸울 명분을 상실하게 되었다. 그 결과 프랑스는 그해 7월 20일, 제네바에서 베트민 세력과 평화협정을 체결했다. 이때 프랑스는 다음과 같은 협정을 체결하고 철수하였다.

① 베트남을 북위 17도선을 따라 남북으로 분할한다.
② 북은 베트민이 통치하고, 남은 프랑스의 식민지 체제를 유지한다.
③ 2년 후인 1956년 7월까지 남 · 북 총선거를 실시하여 통일 정부를 수립한다.

이로써 1945년 말에 시작된 제1차 베트남전쟁은 1954년 베트민 세력의 승리로 막을 내리게 되었다. 베트남군 승리의 요체(要諦)는 코끼리를 물리친 메뚜기 떼처럼 죽을지언정 패하지 않는 '수사불패(雖死不敗)' 정신이었다. 베트민은 무기의 양과 질적 측면에서 절대적으로 부족한 메뚜기들에 불과하였으나, 코끼리 프랑스를 악착같이 물리쳤다. 이 전투로 인해 베트민이 승리하자, 프랑스의 여타 식민지에서도 거세게 독립운동의 불길이 타올랐다. 베트남에서 군사력을 소진하고, 전비로 경제가 피폐된 프랑스는 식민지들의 독립을 인정할 수밖에 없었다. 1956년 튀니지를 시작으로 1960년까지 17개 아프리카 국가들이 독립하는 계기가 되었다.

『손자병법』의 '지승유오(知勝有五)'로 본 승리요인 분석

21세기에 들어 전쟁에 대비하고 평화를 준비하는 자들에게 더욱 각광(脚光)을 받고 있는 책이 『손자병법』이다. 이 병법은 이순신, 나폴레옹 등과 같이 전장을 누빈 수많은 장수들에게 많은 영감을 주어 역사적인 승리를 거두게 했다. 또한 중국의 마오쩌둥이 항상 머리맡에 두고 정치의 기본으로 삼았다고 하고, 미국의 빌게이츠도 경영의 지침으로 삼는다고 한다. 소프트뱅크(Softbank Corporation)의 손정의와 같은 현대 IT업계의 리더에게도 적지 않은 통찰력을 주고 있다.

따라서 『손자병법』 전(全) 13편의 백미(白眉)라 할 수 있는 제3편 「모공(謀攻)」에서 제시된 '지승유오(知勝有五: 승리 여부를 판단할 수 있는 5가지 방법)' 측면으로 디엔비엔푸 전투를 분석함으로써 열세한 국력으로 강대국들을 연이어 물리치고 통일의 업적을 이룩한 힘의 원천을 확인할 수 있을 것이다.

지승유오(知勝有五): 승리 여부를 판단할 수 있는 5가지 방법
① 싸워야 할지 싸우지 말아야 할지를 아는가 (知可以與戰不可以與戰者勝 지가이여전불가이여전자승) ② 상황에 따라 병력을 적절하게 운용하는가 (識衆寡之用者勝 식중과지용자승) ③ 부여된 목표를 달성하기 위해 상하 간 일심동체인가 (上下同欲者勝 상하동욕자승) ④ 우발 상황에 철저하게 대비하고 적의 약점을 공격하는가 (以虞待不虞者勝 이우대불우자승) ⑤ 일단 신뢰하면 권한을 과감하게 위임하는가 (將能而君不御者勝 장능이군불어자승)

자료: 이종학 옮김, 『손자병법』, 명문당, 1989, pp. 143~144. 재구성.

하나, 싸워야 할지 싸우지 말아야 할지를 아는가?

호찌민은 전투를 개시할 것인가, 말 것인가에 대한 판단은 전적으로 적 부대에 대한 강약점 분석 결과에 기초했다. 적 부대에서 약점을 발견할 수 없을 때에는 적이 약점을 노출할 때까지 기다렸으며, 동시에 게릴라 공격 등으로 적의 약점을 찾아냈다. 적의 약점이 발견되더라도 아군의 전력이 약하거나 적의 전력이 강해 성공할 가능성이 높지 않을 때에는 결코 공격하지 않았다. 성공이 확실할 경우에만 적의 약점을 타격하고 즉시 철수함으로써 자신의 병력을 보존하면서, 적의 전력을 마모시켰다.

프랑스군이 결전을 위해 디엔비엔푸 지역에 견고한 기지를 구축하고 있다는 정보를 입수한 베트남군은 이 진지가 더 견고해지기 전에 공격할 것을 주장하였다. 더욱이 베트남군은 기꺼이 죽을 각오가 되어 있었고, 자신들의 죽음이 최후의 승리에 조그만 초석이 될 것이라는 믿음도 강했다. 또한 이 전투에 참가한 중국군 고문관들도 호찌민에게 지체 없이 공격할 것을 독려했다.[8] 적의 요새가 더 견고해지기 전에 하루 한 시라도 빨리 공격하는 것은 당연한 결정이었다.

마침내 공격 일자는 1954년 1월 말로 정해졌다. 그런데 공격 개시 6시간 전에 호찌민은 공격 무기한 연기 명령을 하달했다. 이에 장군들로부터 병사에 이르기까지 격렬하게 항의하였고, 나아가 폭동까지 일어날 분위기가 되었다. 왜냐하면 그들은 모두 각오가 충천했으며, 완전한 승리를 위해 자신의 생명을 바치겠다는 혈서까지 쓴 상태였기 때문이었다.

그러나 호찌민은 승리할 수 있는 가능성이 희박하다고 판단했다. 그래서 죽는 전투가 아니라 이기는 전투를 수행하기 위해, 또한 단기전이 아니라 장기전을 위한 작전으로 전환하였다. 장기전에 들어가기 위해 우선적으로 쌀, 소금 등의 식량 확보와, 무기 및 장비 등의 증강을 위해 노력했다.

그리고 그는 전쟁을 결심할 경우 반드시 승리가 확실할 경우에만 전쟁을 개시하였다. 이러한 업적을 기념하여 이 전투에서 승리한 후 50주년을 맞이하여 도시 한복판에 기념상을 제작하였다. 약 13m의 높이에서 펄럭이는 깃발에 56일간 전투 승리의 원동력인 '결전결승(決戰決勝)' 구호를 새겨 넣었다.[9] "전쟁을 결심하면 '승리'를 결심한다"는 의미의 이 구

8) 최병욱, 『베트남 근현대사』, 창비, 2009, p. 155.

9) 최용호, 앞의 논문, 2004, p. 335.

호는 호찌민의 신념이었으며, 보응우옌잡 장군이 이를 실천했다.

둘, 상황에 따라 병력을 적절하게 운용하는가?

호찌민은 열세한 병력으로 강력한 대군을 물리치기 위해서 전 국민의 단결된 힘을 이끌어내었다. 그는 국력과 인구 면에서 열세인 베트남이 강대국과 싸워 이기기 위해서는 장기전과 지구전을 강조했다. 장기전이란 오랫동안 적과 싸우는 것만을 의미하는 것이 아니라, 적이 전쟁을 포기하고, 이 땅에서 물러날 때까지 실시하는 전쟁을 의미한다.

반면에 지구전이란 서서히 한 단계씩 적을 압박함으로써 적의 일부분만이라도 파괴하거나 마모시키는 싸움을 의미한다. 호찌민은 적이 전쟁을 빨리 끝내려고 할 때, 그들이 원하지 않는 방향으로 지연시킴으로써 그들에게 많은 어려움과 고통을 줄 것을 강조했다.

> "가급적이면 전쟁을 길게 끌어야 한다. 이를 위해서는 우리는 항상 공격할 위치에 있어야 하며, 부득이할 경우에만 철수해야 한다. 싸우면 싸울수록 우리는 더욱 강해질 것이며, 더 많은 승리를 얻게 될 것이다." – 호찌민(1954, 디엔비엔푸 전투 간)

적이 강할 때는 정면대결을 회피하고 도주하면서, 적을 괴롭히다가 상황이 호전되면 반격을 감행하여 격파하는 게릴라전법을 적시적절하게 운용하였다. 게릴라전은 일반인의 생각과 반대로 희생이 크고 성과는 적은 전투방식이다. 게릴라를 이용한 정찰과 교란은 그 자체의 가치보다

〈그림 6.10〉
베느남전쟁 승전 기념상

자료: 〈http://news.zum.com/articles/31872855〉

는 주력군의 작전목표하에서 보조적인 목표를 지닐 때에만 의미가 있다. 주력군의 목표 없이 불가항력의 적을 만나 끝까지 싸운다는 방식의 단순 저항적인 게릴라전은 저항으로서의 의미는 있지만 결국은 소멸되어갈 뿐이다. 하지만 베트남은 정글과 독특한 토양으로 게릴라전에 천혜의 요소를 갖추고 있다.

많은 인명을 손실하는 전면적 공격 대신 산발적 공격과 함께 프랑스군의 목을 조이기로 결정하여 대규모 병력을 땅굴과 같은 참호를 파는 작업에 투입했다. 베트남군은 여러 갈래의 참호를 통해 프랑스군 진지의 중앙을 향해 파고드는 동시에 공격도 병행하며 마치 질식시키듯 조금씩 밀고 들어갔다. 프랑스 항공기가 날아와도 모두 참호 속에 있어서 거의 피해를 당하지 않았다. 산 위의 위장포대에서는 지속적으로 포격을 가하며 프랑스군을 묶어 놓았다.

베트남군은 험준한 길을 극복하면서 야포를 끌고 산을 넘었다. 야포가 공군기나 포병 전력에 노출되지 않게 은폐하면서 프랑스 진지를 향해 땅을 파 들어갔다. 양군은 모두 이 전투를 기회로 삼았다. 프랑스군은 베트남군에게 미끼를 던져 몸통을 사로잡으려 했고, 오히려 베트남군은 던져진 미끼를 확실히 박살내서 프랑스군 전체의 전의를 잃게 만들었다. 하지만 프랑스군은 상대를 얕잡아 봄으로써 스스로 던진 함정에 스스로가 빠져버린 셈이 되었다. 결국 좀 더 신중하게 준비하고 대비한 베트남군이 승리하였다.

셋, 부여된 목표를 달성하기 위해 상하 간 일심동체인가?

호찌민을 비롯한 베트민의 지도자들은 솔선수범하였으며, 서로 신뢰하며 상관과 부하가 부여된 목표를 달성하기 위해 혼연일체(渾然一體)가 됨으로써 위기에 처하더라도 누가 시키지 않아도 저절로 움직여 위기를 극복할 수 있었다. 특히 호찌민은 평상시부터 부하들이 원하는 것이 무엇인지 알기 위해 부단히 노력하였고, 정확히 알고 이를 해결하기 위해 최선을 다하였다.

이처럼 호찌민은 부하들과의 격이 없는 소통과 창의적인 아이디어로 적이 예상하지 못한 방법을 생각해냈다. 그래서 그 누구도 생각하지 못한 장소로, 그 누구도 생각하지 못한 방법으로 야포를 이동시킬 생각을 했고 이를 실행에 옮겼다.

전쟁 기간 중 전 국민은 남녀노소 구분 없이 전사(戰士)로서 임무를 수행했다. 여성들은 연령에 관계없이 생산, 노역, 관공서 행정 등 모든 분야에서 남성들의 역할을 대신 수행하였으며, 적기가 공습 시 자위방공부대원의 일원이 되어 대공방어 전투에 참가하였다. 도로와 교량이 파괴되면 작업도구를 들고 복구작업에 참여하였다.[10] 적 침투에 대비하기 위한 함정과 지뢰 설치, 나룻배로 도하 지원, 전령, 병참선 복구, 물자 운반 등의 단순 노역에서부터 고사포 사수, 소화기 대공사격조, 조종사 추격조 등의 전투 임무까지 다양한 임무를 수행하였다.

베트남 인구의 90%를 차지하는 농민들의 역할도 전쟁의 승패에 큰 영향을 미쳤다. 이들은 민병대에 소속되어 식량 운반은 물론, 후방으로 침투하는 적군을 포획하고, 적기를 격추하는 고사포부대원 임무를 수행하였으며, 보급로를 보수하였다. 이 농민들의 대부분은 여성 및 노인들이었다.

행군간 이들의 전투화는 검은 빛깔의 낡은 고무 샌들이 전부였다. 그들은 샌들을 신고 평균 300km를 행군했다. 베트남군은 가난했다. 가죽 군화는 없었다. 국가 지도자 호찌민과 보응우옌잡 장군도 샌들을 착용했다. 드카스트리의 벙커를 점령한 군인도 마찬가지였다. 샌들은 자동차의 버려진 타이어로 만들었다. 프랑스군 비제아(M. M. Bigeard) 중령은

〈그림 6.11〉
항공기 및 샌들 모형

자료: 〈http://blog.joins.com/keunah〉

10) 김종수, 앞의 논문, 2003, p. 290.

"공깃밥 하나에 샌들을 신고 산을 넘는 그들의 인내심이 우리를 패배의 수렁으로 몰았다."고 회고했다. 폐(廢)타이어 샌들 모형은 관광기념품으로 하노이의 호찌민 박물관 뒤편에서도 판매되고 있고, 디엔비엔푸 전승 박물관에 진열되어 있다.

이들은 어리석어 보여도 조금씩 흙을 옮기면 산을 옮길 수 있는 것(愚公移山: 우공이산)처럼 초인적인 능력을 발휘하였다. 약 2톤의 곡사포를 병사 20명이 밧줄로 몸에 꽁꽁 묶어서 한번에 30~50cm씩, 하루 평균

〈그림 6.12〉 야포 운반 장면 모형

자료: 〈http://justmlb.tistory.com/11〉

〈그림 6.13〉 호찌민(중앙)과 보응우옌잡(우측 2번째)(좌), 호찌민 묘소(우)

자료: 〈http://blog.daum.net/nick-lim/3〉

50m씩 3개월 동안 운반하여 산꼭대기로 옮겼다. 그들은 열세한 환경에도 불구하고 베트남인 특유의 민족성을 발휘하여 결국 강대국을 상대로 싸워 이길 수 있었다.

이를 기념하는 거대한 조형물(길이 21m, 높이 14m)이 디엔비엔푸 외곽 800m 산 중턱에 설치되어 있다. 군인 30명이 밧줄로 105mm 야포를 산 위로 끌어올리는(한번에 30cm, 하루 50m) 장면은 기념관에도 묘사하고 있다.

호찌민은 죽으면서 남긴 유품은 지팡이 하나와 옷 두 벌, 다산 정약용 선생의 목민심서를 비롯한 몇 권의 책이 전부였다. 또한 유언으로 "자신의 시체 때문에 한 뼘의 농지도 낭비할 수 없으니 화장시켜라." 하고 당부했다. 그러나 베트남인들은 자신들의 영웅 호찌민을 방부 처리해 영원히 전시 보관하고 있다.

넷, 우발상황에 철저하게 대비하고 적의 약점을 공격하는가?

베트남군은 열세로 강대국을 대항하기 위해서 자신의 장점을 최대한 발휘하고, 약점을 최소화함으로써 승리를 달성했다. 이러한 방법은 오랜 기간 외부세력과 전쟁을 겪으면서 자연스럽게 터득하게 되었다. 조상의 싸우던 방법이 사서(史書)나 구전(口傳)으로 전해져 후세 지도자들이 전쟁을 지휘하는 데 사용되었다. 특히 호찌민과 보응우옌잡은 베트남 전쟁 동안 이러한 전략과 전술을 정리하여 실전에 적용하였다.

첫째, 평소에 잘 알고 있는 지형의 이점을 최대한 활용했다. 오랜 기간 외침을 통해 학습한 적의 공격로에 대한 매복과 습격 실시 방법에 대한 노하우가 축적되어 있었고, 전세가 불리할 경우에 대처요령, 특히 산악지역에 은거하여 본거지로 활용하는 방법, 은거지에서 이탈 시 농작물을 소거하고 퇴각함으로써 적들의 현지 보급을 방해하는 '청야(淸野)전술' 등을 유감없이 발휘함으로써 적을 격퇴할 수 있었다.

둘째, 적에게 끊임없이 공격을 가해 적을 스스로 지치게 하는 '마모전술'을 사용하였다. 이 방법은 장기전, 지구전을 전제로 한 방법이었다. 먼저 적이 자신을 이기지 못하도록 태세를 갖추기 위해 베트남군은 강한 적에게 무모하게 공격하기보다는 시간을 끌면서 적을 서서히 마모시키고 지치게 만들었다.[11]

셋째, 적의 전투력은 분산하고, 아군의 전투력은 집중하여 운용하였다. 이를 위해 정규전과 게릴라전을 병행하였다. 급조된 농민군, 노비군 등의 비정규전 부대 또는 각 지방에서 자발적으로 결성된 의병군 등에 의해 게릴라전을 담당했다. 이들에 의해 공격해오는 적을 매복 및 습격작전으로 끊임없이 괴롭히면서 분산시키거나, 정규군이 매복해 있는 지역으로 유인하면, 정규군은 분산된 적을 공격하는 기동부대로 활용하였다.

다섯, 일단 신뢰하면 권한을 과감하게 위임하는가?

호찌민은 엄격한 지도자이면서도, 예하 지휘관을 믿고 맡기면 더 이상 간섭하지 않았다. 예하 지휘관들에게 권한을 과감히 위임할 줄 아는 보기 드문 지도자였다. 당시 20세기 초반 공산주의 지도자들의 대부분은 이념이 앞서고 군사작전에서도 경직되고 군사 외적인 요소에 너무 휘둘

11) 이 내용은 『손자병법』 제4편 「군형(軍形)」에서도 "선위불가승(先爲不可勝)"으로 강조하고 있다.

리는 경향이 있었다. 그러나 그는 이 부분에서 상당히 현실적이었다.

보응우옌잡 장군은 1951년 1월, 하노이 북쪽에 위치한 빈옌(Vinh Yen)에서 6,000명의 병력을 잃었고, 3월에 다시 3개 사단으로 하이퐁(Hai Phong) 북쪽 마오케(Mao Khe)의 프랑스 전초부대를 공격했다. 전초부대는 공격에 대비하여 튼튼하게 보강되어 있었고, 수비대원들은 B-26 폭격기를 비롯하여 해군과 미리 긴밀한 함포 지원 협조를 해놓았다. 그러나 베트민은 빈옌에서보다 더 허무하게 무너져 버렸다.[12)]

1953년 11월, 보응우옌잡 장군은 나산(Nasan) 비행장에 오직 5개 대대 병력만이 있는 것으로 오판하여 사단급 규모를 공격하였다. 그러나 나산 비행장에는 추가로 공수된 10개의 대대가 베트민의 공격을 격퇴했다. 보응우옌잡 장군은 최선을 다하여 공격하였으나, 1,000명 이상의 피해를 입고 물러났다. 이 전투로 인해 프랑스군에게 베트남군을 유인 섬멸할 수 있다는 결정적인 자신감을 심어주었다.

호찌민은 보응우옌잡이 이처럼 수차례에 걸쳐 작전에 실패했음에도 불구하고, 보응우옌잡 장군에게 책임을 묻지 않았다. 오히려 "당신은 어떤 결정이든지 할 수 있는 권리를 주겠소. 또한 당신은 적과의 전투에서 승리를 쟁취해야 하는 의무를 갖고 있소."라고 격려하였다. 본부에서는 예하 지휘관의 요청대로 최선을 다해 지원하기 위해 노력하였다.[13)]

이러한 상하 간의 신뢰하는 관계는 디엔비엔푸 전투에서 프랑스를 쫓아내고, 이후 미군을 상대로 승리를 이끌어내는 등 엄청난 공을 세웠다. 호찌민은 베트남 건국의 아버지로, 보응우옌잡은 군 최고지휘관이자 국방장관으로서 20세기 베트남을 훌륭히 이끈 양대 산맥으로 평가되고

12) 김종수, 앞의 논문, 2003, p. 278.

13) 최병욱, 앞의 책, 2009, p. 159.

있다. 영국 엑세터대학 사학과 교수인 제레미 블랙은 호찌민 못지않게 보응우옌잡에 대해서도 극찬했다. 그의 저서에서 고립무원, 사면초가의 상황에서 전쟁을 승리로 이끌어 역사를 바꾼 영웅들 중 "보응우옌잡 장군은 시황제, 율리우스 카이사르, 칭기즈칸, 나폴레옹 등과 어깨를 나란히 하는 군사 지휘관"으로 소개했다.[14]

14) 제레미 블랙, 박수철 옮김, 『역사를 바꾼 위대한 장군들』, 21세기북스, 2009, p. 254.

전쟁의 역사는 직관 · 통찰 · 창의의 역사

세계적 석학 드러커(Peter Drucker, 1909-2005)는 "미래를 먼저 내다보고 준비하는 자만이 살아남는다"는 경구(警句)로 미래 사회에 대한 남다른 통찰력을 보여주었다.[15] 불확실한 미래를 정확하게 예측하는 것은 물론 쉬운 일이 아니다. 그러나 변화의 트렌드를 정확히 예측하는 것은 미래에 다가올 위기를 기회로 전환할 수 있는 중요한 열쇠이다.

전쟁의 역사는 직관, 통찰, 창의의 역사이다. 찰나의 순간에 내린 결정이 1%의 가능성을 승리나 실패로 만드는 치열한 싸움이다.[16] 그래서 전체를 통찰할 수 있어야 하고 직관적으로 판단할 수 있어야 하며, 새로운 방법을 찾아낼 수 있어야 역사의 승리자로 살아남을 수 있을 것이다.[17]

역사의 교훈을 어떻게 받아들일 것인가는 각자의 자세에 달려있다. 역사적 사실들을 부정적으로 받아들이고, 일방적이고 주관적으로 이해

---

15) 피터 드러커, 이동현 옮김, 『피터 드러커 자서전』(Drucker, Peter F., *Adventures of a Bystander*), 한국경제신문사, 2005, p. 34.

16) 임용한, 『세상의 모든 혁신은 전쟁에서 탄생했다』, 교보문고, 2014, p. 6.

17) 홍규덕, "베트남전쟁이 한국군에 주는 교훈", 『군사(軍史)』, 국방부 군사편찬연구소, 2016, p. 301.

하기보다는, 미래지향적이고 발전적으로 승화시키는 노력이 필요하다.[18] 디엔비엔푸 전투 사례를 통하여 오늘날 대한민국의 안보를 염려하는 모든 사람들이 교훈으로 삼아야 할 내용들을 다음과 같이 도출하였다.

지금으로부터 약 60여 년 전의 전쟁 양상과 오늘날의 전쟁 양상이 전쟁의 수단과 방법 측면에서 매우 상이할지라도 전쟁을 수행하는 본질과 원리는 크게 변화가 없음을 알 수 있었다. 모든 전쟁에는 항상 승자와 패자가 등장했고, 전력의 열세에도 불구하고 승리하는 자들에게는 공통적으로 발견할 수 있는 특별한 요인들이 있었다. 그 공통점을 자신의 조직에 접목하면 강한 조직, 승리하는 조직을 만들 수 있기에 전쟁사를 연구하게 되는 것이다. 이러한 것들은 전쟁과 전투, 국가와 군대뿐만 아니라 모든 조직과 개인들의 활동에도 두루 활용할 수 있는 요소들이다.

이 전투는 베트남 민족에게는 운명을 건 건곤일척(乾坤一擲)의 대결전이었다. 강대국 프랑스와, 국민총생산이 불과 100달러도 되지 않는 아시아의 실체 없는 약소국 간의 전쟁이란 점에서 세계인들의 주목을 받았다. 이 전투에서 프랑스군이 군사적으로 완전히 붕괴된 것은 아니었다. 프랑스군에게는 어느 부분의 전투에서 패배한 것에 지나지 않았고 얼마든지 전쟁을 계속할 수 있었다. 그러나 이 전투는 약화되어가고 있는 프랑스군의 전의를 결정적으로 꺾은 계기가 되어 프랑스는 서둘러 제네바 협정을 타결하고 프랑스군을 철수시키게 되었다.[19]

대부분은 이 전쟁을 자유진영과 공산진영 간의 싸움, 월남과 월맹의 싸움이라고 생각하는 경향이 있다. 국제정치 측면에서 미국과 소련의 양

---

18) Ernest R. May, ""Lessons" of the Past: The Use and Misuse of History in American Foreign Policy by Ernest R. May," New York: Oxford University Press, 1973, p. 23.

19) 홍규덕, 앞의 논문, 2016, p. 269.

강 권력구도만으로 보면 틀린 말이 아니다. 그러나 이런 분석으로는 베트민이 강대국들을 차례로 오랜 기간 승리할 수 있었던 원인을 발견할 수 없다. 호찌민과 보응우옌잡을 중심으로 베트민 입장에서는 자유와 독립을 억압하려는 외세에 대하여 목숨을 걸고 저항한 싸움이었다.

베트남군의 승인은 호찌민과 지압의 과감한 병력 집중, 프랑스군의 의표를 찌른 불가능을 가능으로 만든 창의성, 이를 가능하게 해준 베트남군의 단결과 군기, 인내심 그리고 주민의 자발적이고 희생적인 참여정신이었다.[20] 이는 소위 국제정치의 세계에서 불문율처럼 인식되던 약육강식의 논리, 즉 평화의 논리가 강자의 힘을 대체할 수 없다는 명제를 부정하는 흔치 않은 역사적 사례를 제공했다.

투키디데스의 『펠로폰네소스 전쟁사』에서 가장 많이 인용되는 「멜로스의 대화」 편에는 "강자는 자신이 원하는 모든 것을 취할 수 있는 반면, 약자는 항상 고통을 감수해야 한다."는 구절이 있지만, 베트남전쟁은 절대적인 군사력의 차이에도 불구하고, 리더십의 전략적 비전과 같은, 눈에 보이지 않는 국력 요소들의 중요성이 얼마나 큰 위력을 발휘하는지, 그리고 국민의 의지가 확고한 지도력하에 결집될 때, 얼마나 엄청난 변화를 초래할 수 있는지를 보여준 사례였다. 국제정치학자들이 힘의 우위와 체제가 주는 제약요인만을 강조한 반면, 특정 국가가 갖는 국내정치의 역동성이나 전략문화에 무관심했음을 반성하는 계기를 제공했다.

베트남 민족이 생존을 위해 스스로 노력하며, 끊임없이 진보하고, 굳세게 항쟁했던 사례에 대한 연구 결과는 자신의 역량을 지속적으로 강화하고, 장차 전쟁에 대비하여 군사력을 건설하고 운용해야 하는 우리에

20) 권쾌현, 앞의 책, 2010, p. 43.

게 유익한 모델이 될 것이다. 아울러 호찌민과 보응우옌잡이 수행한 전투 사례 연구가 국가안보의 중요성 인식, 우리의 국가관 및 안보관 확립에 크게 기여할 것이며, 아울러 우리 조국의 미래를 모색하는 거울이 될 수 있을 것으로 확신한다.

현재 한반도 주변은 북핵을 둘러싼 첨예한 갈등 속에서 여전히 전쟁의 그림자 속에 놓여 있다. 1950년대 한국전쟁의 상흔(傷痕)이 다 치유되지 않은 것은 말할 것도 없고, 1953년 정전협정 체결 이후에도 오랫동안 남북은 사실상 전쟁의 긴장과 적대적인 냉전 상태에 빠져 있다.

최근 한반도에는 다시금 전쟁 기운이 솟구치고 있는 현실을 직시하여 우리 군은 '항재전장(恒在戰場) 필사즉생(必死則生)'의 정신무장을 더욱 강화하여야 한다. 사자가 토끼 한 마리를 잡으려 해도 온 힘을 집중해서 잡는 것처럼, 식사를 할 때도 길을 걸을 때도 항상 전쟁 상황을 상상하고 각 상황에 철저히 대비하는 정신자세를 가져야 할 것이다.

Solutions of victory

VII

1967년판 다윗과 골리앗

제3차 중동전쟁

"민족의 영광은 싸워서 쟁취하는 것이다.
이스라엘의 기습공격은
전 세계의 모든 사람들을 즐겁게 하기 위한 것은 아니다."

모세 다얀

1967년 6월 5일, 전 세계인들을 경악시킨 6일간의 기적 같은 전쟁이 일어난다. 이 전쟁은 마치 고대 이스라엘의 역사 중 다윗과 골리앗의 싸움을 보는 것과 같았다. 건국한 지 20년이 채 되지 않은 신생국가 이스라엘이 자신들을 사방으로 포위하고 있던 이집트 · 요르단 · 시리아를 선제 기습 공격하여 단 6일 만에 이들로부터 항복을 받아낸 것이다.

이 전쟁에 관하여 세계 어느 누구도 이스라엘이 승리할 것이라고 생각하지 못했으며, 그것도 단 6일이라는 짧은 시간 안에 이러한 엄청난 승리를 거두리라고는 상상하지 못했다.

이스라엘은 십 대의 어린 목동 다윗이 신장 3m에 육박하는 거인 용사 골리앗을 돌팔매 하나로 쓰러뜨렸던 이야기처럼 기적 같은 승리를 일구어냈다. 그 결과 이집트로부터는 시나이반도, 요르단으로부터는 요르단강 서안지구, 시리아에게는 골란고원이라는 막대한 영토를 빼앗았으며, 이로 인해 새로 획득한 영토의 넓이가 기존 이스라엘 영토의 무려 5배가 넘었다.

그들이 이처럼 짧은 기간 압도적으로 승리한 비결은 무엇일까? 그것은 놀랍게도 영국의 군사이론가 리델 하트가 인류 역사 속에서 발견해낸 동서양과 고금을 뛰어넘은 승리의 비결, 바로 '간접접근전략'이었다.

위협하는 아랍국과 생존하려는 이스라엘

제2차 중동전쟁, 즉 수에즈 분쟁(1956)이 이스라엘과 아랍 동맹국 중 어느 쪽의 승리인지 불분명하게 끝난 후 이집트의 나세르(Gamal Abdel Nasser) 대통령은 전략적 이익을 챙겼다. 이집트는 비록 제2차 중동전쟁에서 군사적으로는 이스라엘에게 패배했지만, 최종결과를 놓고 보았을 때는 이스라엘이 점령하였던 이집트의 영토 즉 시나이반도를 이스라엘로부터 다시 반환받았다. 또한 이집트 · 영국 · 프랑스가 공동으로 소유했던 수에즈 운하(Suez Canal)[1]를 이집트 단독 재산으로 확보하면서 수에즈 운하의 국유화(國有化)를 달성해냈다. 그는 중동 아랍 국가들의 공공의 적(敵)이었던 이스라엘로부터는 아랍의 영토를 지켜냈고, 영국과 프랑스로 대표되는 서구세력으로부터는 아랍 국가들의 자존심을 지킨 아랍의 새로운 지도자로 등장한 것이다.

---

1) 유럽의 지중해와 인도양의 홍해를 연결하는 길이 165km의 운하로 유럽과 인도, 유럽과 아시아 사이의 무역항로를 획기적으로 단축시킴으로써 세계무역에 중요한 역할을 하고 있는 세계 최대 규모의 운하이다. 역사적으로는 1380년부터 이 지역에 운하를 건설하려는 노력이 있었으나 기술적인 문제로 성사되지 못하다가 1854년부터 이집트로부터 사업권을 양도받은 프랑스에 의해 공사가 시작되었다. 이후 영국이 이집트를 식민지배하면서 제3차 중동전쟁 당시 수에즈 운하에 대한 소유권은 이집트 · 영국 · 프랑스가 공동소유하고 있었다.

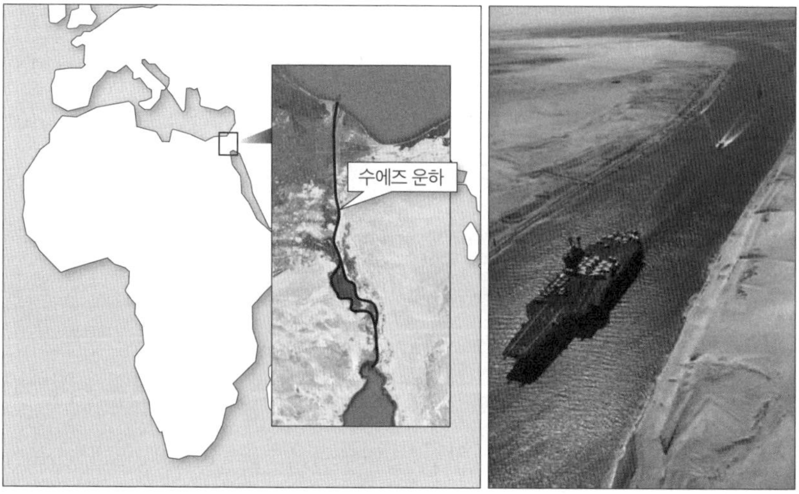

〈그림 7.1〉 수에즈 운하의 위치(좌)와 운하 전경(우)

〈그림 7.2〉 나세르 대통령 취임 장면(좌), 통일아랍공화국의 영토(우)

이러한 분위기 속에서 나세르는 1958년 이집트와 시리아를 통합한 통일아랍공화국(United Arab Republic)[2)]이라는 국가까지 수립하게 되며, 이 신생국가의 국가원수로 취임하게 된다.

2) 아랍권의 통일이라는 목표를 위해 1958년 2월 22일 이집트와 시리아가 통합하여 수립된 나라로 수도는 카이로, 초대 국가원수로는 이집트 대통령이었던 가말 압델 나세르가 취임하였다. 1961년 시리아가 내부 바트당의 쿠데타로 인해 탈퇴하였으나 나세르는 시리아의 복귀를 염두하고 국호를 그대로 사용하다가 결국 1971년 해체되었다.

그러나 나세르는 통일아랍공화국이라는 범아랍국가의 지도자였으면서도 지나치게 이집트 위주의 정책을 수행하였으며, 이로 인해 시리아인들의 반감을 쌓기 시작하였다. 결국 1961년 시리아에서 쿠데타가 일어나면서 시리아는 3년 만에 통일아랍공화국에서 탈퇴해버리고 만다. 이러한 일련의 사건들로 인해 당시 '아랍의 통합'이라는 명분을 위해 통일아랍공화국으로의 편입을 고려하고 있던 요르단 같은 주변 국가들이 분열의 분위기에 동조하였고, 결국 허울 좋던 이 신생국가는 아랍 국가들 간의 내분과 불신이라는 한계를 보여주면서 자연스럽게 사라지고 만다.

설상가상으로 나세르는 이집트 내부적으로도 정치적 실패를 겪게 되는데, 자신이 수립했던 경제개발 5개년 계획의 실패로 국내 실업률이 상승하고 국민들의 불만이 폭발하게 되었으며, 이로 인해 그의 정치 생명이 위협받게 된 것이다. 그는 이러한 난국을 해결하기 위해 국민들의 관심을 외부로 돌리고, 외부와의 긴장 상태를 유지할 필요성을 느끼게 된다. 이러한 시기에 그에게는 손쉬운 돌파구가 있었는데, 그것이 바로 '이스라엘과의 전쟁'이었다.

같은 시기에 이스라엘 역시 내부적인 혼란을 겪고 있었다. 1948년 이스라엘의 건국부터 제2차 중동전쟁까지, 이스라엘 국민의 대다수는 세계 각지에서 나라 없는 설움을 경험한 뒤 이스라엘 건국과 함께 이 지역으로 이주한 세대들로서 국가에 대한 충성과 희생심이 컸던 사람들이었다. 반면 제3차 중동전쟁 발발 당시에는 건국 세대들과는 가치관이 다른 신세대들, 즉 이스라엘 건국 이후 이스라엘에서 태어나 성장기에도 풍족한 삶을 누린 세대들이 나타나면서, 구세대들 즉 건국 세대들과의 내부적인 의견충돌로 인해 국내의 정치적 분열이 가중되었다.

제2차 중동전쟁 이후 이스라엘에 대한 아랍국의 위협

당시 이스라엘과 주변 아랍국가들 사이에서는 제2차 중동전쟁 이후 크고 작은 군사적 분쟁이 끊이질 않았다. 구체적으로는 이스라엘군 1개 여단이 자신들을 테러활동으로 끈질기게 괴롭히던 PLO(팔레스타인 해방기구)의 근거지인 요르단의 엣사무(Et Samu) 마을을 공격하여 초토화시킨 '엣사무 사건'이 발생하여 세계의 이목을 주목시켰다.

또한 이스라엘이 농수용수를 얻고자 시작한 요르단강 수원(水原) 개발사업을 국경선을 맞대고 있던 요르단 공병부대가 방해하자, 이스라엘군이 이에 대해 군사적 보복공격을 가한 사건도 발생하였다. 이로 인해 국경지역에 군사적 긴장 상태가 고조되었고, 아랍 국가들은 이집트의 알리 아메르(Ali Amer) 원수를 지휘관으로 하는 아랍연합사령부를 창설함으로써 전쟁의 분위기를 확대시켜갔다.

전쟁이 발발하기 2달 전인 1967년 4월 초에는 이스라엘과 시리아의 국경선 지역에서 이스라엘 공군과 시리아 공군 간에 공중전이 발생하였는데, 이스라엘 측은 피해가 없었던 반면 시리아 측은 이 전투로 인해 당시 소련으로부터 제공받았던 최신예 전투기인 MIG-21기를 6대나 잃게 된다. 당시 시리아 공군의 패배는 시리아보다 오히려 소련에게 큰 충격으로 다가왔다. 당시 소련은 중동지역에서 영향력을 행사하기 위해 시리아에 군사적 지원을 아끼지 않고 있었다. 그들은 당시 시리아를 지배하고 있던 공산주의 성격의 정치세력인 바트당에 의한 시리아 내부의 결속을 확고히 하고, 대(對)이스라엘 긴장 상태를 고조하기 위해 중동지역에서 전쟁 임박론을 퍼뜨리기 시작했다.

이에 아랍 국가들이 소련 측이 퍼트린 '이스라엘이 곧 전쟁을 일으

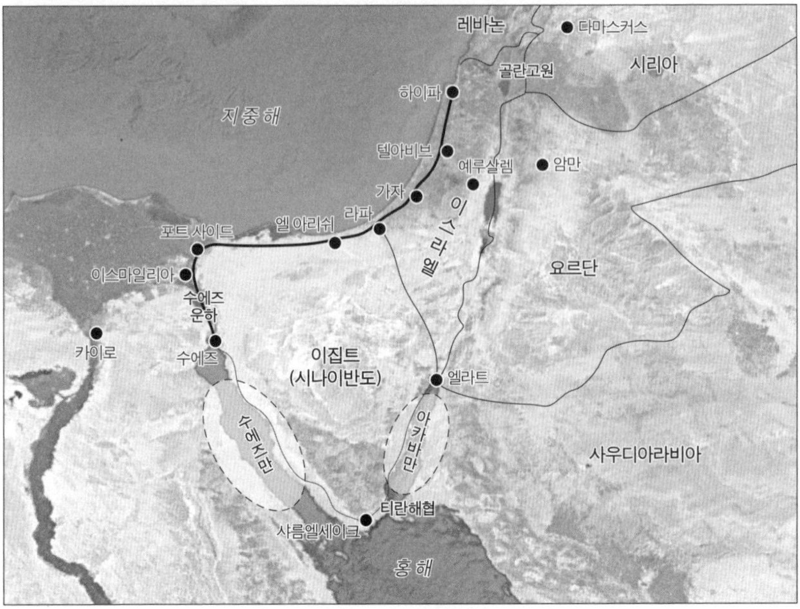

〈그림 7.3〉 시나이반도 주변 지형

킬 것'이라는 첩보에 민감하게 반응하기 시작하면서, 이집트는 시나이반도를 비롯한 이스라엘과의 국경지대에 군사력을 증강시켰다. 또한 5월 22일 이집트의 나세르 대통령은 이스라엘 국적의 선박은 물론이고 이스라엘로 전략물자를 싣고 들어가는 외국 선박들이 아카바만(灣)을 사용하지 못하도록 티란해협에 대한 봉쇄를 선언함으로써 이스라엘을 압박하기 시작하였다.

그러나 아이러니하게도 당시 나세르의 본래 의도는 전면적인 전쟁은 아니었다. 나세르의 본래 목적은 장기적으로는 이스라엘을 압박하면서 이집트의 군사적 기반을 닦고, 세계의 눈을 중동에 주목시키면서, 이집트 중심으로 아랍 국가들을 통합시킨다는 정치적 목적을 추구하는 것이었다. 하지만 만에 하나 이스라엘이 자신들을 먼저 공격해온다면 이스라엘을 포위하고 있는 요르단, 시리아와 함께 연합작전을 펼쳐 이스라엘을 3면에서 포위하여 공격한다는 전쟁계획을 가지고 있었다.

그러나 이러한 나세르의 실제 의도를 알지 못한 이스라엘에게는 자신을 3면에서 포위하고 있는 이집트 · 요르단 · 시리아가 아랍연합사령부를 창설하고, 국경지역에서의 대규모 군사력을 전개시키는 등의 구체적인 군사적 행동, 또 연일 전쟁을 언급하는 카이로 방송은 자신들의 생존에 대한 위협으로 느껴졌다. 결국 이러한 일련의 사건들은 이스라엘에게 전쟁을 결심하게 하는 결정적 계기로 작용하게 된다.

이스라엘의 생존전략

이스라엘은 1948년 건국 당시만 하더라도 매우 짧은 전략적 종심을 가지고 있었으며 이후 제1 · 2차 중동전쟁을 거치면서 영토가 확장되긴 하였지만, 국토의 허리 부분과 이 지역에 위치한 경제의 중심지인 텔아비브는 여전히 요르단 포병의 사거리 안에 위치하고 있었다. 또한 국토의 대부분이 주변 아랍국들이 공군기들을 출동시킨다면 10여 분 안에 도달할 수 있는 적들의 작전반경 내에 들어가 있었다.

이스라엘은 자신의 굴곡진 역사로 인해 전쟁 사상자에 대해 민감한 국민 정서를 가지고 있었으며, 오랜 기간 박해의 역사와 적은 인구, 대가족 중심의 사회구조로 인해 어떠한 인명피해라도 매우 민감할 수밖에 없었다. 따라서 이스라엘은 전쟁을 한다면 반드시 단기간에, 최소의 전투와 희생만을 치르면서 승리해야만 한다는 전제조건을 가지고 있었던 것이다. 이러한 이스라엘의 특징은 바로 간접접근전략이 추구하고자 하는 목적과도 일치했다.

이집트가 연일 전쟁 불가피론(不可避論)과 전쟁의 승리에 대한 호언장담을 해댈 때마다 이스라엘 내의 주전파(主戰派)의 입김은 더욱 더 강해져갔다. 이때 이스라엘의 전쟁의지에 불을 지핀 사건이 발생하였는데, 이집트 나세르 대통령이 티란해협을 봉쇄함으로써 당장 아카바만의 엘라트항을 통한 석유 수입이 중단된 것이다. 이로 인해 이스라엘은 가만히 앉아서 적들이 내 목을 조르는 것을 기다리느니 차라리 먼저 공격하자는 의견이 정치권에서 대세를 이루게 된다. 결국 이스라엘은 선제기습에 의한 전쟁을 결심하게 되며, 전시 거국(擧國)내각을 구성한 후 전쟁의 승리를 위해 당시 국민들로부터 절대적 신임을 받고 있던 제1 · 2차 중동전쟁의 국민 영웅 모세 다얀(Moshe Dayan)을 국방상으로 임명하게 된다.

> "나로서는 바로 지금은 너무 이르고, 또 너무 늦다고 생각한다.
> 즉 봉쇄를 풀기 위한 군사적 행동을 하기엔 너무 이르고,
> 외교적 방법을 통해 해결책을 찾기 위해서는 너무 늦다는 것이다."
>
> – 모세 다얀(제3차 중동전쟁 전 국방상으로 임명된 후 현재 위기를 묻는 인터뷰에서)

이스라엘은 전쟁계획을 수립함에 있어 공군의 기습공격을 시작으로 제공권을 우선 확보한 후 지상작전을 통해 아랍 동맹군의 주력을 격멸한다는 계획을 수립하였으며, 군사력이 강한 이집트–요르단–시리아 순으로 아랍동맹군을 각개격파한다는 전쟁 개념을 적용하게 된다.

참고: 간접접근전략 – 동서양과 고금을 뛰어넘는 승리의 방법

20세기 가장 위대한 군사이론가 중 한 명으로 추앙받는 영국의 바실 리델 하트(Basil H. Liddell Hart)에 의해 주장된 간접접근전략은 한마디로 최소의 전투로 승리를 얻는 전략이다.

간접접근전략이 궁극적으로 달성하고자 하는 것은 '적의 저항을 감소시켜, 최소의 전투로 승리를 달성하는 것'이다. 이러한 목적은 아군에게는 유리한 전략적 상황을 지속적으로 조성하고, 반대로 적에게는 불리한 상황을 지속적으로 조성함으로써 가능해진다.

리델 하트는 아군에게 전략적으로 유리한 상황을 만들기 위해서는 적을 심리적으로 분열시키고, 적 지휘관으로 하여금 이미 전쟁에서 졌다는 패배의식을 갖게 하며, 적의 군사조직과 균형을 와해시켜야 한다고 주장하고 있다.

적을 심리적으로 마비된 상태, 즉 아군에게 저항할 수 없는 상태로 만들기 위한 구체적

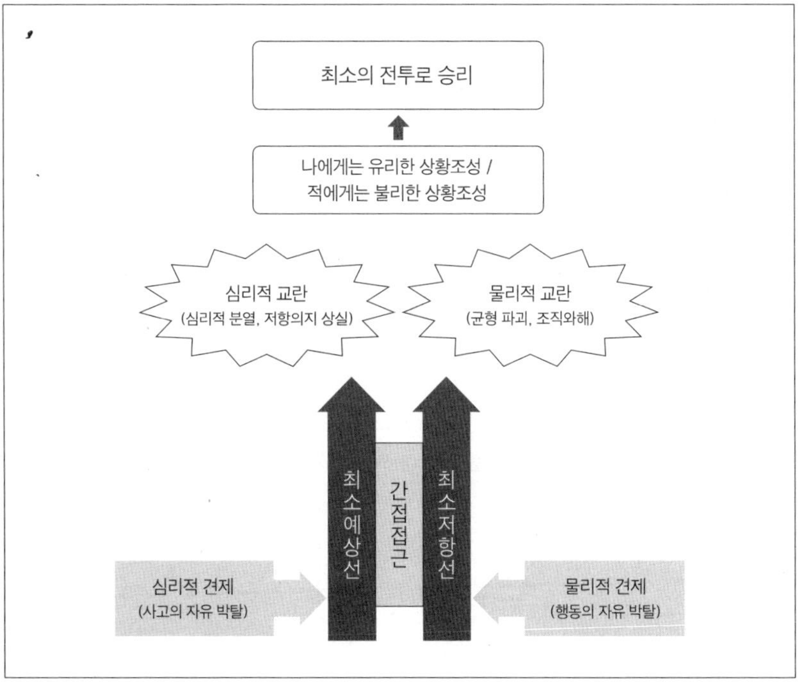

〈그림 7.4〉 간접접근전략 수행체계

인 방법은 적으로 하여금 정상적으로 사고할 수 없도록 사고의 자유를 박탈하고, 아군의 행동에 제대로 대응할 수 없도록 행동의 자유를 박탈하는 것이다.

이러한 개념에 따라 적이 예상할 수 없는 방향과 적의 방어 준비가 가장 미흡한 지점으로 공격하는 것이 아군이 최소한의 피해를 감수하면서 승리할 수 있는 전략 즉 간접접근전략의 요체라고 할 수 있다.

이에 더하여 그가 강조한 개념이 바로 '대용목표(Alternative objectives)'이다. 대용목표란 공자가 어떠한 군사적 목표를 확보한 후 그 다음에 어떻게 행동할 것인지에 대해 여러 개의 선택권, 즉 다양한 가능성을 갖게 하는 목표들이다. 이는 방자로 하여금 공자에 대해 어떻게 대응해야 할지 혼란시켜 전투력을 분산시키는 효과를 가져오기 때문에 공자가 대용목표 방향으로 기동하면 승리의 가능성이 증가한다고 주장하고 있다.

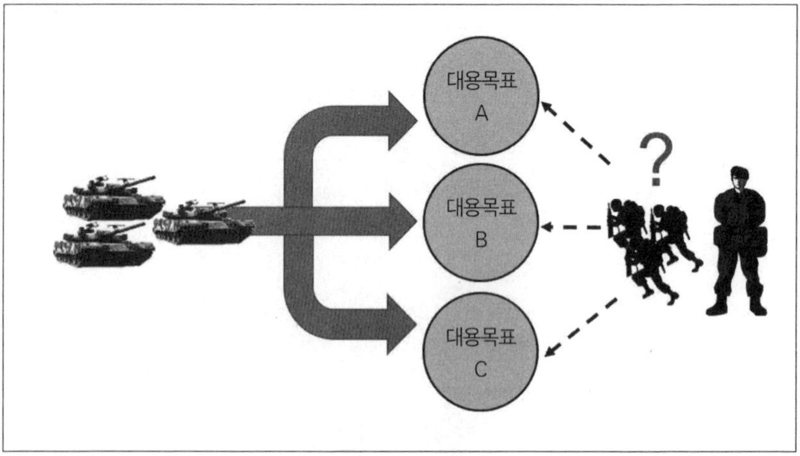

〈그림 7.5〉 대용목표의 개념

6일 전쟁, 4개의 소(小)전쟁

이스라엘 입장에서는 사방이 적국이었다. 다행히 서쪽은 유럽 국가들과의 교류할 수 있는 대서양과 접해있었다. 그러나 기타 지역은 적대적인 아랍 국가들과 국경을 맞대고 있어 매우 위험한 상황이 전개되었다. 북쪽의 레바논과 시리아, 동쪽의 요르단, 그리고 남쪽은 당시 아랍의 패권을 차지하고 이스라엘과 가장 적대적이었던 이집트가 맞닿아 있었다. 전쟁이 발생하면 이스라엘은 어쩔 수 없이 3면의 적과 동시에 맞서 싸울 수밖에 없는 상황이었다.

이스라엘과 아랍국과의 갈등은 요르단강의 수원 분쟁에서 시작되었다. 이 문제는 1964년 1월 카이로에서 개최된 아랍 수뇌회의에서 대두되었다. 이때 시리아는 이스라엘에 대한 즉각적인 개전을 요구하고, 이와 함께 요르단강의 수원을 내륙으로 돌려 이스라엘에 경제적 압력을 가하자고 주장했던 것이다. 이에 대해 나세르는 우선 아랍연합사령부(United Arab Command)를 만들어 아랍의 내부적 결속을 강화하고 통합된 작전을 수행할 수 있도록 하는 것이 승리의 전제요건이라고 주장하였다.

이 회의 결과 연합사령부 설치안과 즉각 개전 요구는 일단 거부되었지만, 요르단강 수원을 내륙으로 돌리자는 제의는 모두의 찬성을 얻어

〈표 7.1〉 이스라엘군과 아랍군의 군사력 비교

구분	이스라엘	아랍군 계	이집트	요르단	시리아	이라크	레바논
병력(명)	275,000	438,000	210,000	65,000	70,000	82,000	11,000
부대	27개 여단	53개 여단	25개 여단 (9개 사단)	11개 여단	9개 여단	5개 여단	10개 대대
전차(대)	1,051	2,542	1,200	250	400	650	42
항공기(대)	500	1,000	650	50	160	100	40
함정(척)	55	136	83	5	24	20	4
비율	이스라엘 : 아랍 병력 1 : 1.6		이스라엘 : 아랍 기갑력 1 : 2.4		이스라엘 : 아랍 항공력 1 : 2		

이 작전은 즉각 개시되었다. 임무를 위임받은 아랍 육군공병대의 무능과 이스라엘의 파괴공격으로 작전은 성공하지 못했지만, 통합아랍군사령부 설치안이 수용되어 결국 이집트의 알리 아메르 원수를 사령관으로 하는 아랍연합군사령부가 창설되었다.

전쟁 발발을 전후하여 대부분의 아랍 국가들은 전쟁에 참전하거나 지원할 태도를 표명하였으나, 전쟁에 직접 참가한 국가는 이집트 · 요르단 · 시리아 · 레바논 · 이라크 등 5개 국가였다. 양측의 군사력은 다음과 같다.

아랍군은 양적인 면에서 이스라엘에 비해 배 이상의 군사력을 유지하고 있었으나, 질적인 면에서 이집트군과 시리아군은 소련의 장비와 교리에 의하여 편성되고 훈련하였지만, 요르단군과 레바논군은 서유럽의 장비와 교리에 의하여 훈련되어 왔다. 이스라엘군은 짧은 기간에도 자신들의 여건에 적응할 수 있는 독특한 군사제도 및 교리에 의하여 군사력을 발전시켜왔으며, 특히 무기체계는 재래식 장비로부터 신예 장비에 이르기까지 다양한 무기를 개량하여 장비하고 있었다.

이스라엘군은 평시 인력의 부족과 경제적인 이유로 대규모 상비 정규군을 유지할 수 없었기 때문에 국경방어를 주로 집단농장(Kibbutz)과 협동농장(Moshav) 주민들의 지역방위조직에 의존하고, 정규군은 전선 지역에 최소한의 인원만을 전선에 배치하였다. 왜냐하면 그들의 국토는 여전히 전투종심이 얕고 3면이 적에게 포위되어 있으며, 주요 전략적 후방들이 사실상 적의 공중공격으로부터 10분 내의 거리에 위치하고 있기 때문에 적의 선제 일격에 치명적 타격을 입을 수가 있으며 그에 대한 조기경보도 불가능한 상태에 있었다. 또한 그들의 경제는 현대전의 방대한 물량 소모에 장기적으로 지탱할 수 없는 상태였기 때문이었다.

그러므로 전쟁의 목표를 전 아랍국의 군대를 파괴하여 그들의 전의를 분쇄하는 데 두어야 했다. 이 목표를 달성하는 데 가장 중요하고 위험한 적은 이집트였으므로 작전의 최우선 목표를 이집트군의 파괴에 두었고, 이집트군을 효과적으로 파괴하기 위해서 공격군은 가능한 한 시나이 내로 깊숙이 전진해야 했다. 그러는 동안 가능하면 요르단과 시리아 전선은 견제되어 평온을 유지해야 했고, 이집트 전선이 유리하게 진행됨에 따라 병력을 전환시켜 2단계로 요르단을 공격하고 마지막으로 시리아를 격멸하도록 하였다. 그러기 위해서는 기습적인 선제공격이 감행되어야 했다. 이를 위해 동원은 최대한 비밀리에 최단시간 내에 이루어졌고, 마지막 순간까지 면밀하게 수행되었다.

이스라엘은 주변국과의 전쟁을 함에 있어서 세 가지 기본원칙을 가지고 있었다. 제일 중요한 것은 신속하고 완전한 항공우세권의 확보가 전쟁의 승리를 확보해준다는 것이었고, 기갑부대는 적의 요새화된 지역을 신속히 분쇄하는 데 집중적으로 사용되어야 하며, 돌파가 이루어진 곳에는 융통성 있는 작전과 맹렬한 속도로 돌파의 이점을 최대한 활용하여야 한다는 것이었다.

그러나 전쟁의 승리를 위해서는 이것만으로 충분한 것은 아니었다. 다얀의 '정신적 의지력에 의한 공격' 개념에 따른 이스라엘의 뛰어난 과감성에, 1967년 총참모장 라빈 소장은 여기에 한걸음 더 나아가 '인간 불도저'라는 개념을 창출하였다. 그에 의하면, 적이 격멸될 때까지 승리란 완전할 수 없는 것이므로 적이 완전히 섬멸될 때까지 지속적으로 완벽하게 밀어붙여야 한다는 것이었다.

6일 전쟁에서 이상과 같은 전략개념은 이스라엘이 갖는 정보의 절대적 우세에 뒷받침되어 훌륭하게 그 진가를 발휘하였으며, 기갑전을 위주로 하되 강인한 정신력과 높은 사명감에 바탕을 둔 그들의 전투방식은 승리를 보다 완전하게 해주었다.

공군의 기습작전

전쟁 개시 후 단 3시간

제3차 중동전쟁은 작전명 '모케드(Moked: 초점)'라고 명칭된 이스라엘 공군의 기습작전으로 그 서막을 열게 된다.

> "공군 용사들이여, 요란하게 허세 부리는 이집트군이 우리 민족을 멸망시키려 진격하고 있다. (중략) 날아오르라, 적을 공격하라, 끝까지 쏘아붙여라, 그의 이를 뽑아 황야에서 산산조각 내라. 그리하여 이스라엘 민족이 우리의 땅에서 대대로 평화롭고 안전하게 살 수 있게 하라."
>
> – 모르데하이 호드 준장(최초 공군작전의 전투명령서 중)

이스라엘의 최초 공격은 1967년 6월 5일 오전 07시 45분 공군의 기습작전으로 시작되었다. 이스라엘 공군의 선제기습은 시간과 공간의 철저한 기습효과를 고려하여 수행되었다. 이스라엘은 시간적인 기습효과를 달성하기 위해 기습 시간대를 이집트의 수도인 카이로와 주변 나일강 일대, 그리고 수에즈 운하지역에서 새벽안개가 남아 있는 아침 시간대를 고려하였고, 그중에서도 이집트의 정부 공무원들과 고위 군 지휘관들이 출근하는 시간으로 선정하였다. 이스라엘 공군이 공격한다 하더라도 이집트군의 신속한 대응이 어려운 07시 45분을 공격시간으로 결정한 것이다. 또한 이 시간은 이집트 레이더 기지 및 방공기지의 주 · 야간 근무자가 교대하는 시간이었으며, 이집트 공군의 야간 초계비행 근무자가 비행 복귀 후 아침식사를 하는 시간이기도 했기 때문에 이스라엘의 기습에는 더할 나위 없이 적합한 시간이었다.

또한 이스라엘 공군은 공간적인 기습효과를 달성하기 위해서 이스라엘에서 이집트 방향의 최단거리 직선 항로가 아닌 지중해를 크게 우회하여 이집트 공군기지를 공격하는 항로를 선택하였다. 이스라엘이 지중해를 크게 우회하여 이집트의 공군기지를 공격한 이유는 이집트군의 레이더 기지와 방공망을 기만하기 위한 목적도 있었지만, 그 외에도 당시

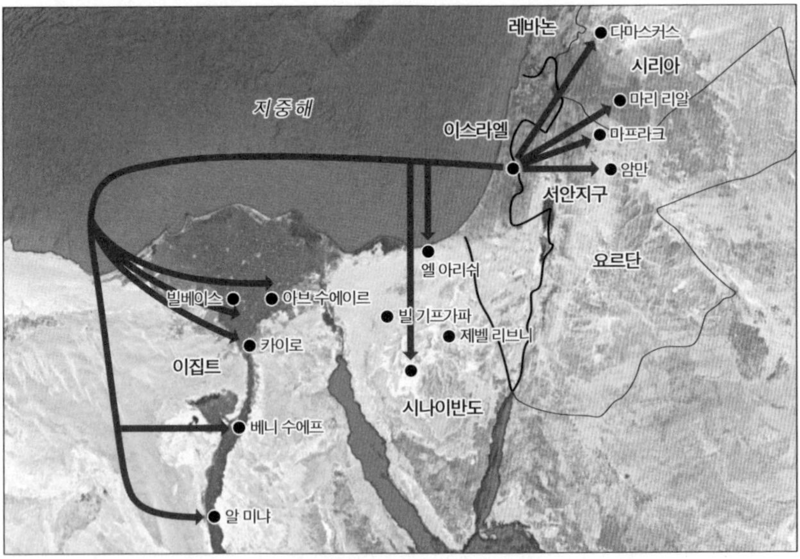

〈그림 7.6〉 이스라엘의 초기 공중작전

이스라엘 인근 지중해 상에 군함을 파견했던 제3국의 감시망을 피함으로써, 이들이 아랍 국가들에게 이스라엘 공군의 기동을 경고할 수 있는 가능성조차 주지 않기 위해서였다.

이스라엘 공군은 수개월에 걸친 반복된 훈련을 실시하여 얻은 비행 기량으로 지중해 해수면에 초근접 비행을 실시하면서 이집트로 접근하였다. 이러한 해수면상 초근접 비행은 조종사들에게 매우 위험한 모험이었다. 조종사에게 장시간 동안 수면 위로의 비행은 하늘과 바다의 경계선에 대한 착시현상을 일으켜 바다로 추락할 수 있는 위험을 야기하기 때문이다. 또한 작전보안을 위해 전투기 간에 무선통신을 하지 않은 상태에서 평시 예행연습을 통해 숙달된 행동절차대로만 작전을 수행하였다. 이렇게 철저하게 작전보안을 유지한 이유는 이스라엘에게 있어 초기 항공작전에 의한 기습달성의 성공 여부가 곧 전쟁에서의 승패를 좌우하는 요소였기 때문이었다.

이스라엘 공군은 이집트의 공군기지를 공격하는 과정에서도 이집트군이 이스라엘군의 공격에 효과적으로 대응하지 못하도록 여러 가지 창의적인 방법을 적용하였다. 이스라엘 공군은 이집트 공군 비행장에 시간 간격을 두지 않고 지속적인 공격을 가함으로써 이집트군이 잠시도 대항

〈그림 7.7〉 이스라엘 공군 미라주 전투기(좌)와 파괴된 이집트 공군기지(우)

할 수 없도록 공군의 공격제대를 편성하였다. 즉 첫 번째 제대가 이집트 공군기지를 공격하고 있는 동시에, 두 번째 제대는 추가적으로 공격목표 지역에 접근 중이었고, 마지막 제대는 이스라엘 공군기지에서 이륙을 준비하는 형태였다. 이렇게 치밀한 공격제대 운영에 따라 이스라엘군은 시간의 공백 없이 이집트의 공군기지들을 공격할 수 있었고, 대량의 항공기가 한꺼번에 출격하여 자신의 공격 차례를 위해 목표 상공에서 대기하는 시간적 낭비를 최소화할 수 있었다. 이러한 효과적인 공군 운용으로 15분이 안 되는 시간 간격을 두고 공격목표를 지속적으로 공격할 수 있었던 것이다. 반대로 이집트군은 저항은커녕 피해받은 내용도 제대로 파악이 되지 않는 상황에서 이스라엘군의 일방적인 공격에 눈만 뜨고 당할 수밖에 없었다.

또한 이스라엘 공군은 수적인 열세를 만회하면서 이집트 공군기지와 방공망을 지속적으로 공격하기 위해 한 항공기가 여러 번 재출격이 가능하도록 공격계획을 수립하였다. 전쟁 첫째 날 이스라엘 공군은 항공기 1대당 하루 평균 7회의 공격 임무를 수행하였는데, 이는 하루 평균 1~2회를 출격하는 이집트 공군 운용과 비교했을 때 엄청난 차이로 이스라엘 공군의 피나는 연구와 훈련이 만들어낸 기적 같은 항공기 운용이었다.

마지막으로 이스라엘 공군은 항공기 무장도 치밀히 고려하였다. 이스라엘 공군은 이집트 공군기지 활주로에 대기하고 있는 더 많은 아랍 항공기를 파괴하기 위하여 기본 무장인 로켓 대신 30mm 대공포를 장착하고 공격하였으며, 적의 2차적인 피해를 유도하기 위해 투하되는 폭탄도 충격신관(衝擊信管, Direct Action Fuze)[3] 대신 시한신관(時限信管, Time Fuze)[4]을

3) 탄두가 지면이나 물체에 부딪쳤을 때 점화 또는 기폭시켜주는 신관.

4) 점화 또는 기폭시간을 입력할 수 있는 기계장치가 되어 있는 신관.

사용하였다.

이스라엘의 기습적인 초기 공군작전으로 아랍 측은 MIG-21 90대를 포함한 전폭기 197대와 TU-16 30대 등 폭격기 57대가 파괴되는 등 총 410여 대가 파괴되는 엄청난 피해를 겪었다. 이집트 항공기의 대부분이 지상에 대기한 상태에서 파괴당함으로써 사실상 싸워보지도 못하고 무력화되는 굴욕을 당했다. 이러한 결과로 이스라엘은 제3차 중동전쟁이 진행되는 6일 동안 60 : 1이라는 압도적인 공중 우세를 점하면서 자신들에게 유리한 상황을 조성하고 적 저항의 가능성을 감소시키는 간접접근전략의 목적을 달성한 것이다.

간접접근전략 차원의 분석: 공군의 기습작전

① 심리적 견제: 적의 사고의 자유를 박탈하다

이스라엘 공군 사령관 모데카이 호드(Mordechai Hod)는 공군의 기습작전 개시시간을 이집트가 가장 취약한 시간대로 선정하고 공군의 접근로를 적이 가장 예상하지 못한 경로인 지중해를 통한 우회경로로 선정함으로써 이집트가 신속히 결심하고, 반격할 수 있는 심리적 자유를 박탈하여 심리적 견제를 달성하였다.

② 물리적 견제: 적의 행동의 자유를 박탈하다

이스라엘 공군은 이집트 공군기지를 공격하면서 공백시간을 최소화할 수 있도록 비행제대를 편성하였고, 항공기 운용에 있어서도 1대의 비행기가 최대한 재출격이 가능하도록 운용하여 절대적인 공군력의 열세를 만회하였다. 또한 항공기 무장 측면에서도 적에게 2차 피해를 강요하기 위해 시한신관과 대공포를 장착하는 창의적인 방법을 적용하여 이집트군의 행동의 자유를 박탈함으로써 이집트군이 알면서도 당할 수밖에 없는 상황을 조성하였다.

③ 최소 예상선: 적이 예상하지 못하는 경로로 기동한다

이스라엘은 공군의 접근로를 이집트 방공망이 가장 예상하지 못하고, 따라서 대비하지 않았던 지중해를 크게 우회하는 항로로 선정하고 위험을 무릅쓰면서도 초저공 비행을 실시하면서 이집트 레이더망을 회피하여 목표지역까지 은밀히 기동하였다.

시나이 전역

'정신적 의지력에 의한 공격'과 '인간 불도저'

초기 이스라엘 공군의 기습작전이 성공적으로 수행됨에 따라 이스라엘군은 이집트 방향의 시나이반도에 대한 공격을 곧바로 시작하였다. 당시 이집트군은 소련군 교리에 입각하여 시나이반도 제1선에 4개 사단, 제2선에 1개 사단(+), 제3선에 1개 기갑사단 규모로 3선 방어를 종심 깊게 편성하였다. 이때 이집트군은 제2차 중동전쟁 당시 이스라엘군이 시나이반도 남쪽으로 강력한 기갑부대들을 기동시킨 전례를 떠올려 시나이반도 남부지역에 자신들의 주요 기갑전력인 샤즐리 TF(특수 임무부대)를 배치하였다. 또 샤즐리 TF 뒤에는 이집트군의 최강전력이라 할 수 있는 제4기갑사단을 전략적 예비로 보유하여 이스라엘군의 공격에 대비하고 있었다.

이스라엘군은 3개 기갑사단(샤론 사단, 탈사단, 요페 사단)을 공격부대로, 2개 여단급 부대를 견제부대로 편성하여 시나이반도에 대한 공격작전을 수행하였다.[5)]

---

5) 이스라엘군에 있어 모든 전술의 기본제대는 여단급이며, 그들이 '우그다'라고 부르는 사단급 부대는 전술의 기본제대인 여단급 부대를 그 임무에 따라 한 명의 지휘관 아래 편조한 개념으

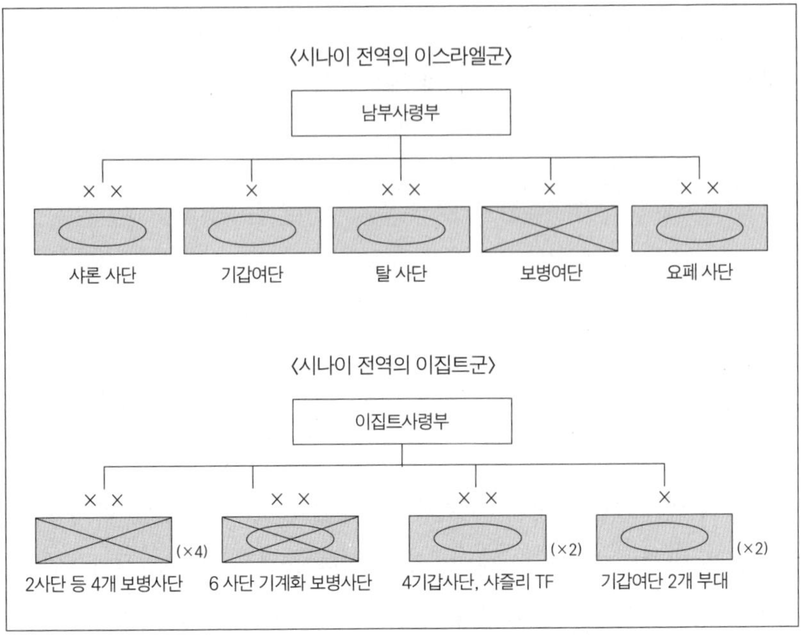

〈그림 7.8〉 시나이 전역의 양측 전력

이스라엘군은 시나이반도에서의 지상작전을 총 3단계로 구분하여 1단계에는 돌파, 2단계에는 추격/포위, 3단계에는 소탕/격멸의 개념으로 작전을 수행하였다.

먼저 1단계 돌파단계에서는 6월 6일 08시 15분경 북부축선의 탈 사단이 라파 지역에 배치된 이집트 제7사단 지역으로, 중부축선의 샤론 사단은 움카타프 요새 지역에 배치된 이집트 제2사단 정면으로 각각 돌파를 실시하였다.

동시에 샤론 사단의 후방에 배치되어 예비의 임무를 맡고 있었던 요

로 얼마든지 임무 및 부대변경이 가능하게 편성하였다.

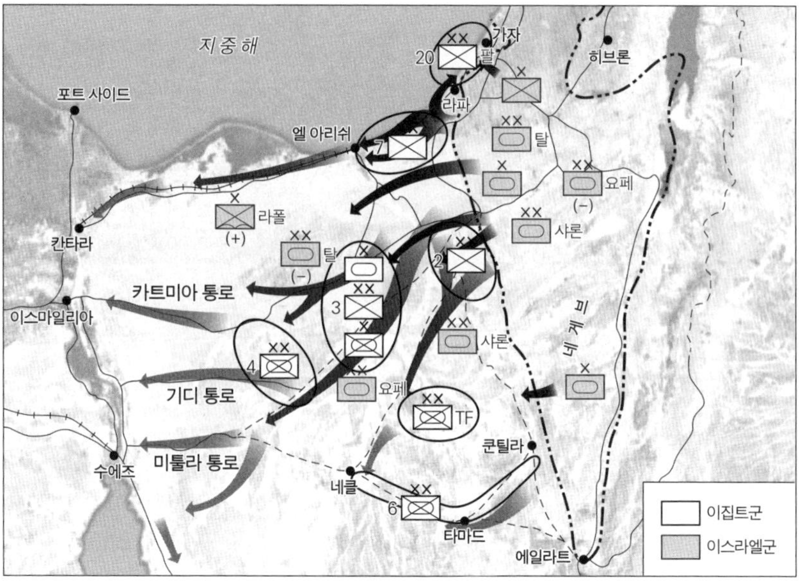

〈그림 7.9〉 시나이 전역에서 이스라엘의 작전계획

페 사단은 예하 1개 기갑여단을 북쪽 라파와 움카타프 사이의 모래지역을 통과시켜, 이집트군 제2사단과 제7사단의 중간지역을 점령하게 하였다. 이로 인해 이집트군 2개 사단의 연결을 차단함과 동시에 제2선에 배치되어 있는 이집트 제3사단의 전방증원을 저지하였다. 북부의 가자 지역과 남부의 네게브 사막 지역에서는 견제 임무를 맡고 있던 이스라엘의 2개 여단들이 각각 이집트 제20사단과 샤즐리 TF 부대에 대한 견제공격을 실시하였다.

2단계 추격/포위 단계에서는, 북부축선을 담당한 탈 사단은 부대를 2개로 분리하여, 1개 여단은 기존 북부축선을 따라 칸타라 방향으로 이집트군을 추격하기 시작하였고, 1개 여단은 카트미아 통로 확보를 위해 기동하였다. 중부축선에서는 예비사단인 요페 사단이 샤론 사단을 초월

〈그림 7.10〉 지형정찰 중인 샤론 사단장(좌), 승리에 기뻐하는 모세 다얀(우)

하여 중부축선을 따라 기디 통로와 미틀라 통로 방향으로 기동하였다. 이때 움카타프 요새를 돌파한 샤론 사단은 중부축선을 요페 사단에게 넘겨주고 방향을 전환하여 남부축선 방향인 나클 방향으로 전과를 확대하였다.

마지막 3단계 소탕/격멸 단계에서 이스라엘군은 6월 8일경 수에즈 운하 동안과 시나이반도 최남단의 샤름 엘 셰이크 지역까지 4일 만에 점령함으로써 시나이반도 내의 모든 이집트군을 격멸하였다.

이스라엘군의 이러한 신속한 공격작전에는 이스라엘 창군 멤버이자 국민적 영웅이었던 모세 다얀의 '정신적 의지력에 의한 공격' 정신이 반영되어 있었다. 모세 다얀은 이스라엘이 제대로 된 군사조직을 갖추지 못한 창군(創軍) 시기 이전부터 이미 자치 군사조직이었던 하가나의 '야간 특별공격대'라는 게릴라 부대를 지휘했었다. 그는 당시 중동지역에 파견된 영국군 대위 '윙 게이트'에게 영국군의 교리를 배우면서 공격 기질이 일평생 몸에 베어 있던 인물이었다. 그는 이스라엘군에 복무하면서 이러한 공격 정신을 철저하게 강조했고, 이러한 분위기는 이츠하크 라빈에 의해 더욱 더 강조되어 적 부대를 격멸하기 위한 '인간 불도저' 정신이라고 이름이 붙은 저돌적 공격주의로 발전하게 된다.

그 결과 이스라엘은 시나이반도의 주요 전략적 요충지를 단 4일 만에 모두 확보하는 데 성공하였다. 또한 시나이반도에서 이집트군이 퇴각할 수 있는 3개의 통로(카트미아, 기디, 미틀라 통로)를 모두 확보함으로써 시나이반도 내에서 미처 후퇴하지 못한 이집트군을 고립시킨 후 격멸할 수 있었다.

간접접근전략 차원의 분석: 시나이 전역

1 심리적 · 물리적 견제: 적의 사고와 행동의 자유를 박탈하다

이스라엘군은 최초 자신들의 주공 방향이 마치 시나이반도의 남쪽인 것처럼 기만작전을 실시하였다. 이러한 기만은 이전의 제2차 중동전쟁 시 시나이반도에서 이스라엘군 주공 방향이 역시 남쪽이었기 때문에 가능했다. 이스라엘군은 기만을 위해 전쟁 이전 대량의 모의 장비들을 이스라엘 남부 네게브 사막 쪽으로 이동시켰으며, 전쟁이 시작된 후에도 이스라엘군이 가장 먼저 공격한 지역 역시 시나이 남부로 가는 주요 길목인 쿤틸라 지역이었다. 이로 인해 이집트군은 시나이반도에서의 이스라엘군 주공 방향을 남쪽이라고 판단하고 그들의 막강한 기갑부대였던 샤즐리 TF를 남부지역에 대기시킴으로써 가장 치열했던 전투 기간 대규모 기갑부대를 사용하지 못하는 실수를 범한다. 또한 이스라엘군은 이집트군을 심리적으로 혼란하게 하기 위해 이집트군 주파수로 아랍어를 사용한 가짜 후퇴명령을 하달하는 등 치밀한 심리작전을 수행하였다.

② 최소 예상선과 최소 저항선: 적이 예상치 못하고 준비되지 못한 곳으로 기동한다

북부축선에서 이스라엘의 탈 사단은 지중해를 따라 주요 도시들을 경유하여 돌파를 감행하였다. 그러나 이 지역은 도로는 양호했던 반면 이집트군의 방어 준비가 잘 갖추어진 지역이었다. 이스라엘군은 불리한 상황 속에서도 나름대로 최소 저항선과 최소 예상선을 판단하여 이집트군을 격파하였다. 탈 사단은 자신의 예하 부대인 라폴 공수여단을 라파 남쪽 모래언덕 지역으로 투입하여 침투공격을 감행하였는데, 이곳은 이집트군이 사전 판단하기로는 어떤 부대도 통과 불가능한 지역이었기 때문에 그만큼 방비가 허술하였다. 또한 이스라엘군의 사무엘 기갑여단이 돌파를 실시한 지역은 가자지구에 주둔하던 이집트 제20사단과 라파에 대기 중이던 이집트 제7사단의 경계선이었고, 두 부대는 서로 협조가 되지 않아 이스라엘군 전차부대에게 돌파를 허용하게 된다.

중부지역의 요페 사단은 1개 기갑여단을 이용하여 빌라판 모래언덕 지역을 선점하였다. 이스라엘의 빌라판 모래언덕 지역으로의 기동 역시 이집트군이 이스라엘의 전차부대 기동이 불가능하다고 판단되는 지역을 통과한 최소 저항선과 최소 예상선으로의 허를 찌른 기동이었다.

또한 샤론 사단은 시나이반도의 관문인 아부 아게일라 지역에 대한 돌파 작전을 수행하였다. 이 지역은 시나이반도에서 이집트군이 구축한 가장 강력한 요새 지역으로, 제2차 중동전쟁 시 이스라엘군이 점령에 실패했던 움카타프 요새가 있던 곳이었다. 최초 움카타프 요새를 정면공격한 샤론 사단은 적의 강력한 저항에 부딪혀 접전을 벌이면서 공격속도가 둔화되었지만, 사단 작전장교가 헬리콥터를 타고 항공정찰을 실시하던 중 움카타프 요새의 지뢰지대를 우회할 수 있는 기동로를 발견함에 따라 큰 전환점을 맞게 된다.

이스라엘군은 야간에 1개 보병여단을 낮에 발견한 우회로를 통해 기동시켜 이집트군의 측면을 기습했다. 또한 이집트군의 후방으로 2개 공수대대를 투입하여 요새 후방에 있던 6개의 이집트군 포병부대를 공격하였다. 결정적으로는 1개 전차대대를 주축으로 한 특수 임무부대를 편성하여 북쪽으로 장거리 우회기동을 통해 움카타프 요새의 이집트 제2사단의 후방을 공격하였고, 결국 난공불락의 요새라고 자처했던 움카타프 요새를 점령하게 된다. 이러한 중부지역의 초기 돌파작전 역시 최소 예상선과 최소 저항선을 통한 간접접근의 승리로 분석할 수 있다.

③ 대용목표: 적에게 혼란을 줄 수 있는 군사적 목표를 추구한다

시나이반도에서의 1단계 돌파가 성공한 후, 2단계 추격/포위와 3단계 소탕/격멸이 수행되었다. 이스라엘군은 시나이반도의 3개의 기갑사단들을 대용목표를 갖는 작전선을 따라 기동시킴으로써 이집트군이 효과적인 방어를 하지 못하도록 만들었다. 이집트군은 시나이반도 남부에 대기시켰던 샤즐리 TF와 제6기계화 보병사단, 그리고 예비전력이었던 제4기갑사단을 방어에 제대로 운용해보지도 못하고 패배하게 된다.

또한 카트미아 · 기디 · 미틀라 통로 등 후퇴할 수 있는 퇴로를 모두 차단당함으로써 심리적인 붕괴 현상이 발생하게 되어 아직 전투력이 보존되어 있던 부대들마저 집단 항복하는 사태가 발생하였다. 일부 부대들은 여단 규모의 대량의 장비를 유기한 채 도주하기도 하였다. 이스라엘군은 이렇게 유기된 이집트군의 장비를 획득함으로써 제3차 중동전쟁이 끝난 후 오히려 군(軍)이 보유한 장비가 증가하는 기이한 현상까지 발생하게 된다.

요르단 전역

통곡의 벽 앞에서의 맹세

제3차 중동전쟁 당시 이스라엘의 동쪽에 위치한 요르단의 대(對) 이스라엘 전쟁계획은 매우 단순하였다. 요르단군은 2개 기갑여단과 8개 보병여단을 이스라엘과의 국경선 지역에 배치하고 있었고, 특히 뜨거운 감자였던 요르단강 서안지구(웨스트 뱅크 지역)를 중점적으로 방어하고 있었다.

이 중 1개 기갑여단을 예비로 보유함으로써 추후 이스라엘 남부 브엘세바를 공격하여, 최종적으로는 반대편에서 네게브 사막을 뚫고 북상하기로 되어 있던 이집트군과 연결을 실시한다는 계획을 가지고 있었다.

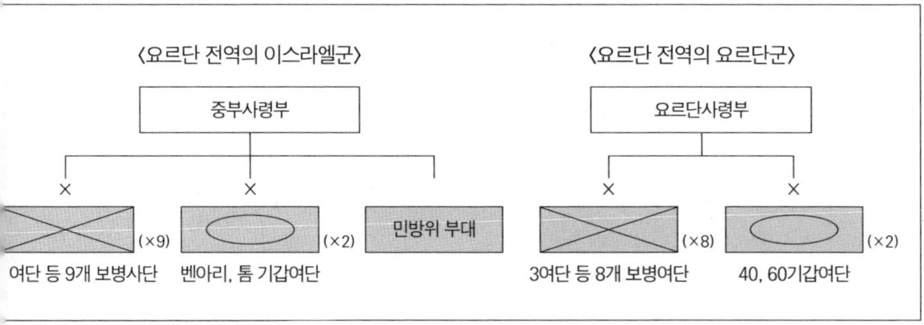

〈그림 7.11〉 요르단 전역의 양측 전력

그러나 이 계획은 대부분의 부대들이 국경선을 따라 선형으로 너무 얇게 배치되어 있다는 치명적인 약점을 가지고 있었다.

반면 이스라엘의 대(對)요르단 전쟁계획은 전쟁이 시작되면 요르단을 최대한 자극하지 않으면서 요르단의 군사작전을 지연시키되, 요르단이 먼저 공격해온다면 이스라엘의 북부, 골란 전역에서 시리아의 공격을 최대한 견제 · 지연시키는 동시에 골란 전역의 가용한 모든 병력을 요르

〈그림 7.12〉
요르단 전역에서 이스라엘군의 공격

자료: 육군사관학교 전사학과, 『세계전쟁사 부도』, 황금알, 2013, p. 151 참조.

단 방향으로 먼저 투입하여 요르단군을 격멸하고 요르단강 서안지구를 확보한다는 계획이었다.

이스라엘은 이번 전쟁을 호기로 생각하고 있었다. 그들은 요르단 전역을 통해 그들에게 역사적 · 종교적으로 특별한 의미를 가지고 있는 예루살렘과 그 주변 지역을 완전히 확보하는 것은 물론 이스라엘의 주요 도시를 늘 겨냥하고 있던 요르단의 장사거리 포병들을 제압함으로써 이스라엘의 안보 위협을 제거한다는 의도를 가지고 있었던 것이다.

요르단 전역은 상대적으로 다른 전역보다 전투가 뒤늦게 시작되어, 전쟁 개시일인 1967년 6월 5일 정오경이 되어서야 교전이 본격화되었다.

요르단 전역의 이스라엘군 총사령관이었던 중부사령관 나르키스 장군은 예루살렘 출신으로 작전지역에 대해 누구보다도 잘 알고 있었다. 그는 예루살렘과 주변 지역을 확보하기 위해서는 예루살렘 동편의 텔엘풀 고지와 주변 고지군들을 확보해야 한다는 것을 직감하였다. 따라서 중부사령부의 핵심전력인 벤아리 기갑여단에게 텔엘풀 고지 점령 임무를 부여하는 동시에 예루살렘 보병여단에게는 예루살렘 내 요르단 지역에 대한 점령 명령을 하달한다.

이스라엘과 요르단은 텔엘풀 고지와 예루살렘의 확보를 놓고 한때 양측이 혈전(血戰)을 치르기도 했다. 하지만 결국 이스라엘군이 요르단강 서안지구의 남쪽과 북쪽에서 각각 돌파작전을 실시하면서, 예루살렘을 포함한 요르단강 서안지구를 감싸 안는 형태로 포위한 후 점령하게 된다. 또한 이스라엘군은 요르단 전역의 북측에서도 여단급 부대들로 돌파를 실시하여 주요 도시인 제닌과 전략적 요충지였던 나블루스 지역을 확보함으로써 요르단 전역은 50여 시간 만에 이스라엘의 승리로 종결되었다.

당시 모세 다얀은 요르단군과 혈전 이후 점령한 예루살렘을 직접 방

〈그림 7.13〉 예루살렘을 포위한 이스라엘군(좌), 통곡의 벽에 입 맞추는 이스라엘 병사(우)

문하여 이스라엘 민족의 뼈아픈 역사의 흔적인 '통곡의 벽(Wailing Wall)'[6] 앞에서 무슨 일이 있어도 다시는 예루살렘을 아랍국가에게 빼앗기지 않겠다고 맹세하였다.

간접접근전략 차원의 분석: 요르단 전역

[1] 심리적 견제: 요르단의 심리를 공격하다

당시 요르단은 아랍 동맹국의 일원으로 이스라엘에 대한 전쟁계획을 수립해 놓긴 하였지만, 이집트 · 시리아와는 입장이 조금 달랐다. 요르단의 후세인 왕가는 이스라엘과 어느 정도 우호적 관계를 유지하고 있었기 때문에 먼저 적극적으로 공세 행동을 취하려고 하지 않았다. 따라서 이스라엘은 요르단이 주변 아랍 동맹국들의 강요에 의해 선불리 공세

6) 유대민족의 신앙적 상징으로 예루살렘 서쪽 성벽 일부를 말한다. 고대 솔로몬 왕 시절에 지어진 성전이 파괴된 이후 그 잔해의 일부분을 이용하여 헤로데스 왕이 성벽을 쌓았다고 여겨지고 있으며, 통곡의 벽이라고 불리는 이유는 유대인들이 파괴된 성전을 보면서 이 성벽 앞에 모여 슬퍼했기 때문이라고 전래된다.

행동을 하지 못하도록 사전에 기만작전을 실시하였다.

이스라엘은 전쟁 이전부터 다수의 학생과 부녀자, 그리고 후방지역에 근무하는 비전투요원들을 요르단과의 국경지역에 투입하여 참호를 구축하는 모습들을 노출시킴으로써 마치 대규모의 병력이 이 지역에 투입되는 것처럼 요르단군을 속였다. 또한 다수의 모의 전차와 모의 화포 등을 이 지역에 배치하여 요르단으로 하여금 이스라엘에 대해 쉽게 공격할 수 없도록 기만작전을 실시하였다.

2 최소 예상선과 최소 저항선: 텔엘풀 고지

전투는 전쟁 첫째 날인 6월 5일 정오경부터 요르단의 공격으로 시작되었다. 주로 사막과 불모지에서 싸웠던 시나이 전역과는 다르게 요르단 전역은 수많은 도시와 마을들이 발달된 지역에서 수행되었다. 이 지역은 요르단에게 있어서 국가 GNP의 절반 이상을 생산하는 중요지역이었다. 그리고 무엇보다 이 지역은 양측에게 종교적으로 상징적 의미가 큰 예루살렘을 포함하고 있었다.

이러한 상황에서 이스라엘군 중부사령관 나르키스 중장은 1개 보병여단에게 예루살렘에 대한 공격 임무를 하달하였고, 벤아리 기갑여단에게 요르단 전역의 전략적 요충지인 텔엘풀 고지 일대를 점령할 것을 지시하였다.

텔엘풀 일대는 해발 700~800m의 고지군으로 벤아리 기갑여단은 부대를 3개로 나누어 각각 다른 방향에서 공격을 실시하였다. 이때 벤아리 대령은 적의 최소 예상선으로 판단한 베이트 이크사 지역을 1개 전차대대(-)와 1개 정찰중대로 우회공격하였다. 요르단군은 이 지역의 험난한 지형으로 인해 이스라엘군의 기갑부대는 물론 보병부대들도 통과 불가능하다고 판단하여 참호도 제대로 구축하지 않은 상황이었다. 결국 이스라엘군 막강한 기갑부대의 기습으로 인해 텔엘풀이 점령당함으로써 이스라엘은 요르단 전역에서 조기에 주도권을 확보한 후 최종적으로는 요르단강 서안지구를 확보할 수 있었다.

골란 전역

난공불락의 고원

이스라엘의 북쪽, 시리아 방향의 골란 전역은 시나이 전역과 요르단 전역에 비해 다소 강도가 낮은 전쟁이 치러졌다. 시리아는 이스라엘의 공격 우선순위에서 이집트, 요르단보다는 뒤에 있었기 때문에 이스라엘군은 시나이반도와 요르단 방향에서 전투가 끝날 때까지 일단 시리아군을 고착 및 견제만 한다는 기본계획을 수립하였다.

시리아 역시 국내 정권이 불안정한 상황이었기 때문에 시리아군 총 9개 전투여단 중 2개 여단을 자신들의 수도인 다마스쿠스에서 일어날지

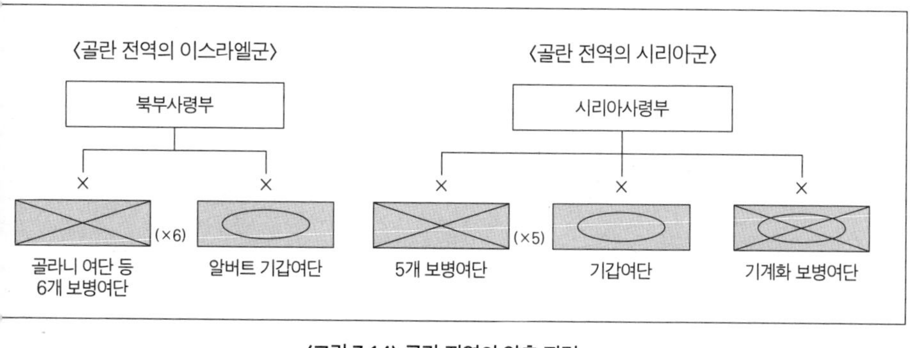

〈그림 7.14〉 골란 전역의 양측 전력

모르는 국내 반정부 활동을 대비하여 대기시켜야 했다.

따라서 실제 전쟁 기간에는 단 7개 여단만이 골란 전역에 투입되었고 이마저도 방어적인 자세를 취하였다. 시리아 측의 전쟁계획은 전쟁이 만약 일어나게 된다면 전쟁의 전체적인 모습을 관망(觀望)하면서 현상유지를 하다가, 만약 시리아에게 유리한 전략적 상황이 조성되면 적당한 기회를 봐서 전쟁에 적극적으로 가세하여 이스라엘 북부와 주요 항구였던 하이파 항을 점령함으로써 국가적인 이익을 취한다는 것이었다.

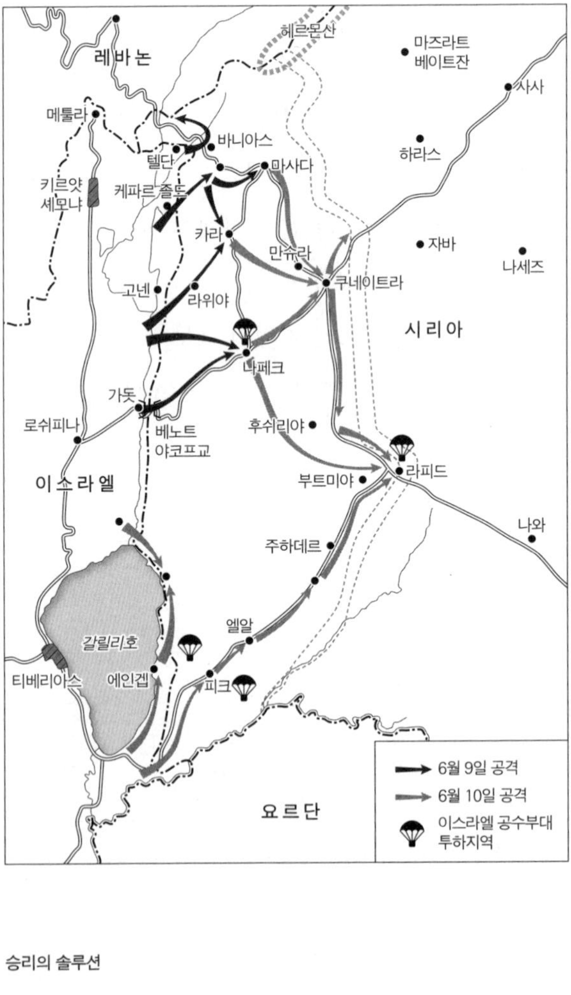

〈그림 7.15〉
골란 전역에서
이스라엘군의 공격

자료: 육군사관학교 전사학과, 『세계전쟁사 부도』, 황금알, 2013, p. 152 참조.

1967년 6월 6일 19시 30분경 시리아 측의 어설픈 공격으로 시작된 골란 전역에서 이스라엘 공군의 이틀에 걸친 대규모 공중공습이 진행되었다. 이후 제2차 세계대전 중 프랑스의 마지노선(Maginot Line)[7]과도 비교될 정도로 강력한 방어력을 자랑하던 골란고원의 시리아군 방어진지를 이스라엘군 2개 여단이 남과 북으로 돌파구를 형성하면서 본격적인 전투가 시작되었다.

이후 인접해 있던 요르단 전역의 전투들이 이스라엘의 승리로 조기 종료됨에 따라 요르단 지역의 이스라엘군 부대들이 골란 전역으로 속속히 투입되기 시작하였다. 결국 6월 10일경에는 이스라엘군이 골란고원의 주요 전략적 요충지를 모두 확보하면서 골란 전역도 시작된 지 약 이틀 만에 이스라엘군의 승리로 종결된다.

간접접근전략 차원의 분석: 골란 전역

[1] 최소 예상선: 적이 예상하지 못한 곳으로 공격한다

당시 이스라엘군 북부사령관이었던 엘라자르 역시 리델 하트의 간접접근전략을 선호하던 이스라엘군 지휘관 중 한 명이었다. 따라서 그는 평시 대(對)시리아 작전계획 수립 시부터 대규모 포위를 위한 우회기동을 하기 위해 자신만의 개념을 수립해 놓고 있었다. 그는 골란고원의 전략

7) 프랑스가 제1차 세계대전 이후 독일의 공격을 대비하기 위해 라인강을 따라 동부 국경에 건설한 요새 지역을 말하며, 대독(對獨) 강경론자인 육군 장군 마지노의 이름을 따서 명칭되었다. 절대 뚫리지 않을 것 같은 철의 방벽을 의미하거나 마지막까지 버텨야 할 한계점이라는 이중의 의미로 사용되고 있다.

〈그림 7.16〉 골란고원으로 투입되는 기갑부대(좌), 골란 전역의 공수작전(우)

적 요충지인 쿠네이트라를 점령하기 위해 평시에 사용하는 통로가 아닌 골란고원 최북단의 바니야스를 돌파지역으로 선정하였다.

그 이유는 기존의 상태가 양호한 2개 통로의 경우, 시리아군 입장에서 이스라엘군이 공격할 것이라고 충분히 예상할 수 있기 때문이다. 이스라엘군이 돌파지역으로 선정한 바니야스 지역은 시리아군에 의해 이미 요새화되어 있었고, 험난한 지형으로 기동이 제한되긴 하였지만, 시리아군이 설마 이 지역으로 이스라엘군이 공격하리라고는 예상하지 못한다는 장점을 가지고 있었다. 이스라엘군은 알버트 기갑여단과 골라니 보병여단(-)을 시리아군의 최소 예상선이였던 바니야스 지역으로 기동시키면서 기습의 효과를 달성하게 된다.

알버트 기갑여단은 케르파 졸드의 가파른 경사로 기동하였다. 이 지역은 변변한 도로조차 없는 지역으로 공병 불도저와 지뢰 제거 차량으로 구성된 특수 임무부대를 선두로 기동시키면서 말 그대로 길을 만들어가며 전진하였다. 이스라엘군은 최초 시리아군의 포병 공격을 피하려고 야간에 기동하려 하였으나, 골란 전역은 그 성격상 단시간 안에 목표를 달성해야 했으므로 결국 피해를 감수하면서도 대낮에 작전을 수행하였다. 그나마 이스라엘군은 제공권을 가지고 있었으므로 많은 항공지원을 받을 수 있었다. 결국 이스라엘군은 골란고원의 가장 높은 고지인 헤르몬 산 정상을 점령하는 데 성공한다. 비록 이스라엘군의 기동속도는 늦었지만 시리아군은 케르파 졸드 지역으로 이스라엘군 기갑여단이 공격해온다는 것을 상상조차 하지 못했으므로 이 역시 이스라엘군이 적의 최소 예상선을 따라 기동함으로써 승리를 거둔 사례였다.

[2] 심리적 견제: 주공과 조공을 속이다

골란 전역에서 이스라엘군의 주공이었던 북측의 골라니 보병여단(-)과 알버트 기갑여단과는 별개로 조공부대인 골라니 여단 3대대와 나할부대[8]들은 주공이 돌파한 지역으로부터 남쪽으로 약 30마일 지역에서 또 다른 돌파를 감행했다. 같은 시기에 인접 요르단 전역에서 이 지역으로 전환된 롬 기갑여단이 라위야 마을 방향으로 공격을 시작하였으며, 공수여단이 다르바쉬예의 요새 지역을 점령함에 따라 시리아군은 도대체 어느 방향이 이스라엘군의 주공인지 혼란을 겪게 된다. 이러한 다양한 방향에서의 돌파가 시리아군의 사고의 자유를 박탈하여 심리적 견제로서 작용하게 되는 것이다.

주공과 조공 방향에서 돌파가 동시에 수행되면서, 이 돌파구 내로 시나이 전역과 요르단 전역에서 전환된 이스라엘군의 총 7개 여단이 투입되기 시작하였다. 이후부터는 일방적인 공격이 진행되어 이스라엘군

---

8) 나할부대(Nahal): 이스라엘군은 국경지대의 방어와 불모지에 대한 개척을 목적으로 지역별 사령부인 북부, 중부, 남부 사령부 이외에 나할사령부 예하 부대들을 별도로 편성 · 운용함.

은 골란 전역의 요충지인 쿠네이트라와 부트미야를 무혈입성하듯 점령함으로써 골란 전역을 손쉽게 마무리 짓는다.

간접접근전략을 이용한 기적 같은 승리

제3차 중동전쟁은 아랍 국가들과 이스라엘 양측 모두 내부적으로 혼란을 겪고 있는 상황에서 양측 간 잦은 국경분쟁들로 인하여 가속화되었다. 결정적으로는 이집트를 중심으로 한 아랍 국가들이 이스라엘에 대

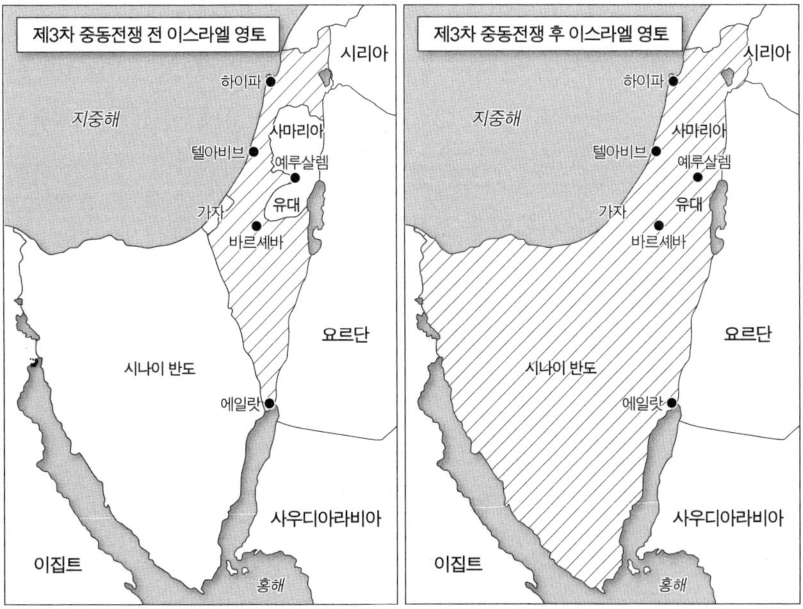

〈그림 7.17〉 제3차 중동전쟁 이후 이스라엘의 영토 변화

한 군사적 · 경제적 압박을 가중해오자 이스라엘은 더 이상 평화적인 방법으로는 현 상황을 해결하는 것이 불가능하다고 판단하였고 자위적 선제기습전략에 의한 공격을 시작함으로써 발발되었다.

이스라엘의 초기 기습적인 항공작전으로 시작된 이 전쟁은 이스라엘이 단 3시간 만에 전 지역에 대한 제공권을 확보하였으며, 이후 이집트 방향의 시나이반도, 요르단 방향의 요르단강 서안지구(웨스트뱅크), 시리아 방향의 골란고원 등에서 전쟁이 수행되었다. 결국 이스라엘은 단 6일 만에 주변 아랍 국가들을 제압하였다. 최종적으로 이 전쟁은 이스라엘의 압도적인 승리로 종결됨으로써 후대에 '6일 전쟁'이라는 또 다른 이름으로 불리게 되었으며, 이스라엘에게는 영광의 역사로, 주변 아랍 국가들에게는 치욕의 역사로 기록되게 된다.

이렇게 전 세계를 경악하게 한 이스라엘의 단기간에 압도적인 승리 원인이 바로 간접접근전략이다. 이미 언급했듯이 간접접근전략은 영국의 군사이론가 리델 하트에 의해 주장된 이론으로 적의 저항을 감소시켜 최소의 전투를 수행하면서 승리하는 방법이다. 이스라엘은 국가의 특성상 간접접근전략이라는 군사이론에 매우 적합한 국가였으므로 그들은 이미 건국 이전부터 간접접근전략을 적용하여 창군 요원들을 교육하였다.

리델 하트의 간접접근전략이 이스라엘인들에게 소개되기 시작한 것은 이스라엘 건국 이전부터다. 당시 이스라엘 군인들 중 가장 총명한 인물로 정평이 나 있던 이가엘 야딘(Yigael Yadin)이 바로 간접접근전략을 이스라엘군에게 소개하는 역할을 했다. 그는 제1차 중동전쟁 시 명목상 일반 참모부 작전국장이었지만, 실제로는 참모총장의 역할을 수행하였다.

그는 장교들을 양성하기 위한 교범을 작성하면서 리델 하트의 『전략론』 중 간접접근전략에 대한 부분을 히브리어로 번역하여 이를 교범에

〈그림 7.18〉
이가엘 야딘(좌)과
모세 다얀(우)

포함시켰다. 또한 이 시기에 이스라엘군의 교육국장을 담당하고 있던 하임 라스코프(Haim Laskov) 역시 간접접근전략의 가치를 확신하던 인물이었다. 그는 이스라엘군의 전략과 교리를 정립하던 중요한 시기에 간접접근전략 개념을 이스라엘 군사전략과 교리에 적극 반영하였다. 따라서 장차 이스라엘군을 이끌어갈 창군(創軍) 요원들은 간접접근전략이 자연스럽게 체득될 수밖에 없었고, 바로 이들이 향후 제2~4차 중동전쟁 시 이스라엘군에서 사단장, 여단장으로서 군의 주요 지휘관이 되면서 군의 중추적 역할을 수행하게 된다.

이러한 이스라엘군의 간접접근전략은 네 차례에 걸친 중동전쟁 시 크게는 군사전략부터 작게는 전술적 수준의 전투 등 모든 군사행동에 내재되어 있었다. 제1차 중동전쟁 시 참모총장이었던 이츠하크 라빈(Yitzhak Rabin)은 "리델 하트는 우리 모두의 스승"이라고 이야기할 정도였으며, 샤론 장군은 리델 하트에게 직접 쓴 편지에서 "… 당신의 사상에 지대한 영향을 받은 이스라엘군…"이라는 표현을 사용하기도 하였다.

또한 제3차 중동전쟁 시 승리의 주역이었던 국방상 모세 다얀(Moshe

Dayan), 시나이반도에서 기갑 사단장으로서 핵심적인 역할을 수행했던 아리엘 샤론(Ariel Sharon)과 아브라함 요페(Avraham Yoffe) 등이 모두 간접접근전략의 대가 또는 이 사상에 영향을 받은 인물들이었다. 특히 샤론과 요페는 리델 하트와 군사적인 문제를 논의하기 위해 서신을 주고받을 정도로 친밀한 관계였으며, 이 외에도 이스라엘군의 다양한 제대의 전투지휘에서 간접접근전략의 원칙과 일치되는 모습들을 쉽게 찾아볼 수 있다.

시나이반도와 요르단강 서안지구(웨스트뱅크), 골란고원 등에서 각각 수행된 이 전쟁은 이스라엘군이 아랍 동맹군들을 심리적으로는 사고할 수 있는 자유를 박탈하고, 물리적으로 완벽히 견제하였으며, 이를 통해 적이 전혀 예상하지 못하고, 준비하지 못한 최소 예상선과 최소 저항선을 따라 공격하였다. 이를 통해 적을 붕괴시키면서 경이로운 기동을 통해 승리를 달성할 수 있었다. 또한 이스라엘군은 기동 간 적으로 하여금 아군의 다음 행동을 예상하지 못하도록 대용목표를 추구하여 자신들의 의도는 숨기면서, 아랍군의 적시적인 판단을 방해하였고 이를 통해 승리의 가능성을 증가시켰다.

이스라엘군은 부대의 편성 측면에서도 적을 심리적으로 혼란시키는 심리적 견제를 달성하였는데, '우그다'라고 불리는 이스라엘군의 사단급 부대는 이스라엘군의 전투 기본단위인 여단을 조합한 형태로 그 임무에 따라 복잡하게 구성되어 있다. 예를 들어 같은 사단급 부대인 우그다라 하더라도 시나이 전역의 샤론 사단의 경우 보병여단 1개, 공수여단 1개, 기갑여단 1개 등으로 구성되어 있었던 반면, 탈 사단은 2개의 기갑여단과 1개의 공수여단, 1개의 특수작전부대 등으로 구성되어 있었다.

또한 이스라엘군은 아랍 동맹군의 특성을 잘 파악하여 그들이 가장 싫어하는 야간전투와 근접전투를 집요하게 수행하면서 아랍군의 행동의 자유를 박탈하는 물리적 견제를 수행하였다.

반면 아랍 동맹군들은 이러한 이스라엘의 간접접근전략에 대해 이해조차 하지 못하고 있었으며, 불행히도 작전지역 내의 많은 중요지역을 '이스라엘군이 절대 통과하지 못하는 곳'으로 판단해버렸다. 그들은 스스로 이스라엘에게 다수의 최소 예상선과 최소 저항선을 제공하는 실수를 범하여 적군인 이스라엘군의 간접접근전략을 오히려 도와주게 된 것이다.

결국 아랍 동맹국들은 자신들이 국가로조차 인정하지 않았던 이스라엘에게 세 차례에 걸친 전쟁에서 모두 패배함으로써 자존심의 상처는 물론 막대한 영토 상실이라는 감당하지 못할 손해를 보게 되었으며, 이는 6년 뒤 1973년 일어나게 될 제4차 중동전쟁의 씨앗이 되고 만다.

리델 하트가 그의 저서 『전략론』에서 인용하고 있는 "이미 있던 것이 후에 다시 있겠고, 이미 한 일을 후에 다시 할지라. 태양 아래에는 새 것이 없나니(전도서 9:1)"란 성경의 한 구절처럼 전쟁의 양상이 변해가고 무기체계가 발달해 간다고 하지만 결국 전쟁의 근원적인 원칙과 개념 등은 변하지 않는 것이며, 간접접근전략처럼 인간의 심리와 연관된 문제는 시대와 장소, 국가의 전략부터 소부대의 전술까지 모든 시간과 장소, 군사작전의 규모를 초월하여 적용이 가능하다. 이것을 깨달은 이스라엘과 그렇지 못한 아랍 연합군의 제3차 중동전쟁은 결국 현대판 '다윗과 골리앗'과 같은 결과를 낳게 되는 것이다.

Solutions of victory

VIII

올가미·섬멸작전

아프가니스탄 전쟁의 아나콘다 작전

"전장에 단 한 명의 전우도 남겨두지 않겠다.
구조할 수 없다면 그의 시체라도 회수한다."

미국 특수작전부대 정신

2001년 9월 11일, 뉴욕과 워싱턴에서 동시에 발생한 항공기 테러에 대한 미국의 반응은 즉각적이었다. 미군은 테러가 발생한 지 한 달 만인 10월 20일 아프가니스탄을 공격했고, 2001년 12월 토라보라 작전을 마지막으로 전쟁은 막을 내리는 듯했다.

그러나 테러의 주범이었던 알 카에다 빈 라덴의 행방을 찾지 못했다. 미 정보당국의 끈질긴 노력이 빈 라덴과 탈레반군이 동부 산악지대에 은거하고 있다는 정보를 획득했고, 미국 지휘부는 이들을 소탕하거나 생포하는 마지막 대규모 작전을 실시하였다.

2002년 3월 실시한 아나콘다 작전은 빈 라덴과 탈레반의 핵심세력을 완전 포위하는 올가미 작전과 모루와 해머 방식으로 소탕한 작전이다. 이 작전은 미군의 정규군과 아프가니스탄군과의 연합작전, 항공작전의 지원을 받은 특수부대작전의 두 가지로 특징지을 수 있다. 작전은 많은 불확실성에 직면하였고, 또한 아프가니스탄군과의 통제되지 않은 소소한 행동들로 인해 그 효과가 반감되었던 작전이기도 하다.

계곡을 따라 진군하는 동안 특수부대 골리 준위는 가파른 산등성이에서 동굴 입구로 보이는 여러 곳을 발견했다. 즉각 CAS를 요청했고 해병대 AH-1 수퍼코브라 헬기 2대가 도착했다. 대원들은 이들을 표적으로 안내했다.

험준한 지형 때문에 골리 준위는 동굴 쪽에는 우군이 없다고 알고 있었다. 수퍼코브라가 선회하며 로켓 발사를 위해 정렬하자 갑자기 아프가니스탄 병사 하나가 달려와 소리쳤다. "안돼. 헬기 사격을 멈춰!" 아프가니스탄 병사 일부가 동굴 아래쪽에 있었던 것이다.

아프가니스탄 병사 일부가 약탈을 위해 대열을 이탈한 것을 본 특수부대 팀장 맥패든 상사는 이 말이 사실인지 확신할 수 없었다.

참고: 작전명 아나콘다

〈그림 8.1〉 아나콘다

미국이 아프가니스탄 전쟁에서 마지막으로 수행한 군사작전이 '아나콘다 작전(Op. Anaconda)'이다. 그런데 왜 작전명을 아나콘다라고 했을까?

아나콘다는 세계에서 가장 큰 뱀으로 알려진 보아뱀의 일종으로, 주로 남아메리카와 열대 남아프리카에서 서식한다. 몸길이는 약 6~10m로 다 자란 경우 최대 12m, 몸무게 300kg 이상도 나가는 거대한 동물이다. 포유류를 먹고 살며 가끔은 악어를 사냥할 때도 있다고 한다.

미군과 동맹군이 연합으로 수행한 군사작전으로 탈레반군과 알 카에다의 주력은 격멸되었으나 중심 지휘부와 핵심은 아프가니스탄의 남서부 산악지역에 은거하며 다시 세력을 확산하고 있었다. 아나콘다 작전은 이들을 압박하여 올가미에 씌워 단칼에 섬멸하려는 목적으로 붙여진 작전명이었다. 즉, 적의 핵심진지를 올가미처럼 포위한 후에 급습하여 빈 라덴을 포함한 알 카에다의 핵심 요원들을 사살 또는 체포하는 작전이었다.

9 · 11 테러가 촉발한 전쟁

〈그림 8.2〉 9 · 11 테러로 붕괴된 세계무역센터

2001년 9 · 11 테러를 당한 미국은 테러가 발생한 다음 날인 9월 12일 즉각 대응책을 발표했다. 테러의 배후를 빈 라덴과 알카에다로 지목하고 아프가니스탄의 탈레반 정부에게 이들 조직을 인도할 것을 요구했다. 그러나 탈레반 정부가 이를 거부하자, 미국은 10월 20일 아프가니스탄에 대한 공격을 단행했다.

전쟁 이전 아프가니스탄의 상황은 매우 복잡했다. 1989년 소련군이 철수[1]한 이후 아프가니스탄은

1) 1979년 12월 소련은 아프가니스탄이 소련에 협조적이지 않자 당시 대통령이었던 아민을 제거하고 친 소련 정부를 수립하고자 전격적으로 침공했다. 소련군의 군사작전은 완전히 성공하여 단 3일 만에 목적을 달성했다. 그러나 소련군에 대항해 전 아프가니스탄 저항세력들이 나타나 장기전으로 내전과 같은 형태의 전쟁은 계속되었다. 저항세력 중 대표적인 단체는 무자헤딘이며 이들은 미국과 이슬람에서의 지원을 받아 저항운동의 주축이 되었다. 1989년 12월 결국 소련은 국제적 압력과 저항세력과의 전쟁 끝에 철수를 하였다.

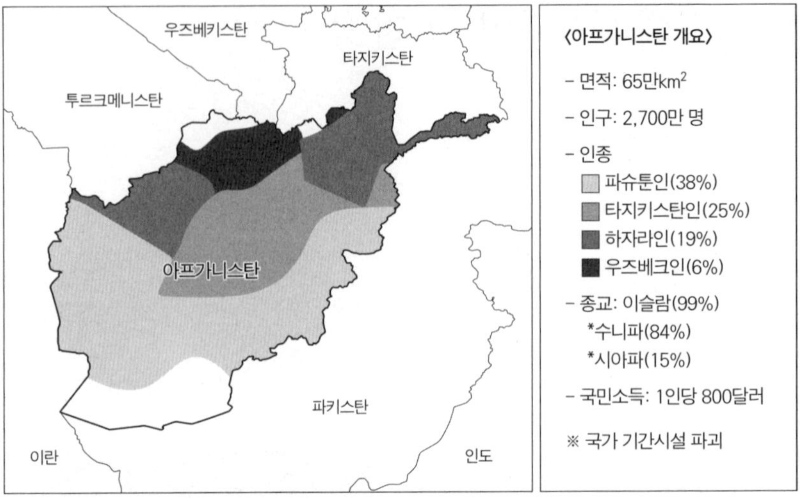

〈그림 8.3〉 아프가니스탄 개요: 인종과 종교 구성

각 지역별 군벌들이 군웅할거하며 지역별로 통치하고 있었다. 소련군과의 전투에서는 아프가니스탄 반군의 무자헤딘[2]이 주축이 되어 전쟁을 수행했지만, 전쟁목표가 사라진 이후에는 혼란이 극심하였다. 소련과의 전쟁에서 활약했던 군벌들이 각 부족별 · 지역별 이권을 챙기기에 바빴기 때문이었다.

이때 혼란을 잠재운 것이 탈레반[3]이라는 조직이었다. 탈레반은 1994년 아프가니스탄 두 번째 큰 도시인 칸다하르에서 태동한 학생조직이었다. 정부의 권한이 약해지고 각 부족별 군벌들의 암투가 계속되자

---

2) 아랍어로 '성스러운 이슬람 전사'를 뜻한다. 소련군 철수 후 1992년에는 친소 괴뢰정부인 나지불라 정권을 몰아내고 정권을 잡았으나 내부의 갈등으로 1996년 탈레반에게 수도를 빼앗기고 다시 무장 게릴라 조직으로 돌아갔다.

3) 탈레반은 소련이 아프가니스탄에서 철수 후 혼란이 계속되자 1994년 학생들이 중심이 된 민병조직 결성을 계기로 설립되었다. 최고지도자 무하마드 오마르(Mullah Mohammad Omar Mujahid)를 중심으로 군사적 조직을 갖춘 후 1996년 수도 카불을 제압하여 이슬람을 국교로 하는 정부를 수립하였다.

이를 바로잡고자 조직되었다. 탈레반은 이슬람 원리주의를 바탕으로 세력을 확장하여 나지불라와 각 지역 군벌세력들을 밀어내고 국가의 대부분을 장악하면서 새로운 국가를 탄생시켰다.

북부동맹이란 탈레반에게 밀려 북부지역으로 쫓겨 간 여러 군벌세력의 연합이다. 아프가니스탄은 대부분의 국토가 산악으로 구성되어 소통이 곤란하고 인종적으로 다양하다. 인구의 절반인 파슈툰 족을 비롯하여 하자라족, 우즈베크족 등 크게 4개 부족으로 구성되어 있다. 역사적으로도 아프가니스탄은 평시에는 각 부족별 군벌이 독립적으로 각 지역을 통치하면서 중앙정부와 내부투쟁을 하고 있다가 외부세력이 침입하면 내부투쟁을 중단하고 연합하여 같이 싸우는 전통을 갖고 있다.

9 · 11 이후 미국은 '북부동맹군'[4]과 손을 잡았다. 미국은 CIA를 보내 북부동맹군과 협조 관계를 구축했다. 미국은 북부동맹군과 협력하여 탈레반을 공격하여 전 아프가니스탄을 석권하고 알 카에다와 탈레반 정부를 축출하고자 했다. 10월 20일 CIA와 함께 북부동맹군은 미국의 정보를 바탕으로 한 항공지원을 받으면서 수도 카불을 향해 공격해 들어갔다.

지상공격 간 타격목표를 발견하면 CIA 요원들이 표적 정보를 전송하였다. 그러면 미리 준비된 공중공격 첨단무기가 이들 표적을 제압하였고, 북부동맹군은 큰 어려움 없이 전진할 수 있었다. 단 37일 만에 수도 카불을 점령하였고, 두 달 만에 두 번째 도시인 칸다하르를 포위 점령하는 등 전 아프가니스탄 지역을 석권하였다. 알 카에다와 탈레반 정부는 붕괴되어 핵심 지도부와 일부 세력은 파키스탄을 넘어 도망하거나 내륙 깊숙히 분산되어 은거하였다.

---

4) 아프가니스탄의 탈레반 정권에 대항하기 위해 민족적 · 종교적으로 상이한 7개 분파가 연합해 1997년 6월 결성한 반군단체이다.

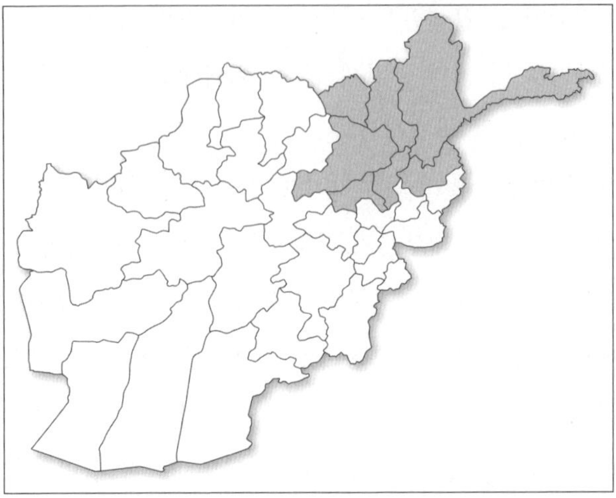
〈그림 8.4〉
북부동맹군 세력권
(음영지역)

미국은 아프가니스탄 전쟁이 종료되었다고 판단했고, 이어 안정화 작전을 시행했다.[5] 지역별 민사팀을 편성하여 정치적 안정과 지역 구호 활동을 펼쳤다. 그러나 전쟁은 끝난 게 아니었다.

5) 2002년 6월 13일 미국은 파슈툰족 출신의 하미드 카르자이를 대통령으로 하는 과도정부를 수립하였다. 군사작전 종료 후 미국은 연합군사령부를 창설하여 아프가니스탄 군 창설과 정부 치안 및 사법기관 설립, 무장조직과 민병대의 무장해제와 사회 복귀, 마약 문제 해결 등을 수행하는 안정화 단계에 돌입했다.

샤히콧 계곡

가파른 능선과 계곡, 그리고 동굴들

〈그림 8.5〉에서 보는 바와 같이 아프가니스탄 동쪽의 파키스탄과의 국경지대는 높은 산악지대로 형성되어 있다. 이 지역에 붕괴된 탈레반군과 알 카에다 세력들이 집결되어 있었다. 세력을 회복한 이들이 다시금 아프가니스탄 내륙으로 잠입하려는 모습을 보이자 미국은 이들에 대한 소탕작전을 계획하였다.

그 첫 번째가 2001년 12월의 토라보라 작전[6]이었고, 2002년 3월에 최종적으로 아나콘다 작전을 실시하였다. 재차 작전을 실시한 이유는 토라보라 작전이 완전하지 못해 알 카에다와 탈레반의 지도자와 핵심세력 체포나 소탕에 실패했고, 이들 대부분이 샤히콧(Shah-i-Khot) 계곡으로 유입되어 이들을 소탕하기 위한 최종적인 작전이 필요했기 때문이다.

---

6) 토라보라 작전은 2001년 12월 10일부터 16일까지 파키스탄과의 접경 산악지대에 과거 소련군 점령 당시 구축한 벙커 및 동굴 등에 약 1,000여 명의 탈레반 및 알 카에다가 집결되어 있다는 정보에 따라 이들을 소탕하기 위해 실시한 작전이다. 탈레반과 알 카에다의 예상 탈출로에 아프가니스탄 병력으로 차단 및 봉쇄선을 설정하고 미 특수부대가 항공폭격을 유도하면서 동굴지역을 탐색하여 격멸하는 작전을 펼쳤다. 작전 결과 많은 적들을 사살하고 다량의 탄약과 중기관총, 비디오테이프 등을 찾아냈으나 적들은 이미 지역을 이탈하여 오사마 빈 라덴이나 오마르를 찾지 못했다.

〈그림 8.5〉 아나콘다 작전지역

출처: 〈http://esquire.com〉

아나콘다 작전은 2002년 3월 1일부터 18일까지 아프가니스탄 동부 신카이(Shinkay) 산맥의 샤히콧 산악 계곡지역에 집결한 탈레반 및 알 카에다 전사 1,200여 명을 소탕하기 위해 미군과 동맹군 그리고 아프가니스탄군이 연합으로 실시하였다.

샤히콧 계곡은 2,400~3,600m의 높은 고지군으로 형성된 산악지역이었고, 계곡 내에는 3개의 마을이 위치하고 있었다. 예로부터 이 지역에서는 반군이나 게릴라들이 상황이 열악할 때 은거하다가 아프가니스탄 전역으로 잠입하기도 했으며, 또한 정부군이나 외국군에게 쫓길 때에는 언제든지 인접국인 파키스탄으로 도피할 수 있었다. 파키스탄으로 가는

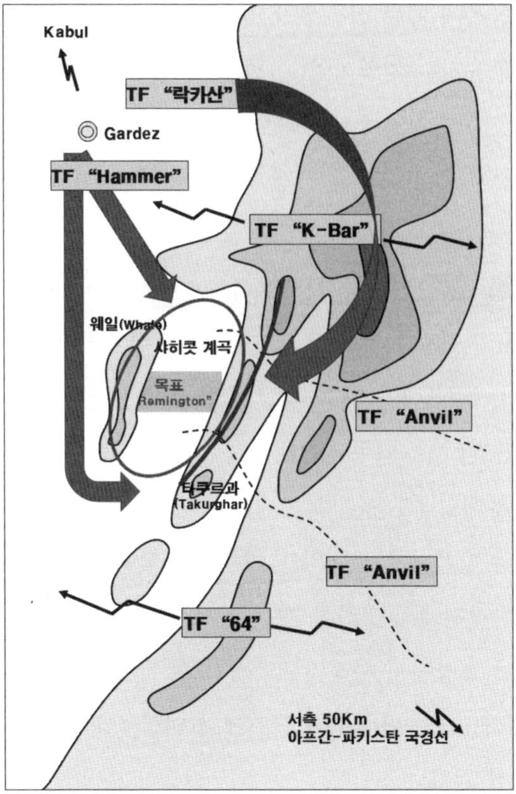

〈그림 8.6〉
아나콘다 작전지역 및 작전계획

이동로는 몇 개밖에 없지만 목동들이나 밀수업자들이 이용하는 소로는 많이 있었다.

작전지역은 가르데즈의 평지에서 시작하여 남동쪽 방향으로 펼쳐져 있고, 동측은 1,200~3,000m의 고지군이 가파른 능선으로 형성되었으며 산악 곳곳이 많은 동굴과 깊은 협곡으로 이루어져 있었다. 미군들은 서측 능선 안쪽에 우뚝 솟은 고지군이 연결된 채 펼쳐져 있는 이곳을 고래와 같이 생겼다 하여 '웨일(whale; 고래)'이라고 불렀다. 미군은 서측의 산악지역과 웨일을 포함한 계곡지역을 작전목표 '레밍턴(Remington)'으로 명명했다. 그리고 작전지역의 남쪽에 있는 산봉우리 타쿠르과(Takur Ghar)는 작전지역 전체를 조망하는 데 유리한 지역이었다. 한편 작전지역에서 후방으로 도주로가 있으며 특히, 작전지역에서 동쪽으로 40~50km 지점에는 파키스탄 국경이 위치하여 과거 소련과의 전쟁에서도 게릴라들이 주로 활동하였던 지역이었다.

이 작전에 앞서 실시한 토라보라 작전은 실패한 것으로 평가된다. 미군은 타격 위주로 작전을 수행하고, 탈출로 차단 임무는 아프가니스탄군에게 맡긴 것이 문제였다. 특히 아프가니스탄군이 복장이나 장비 면에서 주야간 장시간 감시가 곤란하고, 임무완수보다는 눈에 보이는 전리품 획득에 더 관심을 가지는 부대임에도 불구하고 임무를 부여하였기 때문이었다. 이것이 알 카에다와 탈레반 핵심요원들 대부분이 탈출한 주원인이었다. 또한 작전지역 소탕작전에서 수집한 정보 가치가 있는 전리품도 아프가니스탄군이 약탈하여 현장에서 사라짐으로써 차후 작전에 필요한 정보획득의 어려움도 겪었다. 이는 아나콘다 작전에서 미군부대 위주의 차단부대를 편성하는 계기가 되었다.

아나콘다 작전계획

주요 작전은 특수작전부대가 담당하다

아프가니스탄을 담당하고 있는 중부사령부는 CIA의 도움을 받아 빈 라덴의 근거지와 알 카에다 잔존세력들이 숨어 있을 곳으로 추정되는 지역을 알아냈다. 바로, 작전지역의 계곡 남쪽 부족 마을에 빈 라덴과 알 카에다 간부들이 은신해 있을 가능성이 매우 크다는 정보였다.

중부사령부는 즉각 알 카에다와 탈레반의 잔존세력 소탕과 빈 라덴 및 알 카에다 고위간부들을 제거한다는 두 가지 목표를 가지고 계획 수립에 착수했다. 작전에 앞서 구체적인 정보가 요구되었고 이에 따라 미국 특수작전부대가 계곡을 정찰[7]하여 탈레반과 알 카에다 지휘부 대다수가 은거하고 있는 것으로 추정되는 정보를 수집하였다. 초기에는 150명 내지 200명의 적이 있는 것으로 추정되었으나 정찰 결과 800~1,000여 명의 적 전투원이 있다고 평가하였다.[8]

작전계획의 주요 내용은 먼저 신카이 산맥의 동쪽으로 돌출된 능선상의 산악통로를 차단하고, 동시에 주 타격부대가 계곡에 은신해 있을 빈

7) D-11일부터 특수작전 정찰팀을 계곡으로 침투시켜 은밀히 적 진지를 정찰했다.

8) 신승원, 『미국의 아프가니스탄 전쟁과 안정화 작전』, 국방부 군사편찬연구소, 2015, p. 104.

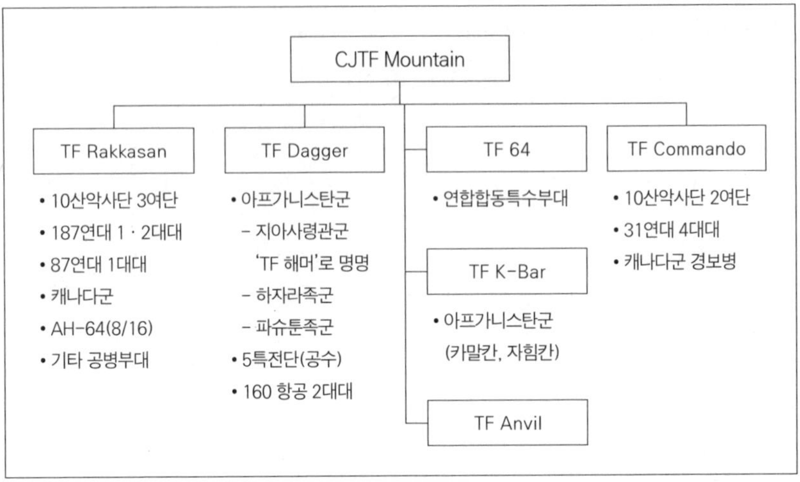

〈그림 8.7〉 아나콘다 작전 부대편성

라덴과 알 카에다, 그리고 탈레반군을 수색하여 소탕한다는 구상이었다.

중부사령부는 정규군 투입의 필요성에 따라 제101공수사단과 제10산악사단의 부대를 차출했다. 그리고 수십여 대의 치누크 헬기와 아파치 헬기, 전폭기들을 작전에 동원하였다.

중부사령관은 제10산악사단이 주축이 되어 이른바 연합합동특수 임무부대(CJTF Mountain)를 편성하여 작전계획 수립과 지휘를 맡겼다. 작전은 고대로부터 이어온 승리의 방식인 '망치와 모루' 방식을 적용했다. 작전 지역 동쪽의 가파른 능선과 동굴협곡으로 이루어진 산맥을 모루로 삼아 주로 미군과 동맹군의 정규부대로 적의 퇴로를 차단한다. 동시에 주 타격부대로 미 특수부대와 함께 주력인 지아 사령관이 이끄는 아프가니스탄 부대를 편성하여 팍티아주(州)의 도시 가르데즈에서 샤히콧 계곡에 진입하여 소탕작전을 실시하도록 하였다.

결국 탈레반군과 알 카에다를 올가미에 몰아넣은 후에 항공지원을

〈그림 8.8〉
작전 중인 미 제101공정사단 부대

받아 적의 저항 진지를 파괴하고 지역 내 있는 탈레반과 알 카에다군을 섬멸하는 계획이었다.

작전의 큰 틀이 완성됨에 따라 이를 3단계 작전으로 구분하고 부대 편성을 하였다. 1단계는 모루 역할에 'TF 락카산'을 편성하여 능선상의 통로를 중심으로 선정된 차단 진지를 점령한다. 제101공수사단 2개 대대와 동맹국 특수작전부대 연합팀이 기동헬기 '시누크'로 공중강습하여 동부 산악지역 4,000m 고지군의 차단벽에 있는 차단 진지를 점령한다.

작전지역 북쪽과 남동쪽에도 차단을 위해 부대를 배치하였다. 북쪽은 'TF 64' 명칭의 캐나다, 덴마크, 프랑스, 뉴질랜드 등의 연합합동특수부대를, 남동쪽은 'TF K-바(K-Bar)'[9]로 카말 칸과 자힘 칸 장군 예하의 아프가니스탄 부대를 편성하여 배치하였다. 추가적으로 작전지역에서 탈출한 적들이 도피할 파키스탄 국경 방향에 각각 'TF 엔빌'을 편성하여 아프가니스탄 부대들을 배치하였다. 그리고 동시에 지아 사령관이 지휘

9) 국제 합동 특수전 임무부대. 호주, 독일, 캐나다, 노르웨이, 뉴질랜드의 특수부대들로 구성.

하는 아프가니스탄군과 미 특수부대로 편성된 'TF 해머(Hammer)'[10]가 차량을 이용하여 작전지역으로 신속히 기동한다. 이들의 목표는 계곡의 남쪽과 북쪽 통로를 통해 계곡으로 진입하여 지역 내 적을 소탕하고 모루 역할을 수행하는 'TF 락카산' 방향으로 적을 몰아가며 소탕하는 작전이었다.

작전은 3단계로 구분했다. 먼저 1단계 작전은 계곡지역을 소탕하는 것으로 3일을 예상했다. 첫째 날에는 지아 사령관의 아프가니스탄군이 샤히콧 계곡 남쪽으로 기동하고, 북쪽 지역은 차단진지를 점령, 유지한다. 이어 작전지역 내 2개의 마을을 통제하고, 둘째 날은 마작 마을을 포함한 작전지역을 수색한다. 셋째 날은 목표지점에 투입된 모든 병력을 계곡으로 진입시켜 주 공격부대와 연결하여 계곡 전체를 소탕하는 것이었다. 다음 2단계는 샤히콧 계곡의 상부 지역을 소탕하기 위해 동쪽으로 공격하고, 마지막 3단계는 파키스탄으로 이어진 카마라 계곡 전체를 소탕하는 것이었다.

10) TF는 'Task Force'의 약자로 특수임무부대. 특정임무 또는 특정작전을 수행할 목적으로 단일 지휘관하에 잠정적으로 구성된 부대를 뜻한다. 'TF 대거(Dagger)'는 작전지역 소탕작전이 주 임무였는데, 이 TF 중에서 지아 사령관이 이끄는 아프가니스탄 부대가 주축이 되어 편성된 부대를 별도로 'TF 해머(Hammer)'로 명명하였다.

참고: 망치와 모루

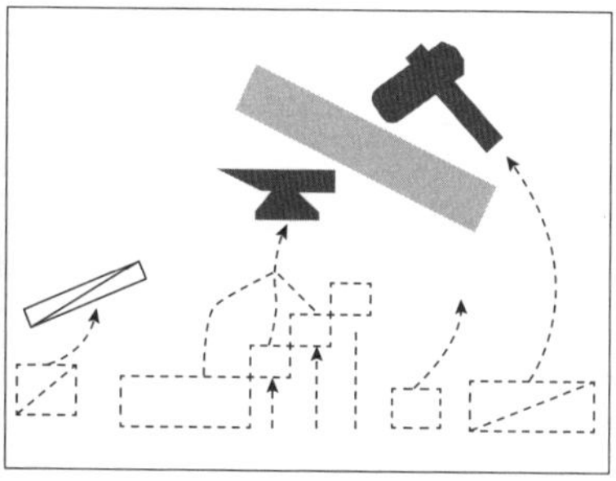

고대 그리스-로마 전쟁은 대부분 대규모 밀집 보병부대와 기병의 대형이 충돌하는 전쟁이었다.

당시의 전투방식은 평원에서 대규모의 두 대형이 정면으로 부딪치는 전투를 벌였다. 각 부대는 칼과 방패로 무장된 보병과 말을 탄 기병으로 구성된 직사각형 형태의 대형을 편성하였다. 승패의 갈림길은 두 대형이 부딪쳐 상대방 대형을 깨뜨리면서 공격하여 적의 지휘통제를 와해시키는 것이다.

당시의 전투는 적을 한쪽에 몰아넣어 옴짝달싹 못하게 고정시킨 후에 신속한 기동력과 높은 전투력을 가진 부대가 강하게 때려서 전투의 승패를 결정짓는 방식이다.

대장간에서 불에 달군 쇳덩어리를 모루에 얹어 놓고 망치로 쇳덩어리를 두드려 원하는 재질과 모양으로 만드는 것을 상상해보자. 당시 전투에서 모루는 상대편을 함정에 몰아넣어 움직일 수 없게 만드는 것이며 망치는 최종적으로 두드리는 역할을 수행한다. 이러한 모루와 망치의 모습이 아프카니스탄의 샤히콧 산악지대에서도 그대로 재현되어 나타났다.

출발부터 삐걱거리는 작전

불확실한 전투상황의 연속

작전을 지휘하는 제10산악사단장 하겐벡 장군은 최초 2월 28일을 D-day로 선정하였으나 악천후 때문에 2일을 연기했다. 본격적인 작전에 앞서 'TF 엔빌'은 작전지역 외곽의 동쪽과 남쪽의 적 탈출로 상의 차단 진지를 점령했다.

2002년 3월 2일, 미군 항공기가 적 예상 은거지로 추정된 계곡을 초토화하는 것으로부터 아나콘다 작전이 시작되었다. 주공부대인 'TF 해머' 부대들이 어둠이 가시지 않은 새벽 행군을 개시하였다. 아프가니스탄군은 다양한 종류의 차량 39대를 탑승하여 팍티아주의 도시인 가르데즈를 출발하였다.

하지만 작전을 시작하자마자 치명적인 허점들이 나타났다. 행군부터 순조롭지 못했다. 선두 차량이 고장 나면서 행군이 중지되었고, 좁고 교차 통행이 되지 않는 길에서 고장 난 선두차량을 처리하지 못하자 행군은 계속 지체됐다. 다행히 아프가니스탄 부족 지휘관이 나타나 가까스로 행군대형을 (고장난 차량에 탑승했던 병력을 다른 차량에 끼워 넣는 방식으로) 정리하고 출발할 수 있었다. 그러나 다시 행군을 시작한지 얼마 되지 않아 과도하게 많은 병력을 태운 차량이 전복하여 많은 부상자가 속출하였다. 그렇지 않아도 시간이 지체된 부대를 간신히 다시 탑승시켜 행군을 지속했지만 문제는 또 발생했다. 아프가니스탄군이 뒤늦게 공격 개시선에 도착하여 공격을 준비하던 중 근접지원을 위해 상공을 선회하던 공군 AC-130 스펙터 무장항공기가 실수로 40mm 기관포를 동맹군인 아프가니스탄군에게 사격을 한 것이다. 선두에 있던 미군 1명과 아프가니스탄 병사 2명이 즉사했다. 뜻밖의 공격에 처음에는 적군의 박격포 기습으로 보고되는 등 혼란이 야기되었으나 다행히 같이 행군하던 미군들이 연락을 취해 AC-130의 계속된 사격을 막을 수 있었다.

이 사건 이후에 아프가니스탄군은 정상적인 작전이 진행되지 않을 정도로 크게 동요하였다. 결국, 현장의 아프가니스탄 지아 사령관은 임무를 망각하고 일단 후퇴해서 재편성 후에 다시 전투에 참가하기로 하고 부대를 철수시켜버렸다. 사망자 처리와 부상병 치료, 손상된 차량 정비를 한다는 명목이었다. 악천후로 인한 작전 지연과 지아 사령관 부대의 철수로 적에게는 작전지역을 벗어날 수 있는 탈출구를 열어준 셈이었다.

〈그림 8.9〉
공중강습 중인 TF 락카산 부대(1)

〈그림 8.10〉
공중강습 중인 TF 락카산 부대(2)

3월 2일 동시간대 모루 역할을 수행할 'TF 락카산'의 제101공수사단의 2개 대대와 예하 부대들은 7대의 헬리콥터로 공중강습을 위해 기동했다. 이들의 임무는 샤히콧 계곡의 동쪽 능선상에 있는 6개의 주요 산악통로를 확보하는 것이었다. 그러나 진저(Ginger) 계곡으로 불리는 산악통로에서 적의 격렬한 저항에 직면했다.

제10산악사단의 약 86명의 병사들이 대규모 알 카에다 거점이 있는 남쪽 능선상의 산 정상에 착륙함과 동시에 적의 박격포와 소화기의 공격을 받았다. 아파치 헬기와 AC-130기, B-52 폭격기 등이 알 카에다 진지를 타격하였으나 적의 사격은 계속되었다. 18시간의 격렬한 전투 끝에 28명의 미군 병사가 부상을 입었고 미군은 간신히 착륙지점 남쪽에 진지를 재편성할 수 있었다. 이 교전에서 공중지원을 위해 투입되었던 아파치 헬기들은 적의 사격에 치명적인 타격을 받거나 적의 공격에 허둥대다 산맥에 추락하여 무려 5대나 격추되는 최악의 사태가 발생하였다. 이후 하겐벡 장군은 공격헬기들의 투입을 취소시킬 만큼 작전은 어렵게 시작되었다.

'TF 락카산'이 공중강습으로 강하하는 지점은 1,200m였지만 그들이 차단해야 할 골짜기들의 고도는 대략 3,000m 정도였다. 그럼에도 불구하고 빈 라덴의 체포라는 목표에 조급했던 작전지휘부는 낮은 곳에서 높은 곳으로 공격하는 불리한 작전을 선택했다. 여기에 더하여 적 병력에 대한 정확한 첩보가 부족했고, 화력지원 대책도 공군 전폭기와 육군 공격헬기에만 의존하는 등 철저하지 못했다.

뒤늦게 아나콘다 작전이 계획대로 시행되기 어렵다는 것을 깨달은 사령부는 패닉 상태에 빠졌다. 주공인 'TF 해머'는 차량전복과 아군의 오폭으로 평정심을 잃고 퇴각했고, 'TF 락카산'은 고립되었다. 'TF 락카산'에 대한 항공지원은 계속되었지만 이전과는 달리 정확한 폭격이 이루어지지 않았다. 이렇게 지상 병력과 항공지원의 공조가 완전히 깨지자 아나콘다 작전은 완전히 방향을 잃고 표류하기 시작했다.

계획을 수정하다

전장 상황은 변화되었으나 작전은 계속하였다. 3월 3일 하겐벡 장군은 작전계획을 변경했다. 3월 4일 'TF 락카산'의 187연대 2대대가 계곡의 동쪽 능선 고지로 공격해 능선상의 적을 소탕하는 동안 예비인 1대대를 공중강습시켜 북쪽에서 남쪽으로 각 진지를 연결하는 것이었다.

3월 4일까지의 주 전투는 계곡의 남동쪽 산악지대인 타쿠르과(Takur Ghar)에 대한 화력전투에 집중되었다. 특히 북쪽 능선을 두고 제101강습사단은 탈레반군과 매우 치열한 전투를 전개했다. 능선을 탈취하기 위해 약 5시간에 걸친 치열한 박격포탄을 교환하고 항공기의 지원사격을 받은 이후에 결국 탈레반군 진지를 소탕하는 데 성공했다.

그러나 타쿠르과 북쪽 계곡의 진저 통로는 여전히 탈레반군에 의해 장악되어 있었다. 이 지역을 탈취하지 못한다면 적에게 작전지역 전체를 감제당하고 후방으로의 도주로를 열어주면서 작전을 진행할 수밖에 없었다. 또한 투입된 병력에 의한 작전수행이 곤란해지자 작전을 신속히 진행할 방법을 찾아야 했다.

계획보다 앞선 특수작전부대 투입

타쿠르과 전투의 희생

공군과 해군의 전폭기들과 지상군을 연결시켜 아군의 오폭을 막고 적진에 폭탄을 정확히 유도해줄 '해결사'가 절실히 필요했다. 해답은 단 하나, 특수전 부대뿐이었다. 그러나 특수부대들 대부분은 이미 임무를 받아 출동해 있는 상태였다. 'TF 대거'와 'TF K-바'에 핵심 병력을 모두 파견했다. 사령부는 매우 난감항 상태에서 오직 남은 하나는 'TF-11(Task Force 11, 호출명 mako 30)'[11]뿐이었다.

TF-11에게 주어진 목표 지점은 '타쿠르과'라는 능선이었다. 타쿠르과 능선은 TF 락카산의 투입지점인 레밍턴의 동남쪽에 위치하였다. 한편 능선의 반대편에는 '웨일'이라는 명칭의 높은 고지로 이 특수부대팀은 산 정상에서 레이저 표적지시기(SOFLAM)로 전폭기들의 정확한 폭탄 투하

11) '데브그루'라는 별칭이 있으며 본래 이름은 실 6팀(SEAL Team 6)이다. 이 부대는 해군 특수전의 리처드 마친코(Richard Marcinko) 중령이 창설한 해군 대테러부대였다. 실 6팀은 델타포스 창설 직후 해상 대테러 임무를 수행한다는 목적으로 창설되었다. 대표적인 작전으로는 그라나다 침공 시 총독 구출작전이나 파나마 침공 시 노리에가(Noriega) 체포작전에 참가했다. 이후 실 6팀은 언론에 지나치게 노출되고 있다는 이유로 부대 명칭을 Development Group, 즉 '개발단'이라는 가명으로 바꾸었다.

를 유도하도록 하였다. 합동특수전사령부에 소속된 정예 공군 특수부대인 제24특수전술대대(Special Tactics Squadron) 소속의 공정통제사도 1명 따라나섰다.

목표지점인 타쿠르과는 아나콘다 작전의 목표지점인 '웨일'을 가장 잘 내려다볼 수 있는 위치에 있었다. 또한 제10산악사단 병력이 적의 공격을 버티다 못해 철수해버린 진저 차단점과도 가까운 위치였다. 분명 타쿠르과는 적의 주 저항지점이었다.

특수작전 팀은 보통 몇 킬로미터 떨어진 곳에서 헬기에서 내린 후 몇 시간이 걸리든 적에게 들키지 않도록 공을 들여 은밀히 목표지점으로 향했다. 이를 위해서는 무장헬기의 엄호가 필요했다. 여느 때라면 아파치나 코브라 공격 헬리콥터가 동행하면서 수송 헬기와 병력을 보호해주었겠지만, 아나콘다 작전 하루 만에 5대의 아파치를 잃어 이들을 지켜줄 공격 헬기가 없었다. 오직 2만 피트 상공에서 맴도는 공격기(AC-130)만이 유일했다.

예정 착륙지점에 거의 도달했건만 시누크 헬기 1번기는 기체를 내릴 곳을 찾지 못하고 있었다. 목표 '레밍턴'에 B-52 폭격기의 공습이 계속되고 있었기 때문이었다. TF-11은 예정된 침투시간에서 3시간 반이나 늦은 03시에 착륙을 시도했다. 착륙지점에 적이 있는지 여부를 확인하기 위해 공중에 떠 있는 공군기에 확인[12]했고, 그 결과 산 정상에는 적이 없다고 알려왔다.

이러한 정보에 따라 헬기가 고지 정상에 착륙했고 팀원들이 군장을

12) 작전지역 상공에서 임무수행하고 있는 AC-130을 호출하여 산 정상에 적이 있는지 여부를 적외선 장비로 확인을 요청했고, AC-130는 AAQ-17 적외선 탐지장비를 사용하여 고지 위를 확인하였다.

둘러메고 내릴 채비를 갖출 때 갑자기 RPG 로켓이 날아왔다. 로켓탄은 기체의 옆면을 뚫고 지나갔다. 다행히 연료통에 직격되지는 않았지만 헬기의 교류전원(AC)이 단전됐다. 이와 동시에 헬기의 항법장치와 비행보조장치, 무전기까지 완전히 기능이 정지되었다. 두 번째, 세 번째, 네 번째 RPG 로켓 공격은 계속 이어졌다.

대원들은 잠시 충격에 빠졌지만 다시 정신을 차리고 반격을 가했다. 비록 교류전원은 잃었지만 헬기의 직류전원이 살아 있었기 때문에 수동조작으로 헬기를 기동시킬 수는 있었다. 그 와중에 불행하게도 헬기의 뒤쪽에서 적에게 대응사격을 가하던 로버츠 하사가 헬기 아래로 떨어져 버렸다. 한편 헬기는 일단 이륙하기는 했지만, 제대로 날지도 못하는 상태였다. 그러나 노련한 조종사는 기수를 17도로 들어 곧바로 산 아래로 하강했고 결국 바닥에 곤두박질하는 비상착륙[13]을 했다. 그 충격으로 헬기는 요동쳤지만 다행히 착륙으로 인한 중상자는 없었다.

그 혼란 속에서도 대원들은 즉각 철수가 아닌 동료인 낙오자를 구조하기 위해 다른 헬기를 요청하여 다시금 작전지역으로 출발했다. 아군의 본대를 구하기 위한 전략정찰 작전은 낙오자 발생으로 인해 전투수색구난(CSAR, Combat Search & Rescue) 작전으로 바뀐 셈이었다.

04시 58분 피격당했던 근방에 다시 착륙했다. 총알이 빗발쳤지만, 이번에는 지난번보다 동작이 빨랐다. 대원들은 재빨리 헬기에서 내렸고 헬기는 곧바로 고도를 올려 복귀했다.

---

13) 엔진 하나가 피격당해 겨우 로터만 돌고 있고 유압계통의 고장으로 조종간까지 말을 듣지 않았다. 정상에서 뜬 헬기는 35도 각도로 하강하고 있었다. 승무원들이 작동유 캔을 따서 비상유압주입구에 넣자 헬기의 조종계통이 다시 말을 듣기 시작했다. 헬기는 급격한 하강을 계속하다가 기수를 들고는 천천히 지상으로 다가갔다. 조종사는 기수를 들어 동체 착륙을 성공적으로 수행했다.

〈그림 8.11〉
전개 중인 특수부대원

산 정상에 내린 6명의 대원이 정상을 향해 올라가는 도중 갑자기 전방의 벙커에서 총성이 울려 퍼졌다. 동시에 두 번째 벙커에서도 치열한 사격이 쏟아졌다. 정상을 장악하기 위해서는 전방에 위치한 벙커들을 모두 확보해야 했다. 그러나 소화기 공격만으로 쉽게 공략할 수 없어 수류탄을 던져보기도 했지만 모두 헛수고였다. 이 과정에서 최선두에 있던 채프먼 중사가 총격을 받아 사망하고 팀원 2명까지 총상을 입었다. 더 이상의 공격은 불가능해 보였다.

오히려 이대로 있다가는 팀이 전멸할지도 모르는 상황이었다. 결국 팀장은 퇴각을 명령했다. 상황이 워낙 급박하다 보니 채프먼의 시체를 수습할 여유도 없이 부상자를 이끌고 산 아래로 퇴각을 시작했다.

또 다른 구출부대가 출동하다

바그람 항공기지에서는 또 다른 병력이 로버츠 하사를 구출하기 위해 출동 준비를 하고 있었다. 앞서 특수팀 대원들이 착륙한 05시경 TF-

11의 신속대응팀[14]은 로버츠 구출과 TF-11 지원을 위해 MH-47E 특수전 헬기 2대에 분승하고 출발했다.

그러나 신속대응팀은 앞선 특수팀의 교전 상황을 알지 못했다. 누구를 구출하러 가는지조차 몰랐다. 이미 특수팀이 교전하다가 후퇴했다는 것, 채프먼 중사의 시신이 현장에 있다는 것, 그리고 로버츠 하사가 이미 알 카에다에 의해 사살되었다는 것도 몰랐다. 그러던 도중 이동하던 2대의 헬기 사이에 교신이 갑자기 끊어졌다. 결국 1번 헬기는 목표지점을 향해 계속 전진해갔지만, 2번기는 기지로 돌아가 버렸다.

목표지점에 도착한 1번기는 앞선 특수팀이 공격당했던 근방의 장소에 착륙을 시도했다. 기체를 내릴 무렵 갑자기 기체에 총알이 작렬했다. 어이없게도 같은 장소에 내린 것이었다. 지휘부는 신속대응팀에 헬기에서 대원이 떨어진 장소의 좌표만 불러주었을 뿐, 거기서 어떤 일이 발생했는지는 알려주지 않았다. 이전에 후퇴한 특수팀이 착륙지점에 적들이

〈그림 8.12〉
공중강습작전 모습

14) 출동은 네이선 셀프(Nathan Self) 대위가 지휘하는 35명의 레인저들로 구성되어 있었다. 출동은 셀프 대위의 20명의 레인저와 4명의 공군 특수전 요원과 함께 했다. 신속대응팀은 MH-47E 특수전 헬기 2대로 1번기에는 셀프 대위와 제1소대, 4명의 공군 CCT/PJ가, 2번기에는 제2소대가 나눠 탑승했다.

〈그림 8.13〉
공중강습작전 후 지역을 확보하고 있는 제10산악사단 부대원

가득하다는 것을 공중조기경보기(AWACS)를 통해 보고했지만, 이 내용은 신속대응팀에 전달되지 않았다.

조종석에도 빗발치는 총알이 작렬했다. 강화유리를 통과한 탄환들은 순식간에 조종사의 머리에 두 번, 가슴에 여덟 번이나 명중했다. 그러나 방탄조끼와 헬멧 덕분에 조종사는 목숨을 건질 수 있었다. 적의 화력이 오는 방향을 향해 오른편의 승무원이 미니건을 발사했으나 소용이 없었다. 이와 동시에 RPG 로켓이 헬기의 오른쪽 엔진부에 피격되자 06시 05분 조종사는 기체를 불시착시킬 수밖에 없었다. 이후 레인저들은 낙오된 동료 수색 구난이 아니라 자신들의 생존을 위해 처절한 전투를 벌이게 되었다.

작전지역에 들어온 지 1분도 지나지 않아 신속대응팀에는 무려 4명의 전사자가 발생했다. 레인저와 승무원들은 기체 밖으로 재빨리 대피했다. 하지만 적의 사격은 지속되었고 대원들은 응사하면서 엄폐물을 찾아 분산했다. 사격의 대부분은 두 군데의 벙커에서 발사되고 있어 공군 공정통제사는 급히 항공지원을 요청했다. 2대의 F-16이 임무를 부여받고 타쿠르과에 다가와 두 차례나 20mm 기관포로 공격을 시도했지만 실패

〈그림 8.14〉
무인공격기 프레데터

했다.

이번에는 레이저 유도폭탄 GBU-12 500파운드[15]를 유도했다. 그러나 레이저 조준기의 부정확으로 레이저 폭탄은 엉뚱한 곳에 파열했다. 마지막 희망은 무인공격기 프레데터였다. 레인저의 요청에 따라 나타난 무장형 프레데터는 1번과 2번 벙커에 각각 1발씩 헬파이어를 정확하게 타격했다. 이는 무인기가 항공근접지원 임무를 실시한 최초의 사례로 기록된다.

한편, 1번 헬기와 헤어진 2번 헬기는 복귀 후 대기하다가 통신이 회복되면서 1번기의 피격 소식을 전해 듣고는 재빨리 다시 현장으로 돌아왔다. 2번기는 사고 현장에서 동쪽으로 800mm 떨어진 곳에 레인저 제2소대를 내려놓았다. 2번기의 대원들은 3시간 정도의 등반을 거쳐 10시 30분이 돼서야 제1소대와 합류할 수 있었다.

그러나 재회의 기쁨도 잠시, 병력을 재집결한 알 카에다는 다시 추락한 치누크 헬기와 레인저를 향해 공격을 시작했다. 이번에는 PKM 기

15) 500파운드 폭탄에 장착되는 탄두는 무게가 약 250파운드로, 살상반경이 아주 컸다.

관총의 공격 외에 박격포까지 합세했다. 공정통제사는 다시 한 번 항공근접지원을 요청했다. 그리고 벙커에 접근한 7명의 레인저가 수류탄을 던져 넣어 적의 공격을 무력화시켰다. 이제 더 이상 공격은 없을 듯했다. 이렇게 타쿠르과에서의 임무를 끝마쳤다고 생각하는 순간, 다시 한번 총격이 시작되었다. 이번에는 건너편 언덕에서 총알이 날아왔다. 전폭기들이 폭탄을 퍼부으며 신속대응군을 다시 보호해주었다. 그러나 더 이상 주간에 띄울 헬기도 없었다. 어둠이 깔리자 신속대응군은 부상자와 사망자를 데리고 타쿠르과를 빠져나갔다. 이렇게 타쿠르과의 전투는 로버츠도 구하지 못했고, 오히려 7명의 사망자를 내고 처참하게 막을 내렸다.

미국은 이날 전투를 기념하여 타쿠르과를 '로버츠 고지'로 부르고 있다. 로버츠 고지의 전투는 실수와 비효율의 극치였고, 또 미군이 자랑하는 하이테크 전투의 한계이자 특수부대의 오명을 다시 불러일으킨 비극적인 전투였다.

소탕작전

한편, 지아 사령관의 아프가니스탄군은 철수하여 4일을 허비한 후 미군 특수정찰팀과 함께 다시 작전지역에 투입되었다. 9,000피트 높이의 '웨일'과 그 동쪽의 2개 능선 사이에는 3개의 작은 촌락이 위치해 있었다. 지아 사령관군은 웨일 남북에서 각각 작전지역으로 진입하였다.

그동안 샤히콧 계곡에서는 헬기에서 착륙한 병력이 적에게 포위되고 고립되어 치열한 전투를 벌이기도 하였지만 점차 적응하면서 계곡을 확보하기 시작하였다. 적과 서로를 알아볼 정도로 근접한 거리에서 기관

〈그림 8.15〉
샤히콧 계곡 내 마을을 수색하고 있는 제10산악사단 부대원

총과 소총 사격을 실시했고, 고전 끝에 미군은 근접지원 항공기를 요청하면서 탈레반군을 격멸하고 지역을 확보할 수 있었다. 특히 3월 8일과 9일에는 대규모 공군과 공격헬기의 집중공격으로 통로를 개척하고 적의 동굴 진지를 수색, 격멸할 수 있었다.

미군들은 길을 따라가다가 알 카에다와 조우했는데 적들은 진지와 부대 이동 시 지형을 이용해 은폐하고 유리한 곳에 박격포를 배치해 저항했다. 이러한 고전 끝에 작전지역 외곽의 차단진지를 완벽하게 점령하여 포위망을 완성하였다.

작전지휘부는 이제 포위망 내부 소탕작전을 본격적으로 시작하도록 하였다. 12일에는 탱크와 장갑차와 병행하여 계곡을 공격해 목표지역에 있는 3개 마을에 대한 탐색과 격멸작전을 실시하였다. 마을에 있는 건물, 벙커, 민간 주거지마다 일일이 수색하여 지역을 확보하였다. 아프가니스탄의 군 하이다르 장군의 부대는 북쪽에서 지아 사령관의 군은 남쪽에서 마을을 소탕하였다. 그러나 적은 이미 빠져나갔고 단지 부상당한 포로 2명만 생포하였다. 이어서 제10산악사단 여단과 캐나다 경보병부대들로 구성된 'TF 코만도'가 웨일 능선에 공중강습하여 남아 있는 적과 보급소를 수색하였다. TF 코만도가 웨일 지역을 소탕한 후 목표 '진저'와 일대 소로에 대한 작전을 계속하였다.

3월 13일부터 18일까지 TF 코만도는 남아 있는 몇 명의 알 카에다를 사살하고 거대한 무기 및 탄약저장소를 발견해 폭파하고 동굴 아지트에서 다량의 전리품을 수집했다. 3월 10일부터 16일까지 도주한 알 카에다들은 후방의 차단선을 점령하고 있었던 동맹군 특수전 부대들에 의해 대부분 격멸되었다. 그러나 야간에 소도로를 이용하여 100여 명만이 도주에 성공한 것으로 추정되고 있다.

아나콘다 작전이 끝날 무렵 탈레반 사살 인원은 800여 명에 달했고 수백 명의 부상자가 발생했으며 20여 명의 포로를 획득하였다. 반면에 미군 측은 14명이 사망하고 수십 명의 중경상자가 발생하는 데 그쳤다.

그리고 노획한 장비, 문서, 지갑 등을 통해 이들 중 일부는 사우디아라비아, 우즈베키스탄, 파키스탄 등에서 지원된 이슬람 원리주의자들로 확인되었다. 결국 이 작전은 아프가니스탄 내 알 카에다의 최후 저항의지를 소탕했다는 것에 의미를 부여할 수 있다.

아나콘다 작전 이후의 안정화 작전

3월 19일 중부사령관 토미 프랭크스 대장은 아나콘다 작전의 종료를 선언하였다. 작전 결과 미국은 알 카에다와 탈레반의 잔존세력을 격멸한 것으로 간주하고 군사작전 종료를 선언하고 안정화 작전으로 대아프가니스탄 전략을 전환하였다. 이후 미국은 유엔의 결정에 의해 파견된 ISAF군[16]에게 지역을 인계하고 다음 작전지인 이라크 전쟁을 준비하기 위하여 철군하였다. 이로써 탈레반 정권을 몰아내고 새로운 아프가니스탄 정부를 수립하는 계기가 되었고 전쟁은 순조롭게 종결되는 듯하였다.

그러나 미국의 재래식 전쟁은 성공적이었지만 결정적이지 못했다. 그 이유는 다양하겠지만 다음 두 가지로 정리할 수 있다.

첫째, 미국은 탈레반과 알 카에다의 지도부와 저항의지를 파괴하지 못했기 때문이다. 지도부와 핵심 요원들이 탈출함으로써 탈레반 및 알 카에다 조직의 완전 소탕이라는 전쟁목표 달성에는 실패하였다. 지도부와 탈출 인원들은 국경선을 넘어 인근 파키스탄, 또는 NATO군과 임시

16) 국제안보지원군(ISAF, Internatianl Security Assistance Force)은 2002년 12월 20일 유엔안보리 결의안(2001. 12. 20, 1386호)에 의거 승인되었다. 아프가니스탄 과도 정부를 지원하기 위해 NATO 주도의 다국적군으로 18개국 4,500명 수준이었다.

정부의 시야에서 벗어난 북서부의 험지로 들어가 재기를 노리며 세력을 확장시켜나갔다. 이 기간 동안 안정화 작전은 순조롭게 진행하는 듯하였다.[17] 그러나 아프가니스탄을 탈출하여 파키스탄으로 도주했거나 내륙으로 잠입한 탈레반 및 알 카에다는 결멸되지 않았다.

두 번째는 2003년부터 현재까지 탈레반과 알 카에다는 다시 세력을 회복하고 전쟁 종결 3년 이후 본격적인 활동을 재개하였다. 탈레반이 조직을 재정비해 공세에 나서기 시작하면서 아프가니스탄의 치안 상황은 악화되었다. 탈레반은 소규모 기동성을 갖춘 캠프를 파키스탄 국경에 설치하고 인원들을 모집하여 게릴라 전술과 훈련을 실시하면서 2003년 여름까지 2,000여 명의 전사들을 양성했다. 이 시기 탈레반은 급조폭탄 및 자살폭탄 공격을 본격적으로 실시하기 시작했으며, 아프가니스탄 남부, 특히 칸다하르를 중심으로 영향력을 확대해나갔다. 2006년 이전까지는 주로 미군과 동맹군, 아프가니스탄 정부군에 대한 공격을 하다 민간인에 대한 무차별 공격으로 변화되었다. 또한 2009년부터는 주민 중심 전략을 통한 적극적인 반정부활동도 시작되었다.

이러한 상황에서도 안정화 작전은 효율적이지 못해 다시 탈레반이 아프가니스탄에 세력을 확장하는 여건을 만들어주었다. 탈레반 재성장의 밑바탕에는 아프가니스탄 정부의 부패와 통치역량 부족, 치안 및 경제개발을 위해 인프라 부족이라는 근본적인 문제가 깔려 있다. 정부의 부패로 인한 국제기구의 지원이 정상적으로 배분되지 못했고, 마약 거래와 연결된 지방 실력자들의 부패는 혼란을 야기했다. 여기에 탈레반은

---

17) 유엔 주관하 2001년 12월 5일, "본 협약"을 체결하여 아프가니스탄국가재건을 지원하는 내용을 결정하였다. 이 협약에 따라 파슈툰 부족의 하미드 카르자이를 대통령으로 지명하고 임시정부를 구성하는 등 아프가니스탄의 새로운 정부가 수립되었다.

폭력을 기반으로 한 공격과 정치심리전을 병행하면서 아프가니스탄 경제에 큰 범위를 차지하고 있는 아편 생산을 통해 영향력을 확대했다. 이를 위해 지방민들과의 협력관계를 유지하면서 고립된 산악지역에서부터 영향력을 키워왔다. 탈레반 정권이 미국과의 전쟁 이전엔 아편 생산을 종식시키려 노력했지만 미군에 패배한 후 다시 세력을 확장하면서 임시정부의 통제를 벗어나 다시 재배를 권장했고, 이들은 생산된 아편 판매를 통해 병력을 양성하고 자원과 물자를 확보하는 데 활용하였다.[18]

18) 2001년 아프가니스탄은 전 세계 11%의 아편을 생산했지만 현재는 전 세계의 93%를 생산하고 있다. 이는 아프가니스탄 GDP의 절반에 해당되는 어마어마한 규모이다.

이 작전에서 무엇을 얻을 것인가?

이 작전의 중요한 의미로는 아프가니스탄 내 탈레반과 알 카에다의 주요 지도자들과 그들의 최후 저항거점을 소탕했다는 점을 들 수 있다. 그러나 최종목표인 빈 라덴을 놓쳤고 탈레반이 재생할 수 있는 여지를 남겼다는 데에서 아쉬움이 많은 작전이었다.

작전을 수행한 장소가 아프가니스탄의 산악지역으로 동굴과 소도로가 많아 한국적인 상황과는 상이한 점이 많지만 이 전투 사례를 연구하면서 본받아야 할 교훈은 많다. 북한 지역도 많은 산악지대로 형성되어 있으며 저항하는 세력이 극한 여건에서도 끈질기게 저항할 것이라는 예상을 할 수 있다. 또한 작전간 보여준 특수부대들의 활동과 첨단무기체계의 결합, 지휘통제 등은 우리에게 많은 것을 시사하고 있다.

첫째, 합동 · 연합작전이 얼마나 어려운지, 특히 이 작전도 현지 아프가니스탄군과의 협력 활동이 작전목적 달성에 결정적인 요인이라는 것을 보여준다. 미군은 이 작전에 앞서 토라보라 작전에서 빈 라덴과 알 카에다를 섬멸하려 했으나 실패했다. 그 이유는 아프가니스탄군의 차단작전 소홀 때문이었다. 경계와 차단에 실패하면서 핵심세력 대부분은 작전지역에서 빠져나갔다. 그래서 아나콘다 작전에서는 반대로 특수부대원의 지원하에 아프가니스탄군에게 타격 임무를 부여했고, 미군과 동맹군은 외곽진지를 차단했고 탈출로에서 도주하는 적을 격멸하는 임무를 부여하였다.

그러나 작전이 시작되기 전 TF 해머의 기동 지연과 아군부대에 대한 무장항공기의 사격으로 초기 단계에서부터 협조된 작전이 어긋났다. 이는 곧 적에게 공격기도를 노출시켜 적의 지휘부가 도주하는 것을 방치하게 된 원인이 되었다. 문화와 작전수행방식이 다른 군과의 합동 및 연합작전은 세밀하게 계획되고 상호이해를 수반한 가운데 작전이 수행되어야 한다는 것을 보여주고 있다. 또한 TF 해머의 아프가니스탄군은 기동간 행군 미흡에 따른 시간 지체와 우군기의 오폭, 알 카에다와 탈레반의 매복사격에 철수함으로써 올가미에 걸린 적에게 탈출구를 만들어준 셈이 되었다.

둘째, 탈레반과 알 카에다에 대한 정보판단의 오류가 작전에 결정적인 실패를 가져다준다는 점이다. 최초 토착 아프가니스탄군과 정보기관으로부터 입수한 첩보를 기준으로 분석한 결과는 목표지역 3개 마을에 알 카에다가 300여 명이 있고 이들은 공격과 동시에 파키스탄 방향으로 도주할 것으로 판단하였다. 그러나 수차례에 걸친 정보 획득을 통해 600~700명으로 수정했고, 작전 수행간 인원은 1,200여 명이나 배치되어 있던 것으로 확인됐다.

또한 이들은 패잔병으로 전투력이 저하되었다고 판단했지만 실제는 미군의 공격에 대비 철저하게 준비한 역전의 용사들이었다. 특히 미군과 동맹군이 차단하려 했던 지역을 예상하고 사전에 진지를 구축하고 철저한 전투준비를 했다. 그래서 미군이 공중강습을 하자마자 기습적인 사격으로 특수부대원들에게 큰 피해를 주고 패퇴시킬 수 있을 정도로 강력했다.

셋째, 산악지역 작전에서의 육군항공의 근접지원사격과 근접전투의 중요성이다. 아나콘다 작전은 산악에서 올가미 작전과 정밀 탐색격멸 작전을 수행한 것이다.

최초 작전 개념인 탈레반의 예상 도주로를 공중강습으로 차단하고 서쪽의 계곡에서 차단진지를 공격하려는 의도에서 여러 문제점이 노출됐다. 탈레반의 위치와 대응방법에 대한 정보 부재로 공중강습 투입로가 탈레반의 중심을 경유하여 기동하였고 착륙한 위치가 적의 강력한 진지 바로 앞에 선정되는 등 많은 피해가 속출하게 된 원인이 되었다.

특수부대의 보병지원, 탐색 및 구조작전을 포함하여 아파치 헬기는 기본운용 개념을 뛰어넘는 기동간 사격지원 등을 통해 포병의 역할을 대신하였다. 또한 건물지역 작전 및 동굴 소탕작전간 근접전투기술의 중요성 부각이다. B-52, F-15, 16, MC130, 아파치 등 항공화력에도 불구하고 마을 지역의 건물과 방에 은거했던 탈레반에 대한 화력의 제한과 동굴진지에 대한 항공화력이 가진 효과는 제한되었다. 따라서 이러한 특수지역은 결국 보병과 특수부대의 병력이 직접 건물별, 방별 수색 및 확인 소탕하는 방법이 가장 효과적이었다. 이러한 근접전투는 첨단무기와 탄약의 개발에도 불구하고 최종 목표를 달성하는 데 중요한 요소임이 확인되었다.

마지막으로 특수전 부대의 역할 증대와 부대 정신이다. 특수부대는 특성인 최소의 규모로 운용, 투입의 신속성, 여기에 정보부대와 항공화력부대와의 결합을 통한 가공할 만한 능력 발휘가 가능한 부대이다.

그리고 미 특수부대원들의 신조와도 같은 '누구도 뒤에 남겨두지 말라'라는 부대 정신이 아나콘다 작전을 가능하게 했다. TF-11의 최초 임무 때 헬기에서 낙하한 대원 네일 로버츠가 다행히 낮은 고도에서 지상에 떨어져 크게 다치지는 않았으나 곧 알 카에다에게 납치되었다. 이 상황에 직면한 미 해군 특수부대원들이 그들의 잠재된 사명과 용기를 발휘하였다. 특수부대 동료들은 낙오된 동료를 구하기 위해 즉각 구출작전을 수행하였다. 이 작전에서 1명이 사망하고 나머지 3명이 부상을 당하는 피해를 입었지만 결국은 시체로나마 동료를 복귀시킬 수 있었다. 또한 이 구출작전을 지원하기 위해 육군 특수부대 1개 중대가 2대의 시누크 헬기를 타고 이 작전지역으로 들어갔으나 탈레반의 기관총과 박격포 공격을 받아 수분 만에 4명이 전사하고 11명이 부상당하는 비극을 당하기도 했다. 그러나 중요한 것은 특수전 부대원들의 뇌리에 깊이 새겨진 '적지에 동료를 남기지 않는다'는 의식이야말로 어떠한 임무도 같이 할 수 있다는 사명감으로 되살아나 최종적인 작전 임무를 완수하게 한 힘의 원천이 되었다.

Solutions of victory

IX

새로운 도시지역작전, 번개처럼 질주하라!

이라크 전쟁의 바그다드 점령
(전격질주작전)

"미군은 수도 남쪽의 유프라테스강에서 정지했다고 들었다. 그래서 바그다드로 미군 전차가 들어온다는 것은 전혀 예상하지 못했다."

1차 전격질주작전 간 포획된 이라크군 대령

2001년 9월 11일, 9 · 11 테러 사건이 일어난 후 2002년 1월 미국은 이라크를 비롯한 이란, 북한을 '악의 축(An axis of evil)'으로 규정하였다. 그 후 이라크의 대량살상무기(WMD)를 제거함으로써 자국민 보호와 세계 평화에 이바지한다는 명분으로 동맹국인 영국, 호주와 함께 2003년 3월 20일 새벽 05시 30분 후세인 은거지에 대한 미사일 폭격을 가함으로써 전쟁이 시작되었다.

전쟁 개시와 함께 연합군은 이라크의 미사일기지와 포병기지, 방공 시설, 정보통신망 등에 대해 공습을 감행하고, 3월 22일에는 이라크 남동부의 바스라를 장악하였다. 이어 바그다드의 대통령궁과 통신시설을 집중적으로 공습하면서 4월 4일 바그다드 인근의 사담 후세인 국제공항을 장악하였고, 수도 바그다드를 점령하여 이라크의 전쟁의지를 굴복시키기 위한 '전격질주작전(Op. Thunder Run)'을 효과적으로 실시하였다. 이어 4월 14일에는 미군이 이라크의 최후 보루이자 후세인의 고향인 이라크 북부 티크리트 중심부로 진입함으로써 발발 26일 만에 군사작전을 끝낼 수 있었다.

이라크 전쟁에서 미군은 전통적인 방법과 달리 전방에 경계병을 배치하지 않고 장갑차로 신속하게 기동하였으며, 비교적 열려 있는 통로를 찾아 기동하고 주요 도로 등 넓은 공간을 전투장소로 활용하였다. 또한 미군은 도시 전체를 점령하기보다는 권력의 상징인 시설과 핵심시설이 집중되어 있는 중심지를 점령하는 새로운 도시지역작전의 모델을 보여주었다.

막다른 골목을 향해 치닫는 이라크

미국에 2001년 초 공화당의 부시 정권이 들어서고 그해 9월 11일 테러리스트들은 사상 유래가 없는 테러를 감행하였다. 이에 미국은 테러에 대한 응징을 천명하고 테러의 원흉인 알 카에다를 지원해온 탈레반 정권을 축출하기 위해 대(對)아프가니스탄 전쟁을 시작하였다. 미국은 이 전쟁에서 텔레반 정권과 빈 라덴이 거느린 알 카에다 조직을 3개월 만에 철저히 와해시켰다.

아프가니스탄 전쟁을 성공적으로 수행한 미국은 다음 상대를 이라크로 지목하면서 이라크로 하여금 테러에 사용될 우려가 높은 대량살상무기(WMD)[1]의 폐기 및 유엔의 사찰을 요구하였다. 또한 부시 대통령은 2002년 연두국정연설에서 이라크를 '악의 축(Axis of Evil) 및 무법(無法)정권(Outlaw Regime)'으로 지목한 후, 이라크가 보유하고 있는 대량살상무기의 위협성을 강조하면서 '사담 후세인 제거'를 공언하기 시작하였다.

국제사회에서는 이라크에 대한 사찰기간 연장과 무용론을 놓고 주전(主戰)과 반전(反戰) 진영의 치열한 대립양상이 벌어졌다. 미국은 유엔안

1) WMD: Weapons of Mass Destruction(핵, 생화학무기 등 대량살상 무기)

보리가 이라크 측에 제시한 무장해제의 마지막 기회를 받아들이지 않았기 때문에 유엔안보리 결의에 의해 강력한 후속 조치를 취할 것을 제의하였다. 그러나 프랑스를 비롯한 일부 상임이사국은 사찰기간을 연장하여 다시 한번 기회를 주자고 하였다.

그러나 미국은 이라크에 대한 유엔의 무기사찰이 실패했음을 주장하면서 전쟁 준비를 가속하였다. 2003년 2월 미 · 영 · 스페인은 이라크에 대한 무력공격을 허용하는 안보리 결의안을 상정하여 통과시키려 했지만, 프랑스와 러시아가 거부권을 행사하여 뜻을 이루지 못하였다. 한편 이라크는 부분적으로 미사일을 폐기하면서 전쟁을 피하려고 하였다. 반전국가들도 이라크 공격을 반대하고 사태의 평화적 해결을 강조하며 사찰단의 임무완수를 위해 충분한 시간을 더 주자고 하였다. 그러나 2003년 3월 16일 미 · 영 · 스페인 3국은 정상회담을 갖고 이라크에 대한 무력공격을 허용하는 유엔안보리의 결의안 채택을 위한 노력을 포기하기로 하고 이라크에 대한 외교적인 노력의 시한을 3월 17일로 설정하였다.

미국은 이번 기회를 놓치게 되면 9 · 11테러와 같은 반문명적 테러에 대한 불안이 계속 남아 인류의 영원한 평화가 어렵다고 판단하였다.

"사담 후세인과 그의 아들들은 48시간 이내에 이라크를 떠나야 합니다. 이를 수용하지 않을 경우 미국의 재량에 따라 임의의 시간에 전쟁을 개시할 것입니다."

미 대통령 부시(George W. Bush)
2003. 3. 17.

〈그림 9.1〉 부시의 48시간 최후통첩 연설

따라서 미국은 전투병력을 이라크 주변 지역에 집결시킴으로써 상황은 이라크를 전쟁이라는 막다른 골목으로 몰아가고 있었다.

미국의 치밀한 전쟁 준비

이라크와의 전쟁은 지난 1990년 수행되었던 걸프전과 비교해볼 때 작전계획 수립에 있어 여러 가지 변화된 요소가 있었다. 우선 지난 1990년의 걸프전은 쿠웨이트를 침략한 이라크군을 격퇴시키는 침략자에 대한 응징적 차원의 전쟁이었다. 반면 이라크 전쟁은 후세인 정권 와해와 대량살상무기를 제거하기 위한 선제공격(Preemptive Attack)이었다. 작전지역 또한 걸프전과는 확연히 다른데, 쿠웨이트 영토 회복을 위한 걸프전 시 쿠웨이트 작전전구(KTO)는 사우디와 쿠웨이트의 이라크와의 국경선으로부터 유프라테스강 이남인 알 사마와(Al-Samawah) – 나시리아(Nasiriya) – 바스라(Basra)를 연하는 선이었으나 이번 전쟁에서는 과거에 비해 약 2.5배 크기인 이라크의 전(全) 영토로 확장되었다.

한편, 걸프전과 아프가니스탄에서의 테러 전쟁을 통하여 반미 감정이 고조되고 있었던 사우디아라비아의 비협조로 인해 미군은 사우디를 통한 기동이 제한될 수밖에 없었다. 서로는 사우디와 쿠웨이트 국경선으로부터 동으로는 바스라까지 매우 제한된 정면의 기동공간을 활용, 많은 부대가 전개해야 하는 어려움과 사우디 영토 사용의 제한으로 인한 장거리 우회기동, 병참선의 신장은 군사작전 수행에 있어 대단히 제한을 주는 요소로 등장하였다.

이라크와의 전쟁을 계획하면서 미군은 전략적 중심을 바그다드로 인식하였고 바그다드가 우선적으로 함락될 시 이라크로서는 전쟁 수행 의지를 기대하기가 사실상 어렵다고 판단하여 작전계획을 수립하였다.

연합군의 작전계획은 3단계로 구분되어 시행되었다. 제1단계는 전쟁준비(여건 조성), 제2단계는 결정적 작전, 제3단계는 안정화 작전으로 주요 내용은 다음과 같다. 특히 제2단계 작전간 전략적 요구사항(Strategic Imperatives)은 ① 유전지대 확보, ② WMD 발견, ③ 이라크군 11개 사단을 북부지역에 고착, ④ 이라크 정권 제거, ⑤ 서부지역에 대한 탄도탄 위협 제거, ⑥ 인도적 환경조성 등이었다.

미국은 제1단계 전쟁 준비기간에 미국의 일방주의적 행동에 대한 국제사회의 부정적 여론을 전환시키기 위하여 NPR(핵 태세 검토보고서)를 비공식적으로 공개하고, 선제공격 독트린 천명 및 NSS(국가안보전략) 발표 등으로 선제공격의 당위성과 무력수단의 자유스러운 사용을 암시하였다. 또한 미국은 세계평화 유지라는 명분 아래 대이라크전 수행 불가피론을 강조하면서 이라크에 대해서는 강력한 전쟁 수행의지를 전달하고 전 세계적으로는 전쟁 개시 상황을 명백히 함으로써 추가적인 반전 논의를 제거하고자 시도하였다.

이라크 내부분열 유도 및 이라크군을 점진적으로 약화시키기 위하여, 심리전 항공기(EC-130E)[2]를 이용한 심리전과 전자전 수행을 통해 이라크 국민, 군대의 항전의지를 저하시키고, 전장 이탈과 이반을 유도하였다.

---

2) Commando는 특수작전 임무를 의미하고, Solo는 단독으로 임무 수행이 가능하다는 의미이다. Commando Solo 임무를 수행하는 EC-130E 항공기는 특수작전 항공 예비군 부대인 193특수작전비행단 소속으로 해당 지역 언어와 문화에 전문가를 대동하고 방송, TV를 통하여 심리전 및 지휘통신 임무를 준비하고 수행한다.

〈그림 9.2〉
EC-130E Commando Solo
심리전 항공기

미국은 전쟁 발발 2개월 전부터 CIA 산하 특수작전단(SOG) 요원을 유럽을 경유하는 비즈니스맨으로 가장시켜 주요 전략목표 지점들인 바그다드, 모술, 바스라 등에 잠입시켜 이라크 전 지역에 연락망을 구축하는 등 특수부대를 사전에 투입하여 작전여건을 조성하였다. 이들의 주요 활동은 ① C4I시설, WMD 은닉장소 등 수집 활동 전개, ② 북부 쿠르드족과 연계한 민병대 조직, ③ 개전 시 주요 시설, 목표물을 정밀타격하도록 실시간 정보를 제공하고, 주요 요충지, 비행장 등 점령 가능한 교두보를 확보, ④ 유전지대를 장악하여 이라크군의 방화 차단, ⑤ 해상교통로 확보를 위한 활동(기뢰설치 거부 등)을 실시하는 것이었다.

미국은 걸프전 이후 이라크 대통령 후세인을 관심 있게 주시하였다. 전쟁에서 패배한 후세인은 자국 국민들의 지지를 계속 획득하기 위해 갖은 노력을 다하였다. 그중에서 특이한 것은 이라크 북부와 인근 이란, 시리아 국경 쪽에 살고 있던 쿠르드족에 대한 탄압이었다.

후세인은 1987년 쿠르드족이 반정부 투쟁을 한다는 이유로 24개의 쿠르드 마을에 화학무기 투하를 명령하는 등, 비인륜적 살상행위로 인한 세계의 비난을 받았다. 특히 신경가스 공격으로 할랍자 마을에서만

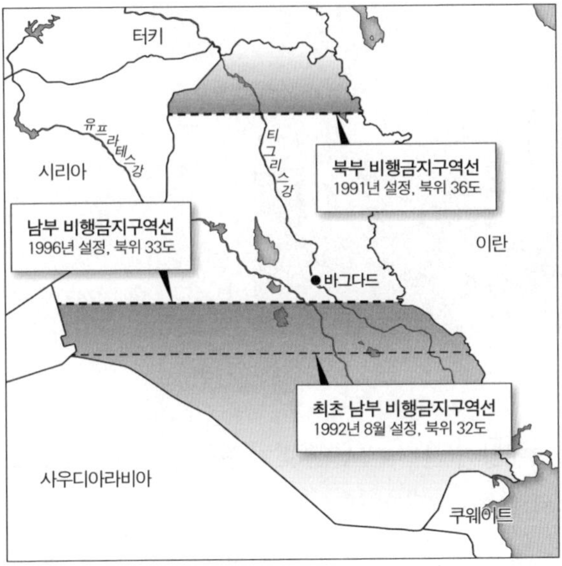

〈그림 9.3〉
비행금지구역
(No Flying Zone)

5,000명이 사망하자 미국을 비롯한 유엔에서는 이라크를 제재하면서 결국은 이라크 전투기의 비행까지 제한하게 되었다. 이러한 제한이 곧 비행금지구역의 설정으로 구체화되었다.

이러한 제한을 시행하기 위해 미군과 영국군은 이라크군에 대한 정보를 획득하였고, 후세인의 탄압함과 동시에 도발 시 이라크군을 공습하기도 하였다. 반면 이라크군은 공습에 대한 피로감과 무기력감을 확인시킴으로써 전쟁 이전에 사기가 저하되어 있었다.

충격과 공포(Shock & Awe) 작전

압도적인 전력 운용

미 국가안보기구에서는 정찰위성, 유·무인 정찰기, 특수부대, CIA 요원에 의한 정보를 종합 판단한 후 후세인 거처로 예상되는 곳에 대한 정보를 제공하였다. 그리고 연합군은 2003년 3월 20일 05시 35분경에 후세인의 거처로 예상되는 곳에 집중타격을 하는 참수작전을 시작으로 이라크 전쟁이 시작되었다.

연합군은 3월 20일 20시 선별적 공습이 지휘부 제거라는 목표 달성에 실패했다는 판단에 따라 충격과 공포 작전에 돌입하였다. 적의 전의를 심리적으로 무력화하는 데 초점을 두고 정밀유도 미사일로 군지휘부·WMD시설·방공망 등 전략목표에 고강도 공습을 실시하였다.

그리고 럼스펠드의 신속기동전략 개념에 의거 압도적 공습과 동시에 지상군부대·특수부대를 투입하였다. 연합군은 3월 21일에 A-Day를 선포하고 대규모 공중공격과 병행하여 지상작전을 전개하였다. 미 항모 5개 전단 함재기, B-52, 토마호크 등을 대거 동원하여 정밀유도무기 및

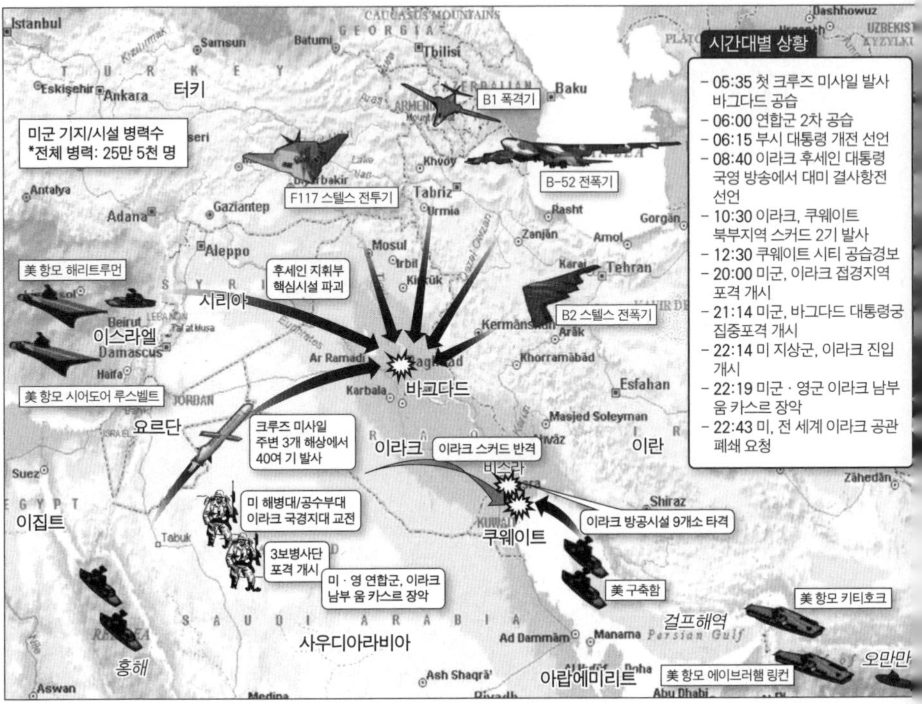

〈그림 9.4〉 이라크 전쟁(바그다드 공습)

슈퍼폭탄(MOAB)을 투하, 미 해병대는 남부 최대 유전지대인 루마일라를 장악하고 터키는 영공을 개방해주었다.

연합군은 3월 22일 신속한 진격과 병행하여 바그다드를 지속적으로 공습하면서 이라크 내 160km까지 진격하고 서부지역은 주요 비행장(H-2, H-3)을 장악하였다. 공군전력은 최초로 바그다드 주간 공습을 단행하였으며, 미 4보병사단의 장비 · 물자를 지중해에서 걸프만으로 이동 전개하였다.

3월 24일에는 이라크 북부지역 전선에 폭격 강화, 병력 증원 등을 실시하여 바그다드 남쪽 80km 지점(카르발라 남방)까지 진출하였다. 이는

〈그림 9.5〉
이라크 모래폭풍

초기 전장주도권 장악, 전략적 오판(이라크), 우회전략(연합군) 구사로 거침 없이 바그다드로 진격하였다. 그러나 이라크군의 게릴라전술(위장, 기만)로 인해 병참선이 위협받고 다수의 인명피해가 발생하였다. 특히 강한 모래바람 때문에 연합군 진격속도가 현저히 둔화되었다.

한편, 연합군은 3월 24일 오후부터 3월 28일까지 기상 악화(모래폭풍) 기간 동안 소강 상태를 이용, 전열을 재정비하고 작전계획을 일부 변경하였다. 지상군은 추가 증원전력을 조기에 투입 결정하였고 독일 주둔 1기갑사단(1만 5,000명), 1보병사단(1만 7,000명)을 전개시키고 본토에 위치한 1기갑 수색사단, 3기갑 수색연대는 신속한 전개를 위해 대기토록 하였다. 그리고 정예 예비대(101공중강습사단(-), 82공정사단)를 투입하여 병참선 보호 및 확보에 주력하였다. 그리고 연합군은 이라크를 남·북·서부 3개 지역으로 전선을 확대하여 현 전선에서 고착을 시키고 이라크군의 게릴라전술로 연합군 피해가 증가함에 따라 남부 전략거점(나시리아, 바스라)을 우선적으로 장악하여 후방을 우선 안정화시키는 계획으로 수정하여 작전을 수행하였다.

연합군은 3월 28일부터 31일까지 대규모 공습하에 바그다드 공략을 준비 하였다. 지상군은 전 전선의 소강 상태하 재보급을 통해 전선을 안정화하였다. 지상군은 크게 4개 지역으로 나누어 중부지역 주공인 5군단은 나자프-카르발라 지역에서 공화국수비대와 교전, 격멸 활동을 지속하고 서부지역은 검문소를 설치, 이라크 비정규전부대 및 이라크 정권 동조세력 이동차단과 주력부대 공격을 지원하였다. 남부지역은 나시리아 평정작전(1해병원정군), 유전지대, 움카스르 방어를 위해 북으로부터의 이라크군 증원을 차단(영국군)하였다. 북부지역은 쿠르드 자치지역의 안정화 작전 실시와 병행하여 이라크군을 압박하고 고착 및 견제 작전을 실시하였다.

연합군은 4월 1일부터 4일까지 바그다드를 포위하고 시가전 돌입 준비를 하였다. 지상군은 바그다드 국제공항 점령과 시가전 수행을 준비하고, 공군전력은 지상군을 근접지원하고 전략표적을 집중적으로 타격하며, 특수부대는 시가전 여건을 탐색, 후세인 제거에 주력하였다.

이라크는 연합군의 진출 지연을 이용, 공화국수비대 일부를 공세작전에 투입 및 부대 배치를 전환(남부지역 보강, 3 · 27 이후)하였으며, 게릴라식 위장전술을 이용하여 자살폭탄 사용과 방화를 감행하고 화염 장애물(Oil-trench)을 형성하였다. 특별공화국 수비대는 바그다드 시내로 산개하여 시가전을 준비하고, 바그다드 시내 경계를 강화, 시내 진입로상의 교량 파괴 준비 및 통행금지를 실시하였다.

전격질주작전

바그다드 공항을 확보하고 바그다드시를 봉쇄한 뒤 미 제3보병사단장 블루트 소장은 지체 없이 이라크군을 계속 압박해야 사담 후세인 정권의 붕괴를 앞당길 수 있다는 확신을 갖게 되었다. 바그다드를 향해 신속히 공격해온 연합군은 공화국 수비대를 격파는 하였지만 완전히 격멸하지는 못하였다고 판단하였다. 그렇기 때문에 연합군 내부에서는 '바그다드를 중심으로 이라크군이 잔존 공화국 수비대들로 이루어진 강력한 방어망을 구축하고 있다' 또는 '패잔병들로 이루어진 느슨한 방어막을 구축하고 있다' 는 등의 다양한 추측들이 난무하고 있었다. 그렇기 때문에 더욱 바그다드 진격에 앞서 내부 방어 상태를 확인한 이후에 공격작전을 수행하는 것이 무엇보다 중요하게 여겨졌다. 따라서 블루트 소장은 기존에 수행하던 도시지역작전의 틀을 탈피하여 보병 위주가 아닌 전차를 동원한 기갑전력 위주의 작전을 수행하기로 결정하였고 제2전투여단장인 퍼킨스 대령에게 바그다드 임무를 부여함으로써 전격질주작전(Op. Thunder Run)[3]이 시작되었다.

---

3) 썬더런(Thunder Run)이란 단어는 베트남전쟁 때 생겨난 용어로, 보급로를 적의 기습으로부터 지키기 위하여 제병협동부대(중대로부터 여단급까지)가 실시하는 위력수색 및 기습작전

〈그림 9.6〉
썬더런 작전 시 기갑 TF

퍼킨스 대령은 썬더런 부대로 제64-1기갑대대를 선택했다. 지휘관은 걸프전쟁에서 전차병으로 싸운 경험을 가진 에릭 R. 슈워츠 중령이었다. 슈워츠에게 부여된 임무는 적 배치, 전투력, 적의를 판단하기 위해 8번 고속도로를 따라 M1 전차와 M2 브래들리 장갑차로 이루어진 장갑기동부대로 고속기동을 하는 것이었다. 최초 진행은 출격지점에서 제2여단전투단이 포진한 목표 '세인트'에서 북상하여 최종적으로 9번 고속도로를 따라 서쪽으로 방향을 틀어서 제1여단전투단이 점령한 바그다드 국제공항으로 들어가는 것이었다. 거리는 20km 정도가 되었다.

이 작전이 성공한다면 적 상황뿐만 아니라 이라크 측에 심리적인 충격을 크게 입힐 수 있었고, 미군의 지상군은 도시지역 어디라도 갈 수 있다는 것을 과시할 수 있게 되는 것이었다. 그러나 상황은 기갑대대에 너무나 불리했다. 왜냐하면 썬더런 부대는 관측하기 쉬운 사막지역이 아닌 기동로 양측이 주거지와 고층빌딩, 야자나무 등으로 가로막힌 고속도로를 달리는 것이었기 때문이었다. 결국 부대는 도로 양측으로부터 민병의

을 말한다.

매복공격과 폭약을 장착한 차량에 의한 자폭공격을 각오해야 한다는 것을 의미했다.

슈워츠 중령은 부대의 편성을 고민했다. 무엇보다 숫자가 많은 민병의 기습에 대처하기 위해서는 근접화력의 증강이 무엇보다 절실했다. 그래서 공병대 M-113 공병장갑차를 임시로 이용하여 차 위에 기관총으로 무장한 4~5명의 기관총사수를 배치했다. 최종적으로 전차 29대, 장갑차 14대 등으로 편성된 제64-1 기갑 TF 부대를 편성하였다. 그리고 여단장은 TF부대 맨 후미의 장갑차에 탑승하여 작전 경과를 지켜보았다. 상급지휘관으로서 작전을 대대장에게 맡겨만 둘 수 없었다. 자신이 직접 전투현장을 목격하면서 차후 작전을 구상하려고 했기 때문이었다.

제1차 전격질주작전: 8번 고속도로에서의 전투

4월 5일 오전 06시 30분, 썬더런 부대는 목표 '라이온스'를 향해 기동하였다. 선두는 로버트 볼 중위의 전차였다. 방탄조끼를 착용한 그는 해치를 열고 나와 주변을 조망하면서 기동을 지휘했다.

수분 후에 도로의 양측과 주위의 건물에서 소총과 기관총, RPG 휴대형 로켓포가 일제히 사격을 개시했다. 로켓탄은 빨간 공처럼 날아가 회색 연기를 내뿜으며 머리 위로 지나갔다. 선두에서 3번째의 전차가 주포 발사 허가를 중대장에게 요청했다. 주포 공격은 민간인과 시설에 부수적인 피해를 가져오기 때문에 중대장보다 더 높은 상급지휘관의 허가가 필요했다. 이윽고 중대장이 주포 사격을 허가했고 전차는 도로를 연하여 약 24명 정도의 적이 있는 빌딩을 발견했다. 우선 레이저 거리측정

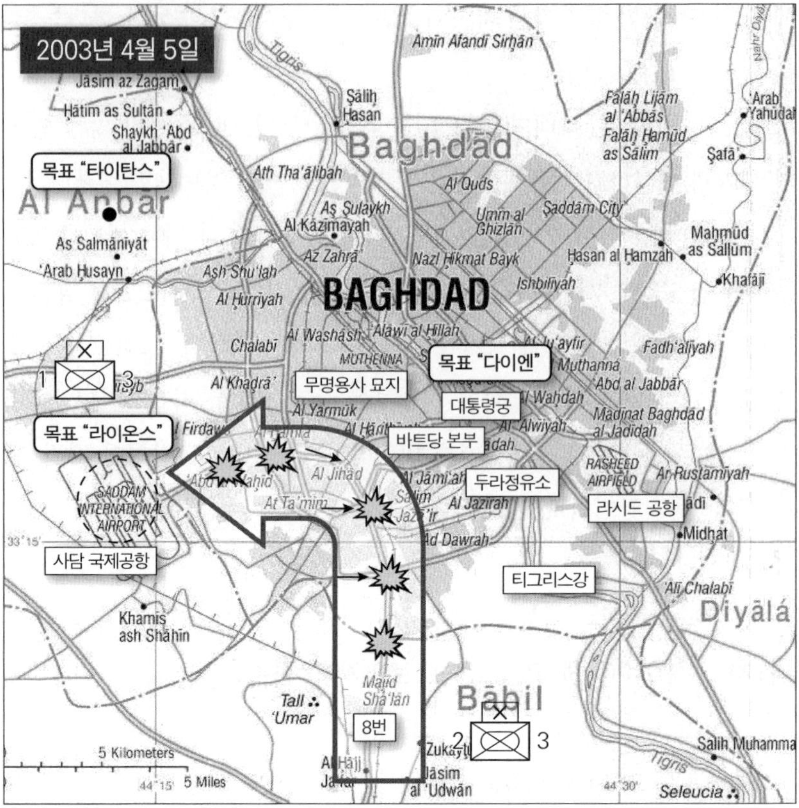

〈그림 9.7〉 제1차 전격질주작전 경로

기를 사용하여 거리측정을 한 결과 610m 정도였고 주포 사격으로 적을 격멸하였다. 기타 전차도 도로상의 벙커나 민병참호를 발견하자 주포 사격으로 이를 격파하였다.

곧 사방으로 교차하는 사거리에 들어왔다. 이 주변이 가장 위험한 민병의 매복 장소였다. 매복을 위한 포진에 적합한 장소가 많고 여러 개의 도로가 교차하기 때문에 차량 돌진이 용이한 지점이었다.

실제로 옆길과의 합류지점에서 소형 트럭, 택시 등의 민병 차량이 기습적으로 들이닥쳤다. 달리면서 기관총을 연사해오는 것뿐만 아니라 도로 측방에 매복해 있던 민병들도 사격을 해왔다. 전차와 장갑차는 기관총으로 도로 부근의 민병들을 사살했고 주포로 적 차량과 벙커를 파괴했다. 전차장은 위력이 큰 12.7mm 중기관총을 연사하여 도로를 연하여 있는 담장과 야자나무 뒤에 숨어 있는 적 RPG 로켓 발사 사수를 제압하였다. 또한 슈워츠 중령은 장갑차의 기관총으로 빌딩의 창문과 옥상의 적을 사격하라고 명령했다. 해치로 상반신을 내놓고 지휘하는 전차나 장갑차 승무원을 저격병의 사격으로부터 지키기 위해서였다.

한편 썬더런 부대가 고속도로에 갑작스럽게 나타났기 때문에 일반 시민의 승용차나 트럭도 전투에 휘말렸다. 경우에 따라서는 경고사격을 하여 민간인 차량을 유턴시켜야 하지만 양군의 교전 때문에 민간인들은 덩달아 피해를 입을 수밖에 없었다. 한 가지 예로 택시가 빠른 속도로 접근해서 경고사격을 하였으나 그들은 이를 무시하고 계속 접근했고 미군이 기관총 사격을 가하자, 택시는 허둥대다가 옆의 가드레일을 들이받고 도로 밖으로 추락하고 말았다.

그러나 진격이 시작되고 20분 후에 디아스 중사가 지휘하는 전차가 적의 로켓포에 피격되었다. 차내는 비상등이 켜졌고 전차는 정지했다. 디아스 중사는 즉시 4명의 승무원을 밖으로 대피시키고 소화를 시작했다. 전차를 공격한 민병은 고속도로로 나가는 측방도로 상에서 지나가는 전차의 후부를 90mm 무반동총으로 사격했던 것이었다. 이윽고 전차의 화염은 연료에 붙어 전체로 번졌고 적의 사격도 격렬해지기 시작했다. 민병은 정지한 전차를 집중 공격했다. 파킨스 대령은 적의 손에 전차를 넘길 수 없었기 때문에 전차를 파괴하라고 명령했다. 120mm 무반동총으로 파괴가 되지 않아 A-10 지상공격기가 장착한 매버릭 공대지 미

사일 2발로 파괴시켰다.

이후 민병의 격렬한 사격으로 많은 차량이 손상을 입었으나 전사자는 나오지 않았다. 그러나 최종 목표인 바그다드 국제공항으로 들어가기 전 희생자가 나왔다. 중대의 스티브 부커 중사였다. 그가 전차의 큐폴라에 나와 소총으로 민병을 사살하는 순간 적 중기관총이 그를 사격했던 것이었다.

작전이 개시된 지 2시간 20분 만에 제64-1 기갑 TF는 썬더런을 완수하고 목표지점에 도착했다. 제1차 전격질주작전간 미군의 손실은 전사 1명, 부상 5명, 전차 1대였다. 이에 반해 전과는 차량 50대, 화포 25문을 파괴하였으며 300명 이상의 민병을 사살하였다. 그리고 작전간 이라크군 대령 1명을 도로 상에서 포획하는 전과를 거두었다.

이라크군 대령의 "미군은 수도 남쪽의 유프라테스강에서 정지했다고 들었기 때문에 바그다드로 미군 전차가 들어온다는 것은 전혀 예상하지 못했다."는 진술에 비추어볼 때 미군의 썬더런 작전이 이라크군에게 예상치 못한 큰 충격이었다고 추측할 수 있다. 또한 이라크군의 저항은 격렬하였으나 대부분 훈련이 부족한 민병에 의한 기습공격이나 매복 정도였고 썬더런 부대의 진격을 저지할 수 있는 정규군의 조직적인 반격은 찾아볼 수 없었다.

따라서 연합군은 제1차 전격질주작전간 일부 이라크군의 격렬한 저항은 있었지만 그들이 전격질주작전 부대의 진격을 효과적으로 저지할 수 있는 조직적인 부대와 반격능력이 없음을 확인하게 되는 큰 성과를 거두었다.

제2차 전격질주작전: 대통령궁을 점령하라!

제1차 작전을 통해 이라크군의 방어 및 전력 상태를 확인한 윌러스 중장(제5군단장)과 블룬트 소장(제3사단장)은 이라크군에게 더욱더 강한 압박을 가하기 위해 제2차 전격질주작전 수행을 결심하였다. 제2차 전격질주작전은 제1차 작전과 다르게 중요지역을 확보하여 시내 중심지에서 주둔하고 이를 위해 바그다드 내부의 병참선 확보라는 명확한 목표가 설정되었다. 이 목표를 달성하기 위해 다음과 같은 사항이 결정되었다.

① 썬더런 부대는 제2여단 전투단이다.

② 공격목표는 가장 중요하고 가장 상징적인 바그다드의 중추 즉, 티그리스 강 부근의 대통령궁과 기념관이 있는 지역을 점령하고 대통령궁에 지휘소를 설치한다.

③ 점령부대를 지원하는 보급로를 확보하고 즉시 보급물자를 수송한다.

제2여단 전투단의 주요 부대는 슈워츠 중령이 지휘하는 제64-1기갑대대, 디캄프 중령의 제64-4기갑대대, 트위티 중령의 제15-3기갑대대의 3개 대대이다. 3명의 지휘관은 걸프전쟁의 경험자이기도 했다. 1차 작전과 같이 M1A1 전차 74대와 브래들리 장갑차 58대는 공격축이 되는 주력무기이다. 그리고 후방에서 155mm 팔라딘 자주포와 MLRS가 화력지원을 하면서 상공에는 공군의 A-10 지상공격기와 무인항공기가 엄호를 하는 것이었다.

4월 7일 06시, 선두부대가 기동을 시작했다. 선두는 1차 작전을 수

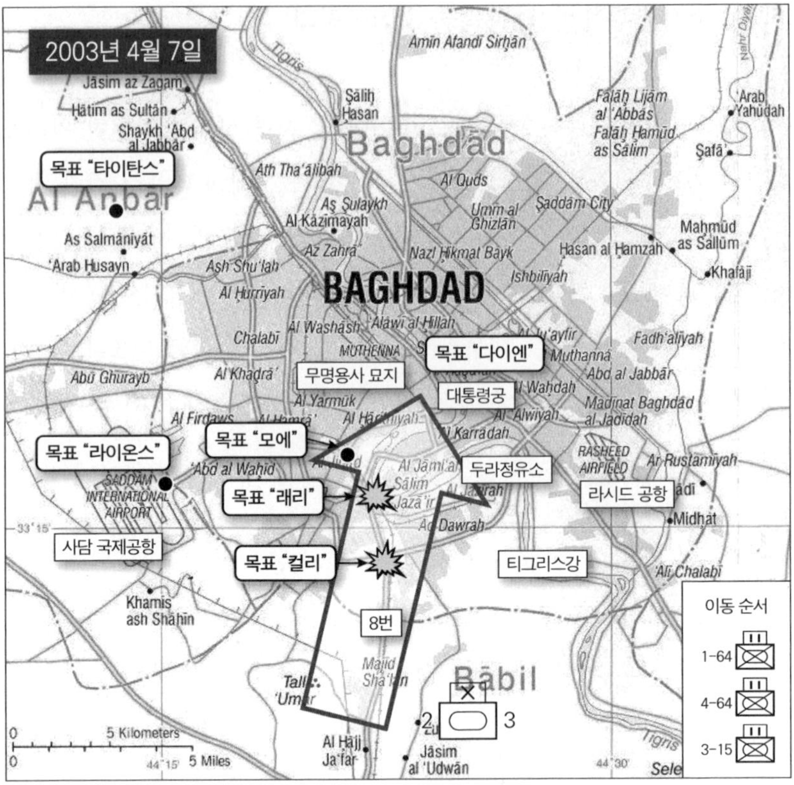

〈그림 9.8〉 제2차 전격질주작전 경로

행한 제64-1기갑대대의 A중대였다. 그들은 전차의 포탑 후부에 있는 화물(군장, 연료, 기관총 예비탄 등)을 전부 내렸다. 지난 번 전투에서 민병이 발사한 RPG 로켓탄이 여기에 명중하여 전차에 불이 붙었기 때문이었다.

제64-1기갑대대의 임무는 목표 '다이엔'[4] 점령이었다. 출발한 지 11분이 지나면서 민병의 소화기와 RPG 로켓발사관, 박격포 사격이 썬더

4) 후세인의 선전시설인 무명용사 묘지, 인접한 동물원, 연병장 등이 모여 있는 지역이었다.

런 부대를 향했다. 2발의 RPG 로켓이 전차를 정지시켰다. 전차는 유압 시스템이 파괴되면서 움직이지 못했다. 그러나 대대는 서슴없이 전차를 버리고 진격을 계속했다. 속도가 더딜수록 임무 달성이 곤란하기 때문이었다. 남겨진 전차 처리는 후속하는 제15-3대대가 실시했다.

기동한 지 40분이 지나면서 부대는 도로 상의 장애물에 부딪쳤다. 이라크군은 18대의 트럭을 옆으로 넘어뜨리고 그 주위에 벙커와 항아리형 매복진지를 파고 매복해 있었다. 전차부대의 엄호를 받은 공병대의 기갑전투 불도저가 장애물을 도로 밖으로 밀어내어 없앴다. 그러나 도로 측방에서 민병들이 계속 사격을 가하자 이들을 기관총으로 사살하고 도로에 나타난 돌진 차량은 포격으로 정리했다. 교전은 1~100m의 지근거리 총격전 형태였다. 이후에도 간헐적으로 이라크군과 민병이 10~20명으로 팀을 이루어 기습공격을 해왔다. 특히 차량을 이용한 기습공격이 활발했다. 그러나 제64-4기갑대대는 진격을 계속했다.

7시 20분 제64-4대대는 대통령궁이 위치하고 있는 웃디 웨스트 지역으로 접근했다. 이라크 수비대는 궁전 내의 벙커에서 저항을 했으나 전차와 장갑차가 화력으로 제압할 수 있었다. 계속해서 중대가 요충지인 다리를 점령하면서 이라크군의 반격을 저지하기 위한 거점을 구축하였다. 대대의 전과는 이라크 병사 47명 사살, 포로 25명, 장갑차 2대, 1대 야포 12문, 대전차무기 19정, 방공무기 19대를 파괴했다.

한편, 8번 고속도로의 통행 안전과 보급수송을 담당한 제15-3대대는 어느 대대보다 적의 공격을 많이 받았다. 보급로를 확보하기 위해 이라크군으로부터 장시간 공격을 받을 것으로 예상했지만 적의 공격에 방어거점이 고립되어 탄약과 연료가 부족한 상태까지 이르게 되었다. 제15-3대대는 선두대대를 후속하여 3개의 대형 입체교차로를 점령하기 위해 3개의 전투팀으로 나누었다. 북쪽 교차점(목표 '모에')에는 팀 '게타', 중앙 교차점(목표 '래리')에는 팀 '라이즈', 남쪽 교차점(목표 '캐리')에는 팀 '던'으로 나누었다. 각 목표의 거리가 가까워 위험이 적다고 판단하여 전차 부대 배속은 없었다.

그러나 예상외로 300명이 넘는 민병이 교차점을 크게 돌아 전 방향에서 격렬한 사격을 해왔다. 대대는 120mm 박격포탄을 발사하여 차량을 파괴하고 12.7mm 중기관총으로 민병을 사살했다. 또한 도로에서는 자폭차량이나 기관총을 장착한 차량이 돌진했다. 브래들리 장갑차는 기관포를 연사하여 도로상에서 그들을 격멸시켰다. 2시간 동안 12대를 파괴할 정도로 적들의 기습은 반복되었다. 처리하기 힘들었던 것은 5층과 6층 건물에 진지를 구축하고 공격하던 RPG 팀이었다. 장갑차의 중박격포는 위치가 높아 조준 사격이 어려웠고 결국 중대장이 155mm 자주포에 지원사격을 요청하였다. 그 결과 정밀한 포격을 2개의 빌딩에 작열하여 적 진지를 완전히 궤멸시켰다.

목표 '모에'에서 적의 저항은 매우 거셌다. 이라크군의 공격은 전방향에서 전차 및 중소화기 사격, 대전차 화기사격, 그리고 차량부대의 습격이 주를 이루었다. 이에 대항하여 팀 '게타'는 공병 M2 불도저를 이용하여 방어진지를 주위에 만들고 방어전투를 수행했다. 전차는 BMP 2대를 격파하는 등 분전했으나 모든 차량이 이라크군의 사격을 받았다. 그 결과 브래들리 장갑차 1대는 RPG 로켓에 피격되어 TOW가 파괴되었고 2대는 적탄에 기관총 사용이 불가능하게 되었다. 전차 1대는 대공포탄에 맞아 주포가 파괴되기도 하였다. 하지만 전과는 매우 컸다. 8시간의 전투에서 파괴된 이라크군 차량은 60여 대였고, 200명의 적 병사가 사살되었다.

이 밖에도 진격로의 모든 지역에서 크고 작은 전투로 보급로를 확보하였고, 여단은 대통령궁에 사령부를 설치할 수 있었다. 이로써 2차 썬더런 작전은 성공했다. 이리하여 제2여단은 5일 만에 수도공략을 마쳤고, 도시지역 전투가 어려울 것이며 점령에 많은 어려움이 따를 것이라는 군사전문가의 예상은 빗나갔다.

도시지역작전의 새로운 형태

인명피해 최소화, 적의 핵심시설을 단기간에 점령

과거 전투경험에 기초한 도시지역작전은 고층건물, 지하통로, 방사선형의 도로에 부대가 흩어져 분권화 작전을 해야 하기 때문에 지휘통제가 매우 어렵다. 그리고 수직 및 수평 공간을 통제해야 하므로 건축별 · 공간별 다수의 병력이 요구된다. 1942~43년 스탈린그라드 전투에서 독일 제6군의 20만 명의 사상자와 10만 명의 포로, 소련의 경우 70만 명 이상의 손실이 있었다.

이에 반해 이라크전쟁 시 미군은 전격질주작전을 통해 전통적인 건물전투, 도시지역작전의 개념을 탈피하고 기동을 중심으로 하는 새로운 전투수행방식을 적용하였으며, 인명피해를 최소화하고 단기간에 도시를 장악하는 데 중점을 두고 실시되었다. 특히 미군은 전통적인 방법과 달리 전방에 경계병을 배치하지 않고 장갑차로 신속하게 기동을 하였으며, 비교적 열려 있는 통로를 찾아 기동하고 주요 도로 등 넓은 공간을 전투장소로 활용하였다. 또한 도시 전체를 점령하기보다는 권력의 상징적인 시설과 핵심시설이 집중되어 있는 중심지를 점령하는 새로운 도시지역

작전의 모델을 제공하였다.

'선(先) 위력 수색에 의한 기회 포착 후(後) 공격' 전술로서 연합군은 초기 2개 축선(남서, 남동) 집중 돌파에 이어 다축선 동시 진입, 주요 시설을 장악한 후 주변 지역 공격을 위한 전초기지로 활용했다. 그리고 점진적 핵심시설을 확대 장악, 이라크군 저항 중심지역 파악 및 공격 또는 투항을 유도하여 바그다드 시를 완전히 장악하였다. 또한 제공권을 완전히 장악한 후, 공중전력을 최대한 활용하는 방법으로서 지휘부 제거를 위해 공중조기경보기(AWACS)와 폭격기(B-1B)를 연계하여 24시간 공중대기 후 작전을 수행하고 시가지 작전간 근접 항공기를 활용, 즉 지상공격기 A-10기와 지상 전방 항공통제관(GFAC: Ground Forward Air Controller)을 연계시켜 실시간 타격 임무를 수행토록 하였다.

번개처럼 질주하라

기존의 보병 위주의 도시지역 전투의 개념을 탈피하고, 도시지역에서의 기갑/기계화 부대를 공세적으로 운용하였으며, 종전의 구획화 전진에서 주요 핵심목표 위주의 선택적 공격과 현대도시의 개방적 지형(발달된 도로망)을 이용하여 공격헬기, 전차, 장갑차[대대(-) 규모]로 40km에 걸친 위력수색을 실시하여 이라크 전차 25대, 장갑차 24대를 파괴하였으며, 현대화된 정보감시(ISR) 자산으로 적의 지형적 유리점을 상쇄시키는 등 종전 보병전투 위주 개념을 불식시키는 계기가 되었다.

도시지역 진입/소탕방법은 종전에는 도로 또는 건물군 단위로 구획전진하였으나 미군은 시가지의 광범위한 지역을 점령하기보다는 핵심도로와 중점적 지역을 확보하는 것으로서 바그다드의 점령을 핵심상징과 통치권력의 중심지를 장악하는 것으로 한정하였다. 즉, 주요 핵심목표(대통령궁, 지휘통제시설, 도시 내 교량 등) 위주의 선택적 공격을 실시하여 전투손실 방지 및 속도를 보장하였다.

공중에서 상시 지원하라

바드다드 상공에 공중전력을 고도별로 운용, 즉 가칭 '공중구조대(Air borne 911)' 개념을 적용하여 도시 상공에 공중전력을 고도별로 체공토록 하고, 지원 요청 시 적절한 기종을 선택하여 근접항공지원(CAS) 임무 수행 및 정밀타격을 실시하였다. 그리고 A-10기는 시가전 시 약 2,000~3,000피트까지 하강하여 기총 사격을 실시하여 적을 제압하였다.

그리고 아파치 헬기 역시 야간 기습작전간 적 탱크 및 장갑부대 공격과 이라크 공화국 수비대를 공격하기 위해 장거리 침투 공격도 성공적으로 수행하였다. 이에 따라 항공기와 헬기를 효과적으로 운용할 수 있는 전투수행방법의 새로운 체계를 발전시키는 계기가 되었다.

적진을 돌파하기 위한 용기를 발휘하라

전격질주작전을 통해 강한 정신력과 용기는 전투에서 승리하는 데 중요한 요소임을 일깨워주었다. 기갑 TF 부대가 바그다드시로 진입하자 이라크군은 소형 트럭, 택시 등의 민병 차량들을 이용하여 도로 측면

〈그림 9.9〉 바그다드 시가지 폭격 모습

에서 기습적인 기관총 사격을 하고 빌딩의 창문과 옥상, 야자나무에서 RPG-7을 이용하여 공격하였다. 그러나 기갑 TF 부대의 지휘관을 비롯한 부대원들은 민간인과 피아가 혼재되어 있는 상황 속에서 강한 정신력과 용기를 바탕으로 민간인의 피해를 최소하기 위한 경고사격과 함께 이라크군에 대해서 신속하고 과감하게 공격을 함으로써 이라크군을 제압하였다. 이 작전으로 연합군은 바그다드시 내 잔존해 있던 이라크군을 조기에 격멸하고 핵심시설들을 확보하는 등 성공적인 지상작전을 수행하였다.

전쟁 종식 선언과 안정화 작전으로의 전환

연합군은 전격질주작전의 성과를 바탕으로 신속하게 바그다드를 사실상 장악 후 잔적을 소탕하였고, 북부지역으로 공습을 전환하였다. 지상군 제5군단은 바그다드 서측으로 진입, 북서측으로부터 이라크군 증원을 차단하고, 제1해병원정군은 바그다드 동측으로 진입, 북측으로부터 이라크군 증원을 차단하였다. 공중작전으로 바그다드 중심부에 근접항공지원을 하고 북부지역 전략 표적을 공격하였다. 또한 이라크의 저항의지 상실을 유도하기 위해 심리전을 강화하면서 이라크 전쟁지도부를 전범재판소에 회부 및 경고하였고 파월 국무장관은 이라크 과도정부의 구성 계획을 발표하였다. 미국과 영국의 정상은 종전 후 이라크 처리 문제 등을 논의하였다.

연합군은 사담 후세인의 고향인 티크리트(4. 10.~4. 14.)를 장악한 후 주요 전투를 종결시켰다. 그리고 미 제4보병사단 1개 여단(TF "Iron Horse")을 북부지역에 투입하고, 미 · 영 정상회담 후 이라크 국민을 대상으로 TV 성명을 발표(4. 10.)하였다. 그리고 미국의 럼스펠드 국방장관은 미국의 잔여 8대 과제를 다음과 같이 제시하였다.

① 대량살상무기(WMD) 발견

② 후세인과 이라크 지도부 체포

③ 북부유전 확보 / 피해 방지

④ 미군 포로의 안전한 구출

⑤ 이라크 내에 있는 테러리스트의 처단

⑥ 이라크 정보기관과 보안기관들의 기록 확보

⑦ 망명자들을 포함한 이라크인들에 대한 협력

⑧ 바트당 등 후세인 정권의 기반이 되는 세력의 해체

미국의 부시 대통령은 2003년 4월 12일 후세인 정권 종식을 선언하였으며, 바그다드시 내에 민사작전본부(CMOC: Civil Military Operation Center)를 설치하였다. 제1해병기동군 TF는 티크리트를 공격하여 저항세력을 추적 격멸하고 확보하였다. 에이브러햄 링컨호를 시작으로 일부 병력의 복귀를 개시하면서, 미 국방부는 4월 14일 주요 전투가 근본적으로 종료되었음을 선언하였으나 부시 대통령은 이라크전의 승리에도 불구하고 전쟁은 지속됨을 선언하였다.

이라크는 연합군의 결정적 작전으로 지휘체제가 완전히 와해되었으나 산발적인 차량 자살폭탄으로 부상자가 발생하는 등의 소수의 피해가 발생하였다. 이어서 북부지역 5군단장 항복(4. 10.), 서부 국경수비 책임 지휘관 항복(4. 11.)에 이어 북부지역의 모술(4. 11.), 키르쿠크(4. 12.), 티크리트(4. 13.)가 함락되었다.

2003년 4월 이라크 내 미군은 새로운 작전으로 전환하였다. 그때까지도 바그다드와 이라크의 다른 지역들에서 조직적인 저항세력이 활동 중이었지만, 2003년 5월 1일 부시 대통령이 링컨호에서 주요 전투 종료

〈그림 9.10〉
링컨호에서 부시 대통령의
주요 전투 종료 선언
(2003. 5. 1.)

를 선언했듯이 대부분의 재래식 전쟁은 끝난 상태였다.

새로운 작전으로 전환하면서 미군은 이라크 내 안전한 안보환경을 확립하고 민간행정 기능을 향상시키기 위하여 안정화 작전을 수행하였다. 이에 따라 연합군사령부와 예하 부대의 재배치가 이루어졌으며 안전한 환경 조성과 민간의 질서를 확립하고자 하였다.

참고문헌

가토 요코, 『근대 일본의 전쟁논리』, 박영준 역, 태학사, 2003.

강성학, 『시베리아 횡단열차와 사무라이』, 고려대학교 출판부, 1999.

구덕관, 『일본의 정치 · 군사관계와 전쟁지도 연구』, 국방대학원, 1998.

국방군사연구소, 『한국전쟁(上)』, 국방군사연구소, 1995.

국방부 군사편찬연구소, 『소련 군사고문단장 라주바예프의 6 · 25전쟁 보고서』, 국방부 군사편찬연구소, 2001.

———, 『6 · 25전쟁사(1)』, 국군인쇄창, 2004.

———, 『6 · 25전쟁사(2)』, 국군인쇄창, 2005.

———, 『6 · 25전쟁사(8)』, 국군인쇄창, 2011.

국방부 전사편찬위원회, 『현리전투』, 국방부 전사편찬위원회, 1988.

권주혁, 『기갑전으로 본 한국전쟁』, 지식산업사, 2008.

권쾌현, 『아주 특별한 베트남 이야기』, 연합뉴스, 2010.

김광수, "한국전쟁 개전 당시 북한군의 작전계획과 옹진전투", 『軍史』 제41호, 2000.

김성원, "중공군 5월 공세 시 미8군의 대응분석", 『군사평론』 제441호, 2016.

김우상, 『신한국 책략』, 나남출판, 1998.

김종수, "호찌민과 보응웬지압의 전략전술", 『베트남전쟁 연구총서(II)』, 국방부 군사편찬연구소, 2003.

김행복 외, 『6 · 25 전쟁사(7)』, 국방부 군사편찬연구소, 2010.

김희상, 『중동전쟁』, 일신사, 1989.

남도현, 『끝나지 않은 전쟁, 6 · 25』, 플래닛미디어, 2010.

니토베 이나조, 『사무라이』, 양경미 외 역, 생각의 나무, 2004.

데이비드 퍼킨스, "다영역 전투, 미래전의 승리를 위한 변화의 추진", 『밀리터리 리뷰』, 2017년 7~8월호.

루이스 디마르코, 『CONCRETE HELL: 스탈린그라드에서 이라크까지 도시지역작전』, 육군대학 전쟁사학과 김규빈 외 역, 국군인쇄창, 2015.

로버트 레오나드, 『병법의 진수 기동전 대해부』, 최상철 역, 문경출판사, 2001.

로스뚜노프 외, 『러일전쟁사』, 건국대학교 출판부, 2004.

마틴 러스, 『브레이크 아웃』, 임상균 역, 나남, 2004.

맥트 부트, 『Made in War: 전쟁이 만든 신세계』, 송대범 외 역, 플래닛미디어, 2007.

메리 캘도어, 『새로운 전쟁과 낡은 전쟁』, 유강은 역, 그린비, 2010.

미 육군군사연구소, 『우리가 선택한 무기(아프가니스탄 전쟁 시리즈 I)』, 국방부 군사편찬연구소 역, 국군인쇄창, 2014.

______, 『불후의 증언들(아프가니스탄 전쟁 시리즈 II)』, 국방부 군사편찬연구소 역, 국군인쇄창, 2014.

미 의회조사국, 『이라크 자유작전 미 의회 보고서』, 육군군사연구소 역, 국군인쇄창, 2011.

바실 리델 하트, 『전략론』, 주은식 역, 책세상, 1999.

박기연, 『기동전이란 무엇인가』, 일조각, 1998.

박명림, 『한국전쟁의 발발과 기원』, 나남출판, 1996.

박유진, 『리더십 마인드 & 액션』, 양서각, 2011.

박종근, 『청일전쟁과 조선』, 일조각, 1989.

백선엽, "밴 플리트 장군과 한국군", 『군사』 제57호, 국방부 군사편찬연구소, 2005.

세바스찬 융거, 『War: 아프간 참전 미군병사들의 리얼 스토리』, 성상원 역, 체온365, 2011.

신승원, 『미국의 아프가니스탄 전쟁과 안정화 작전』, 국방부 군사편찬연구소, 2015.

안용현, 『한국전쟁의 허와 실』, 고려원, 1987.

야마무로 신이치, 『러일전쟁의 세기(한림신서 일본학총서 95)』, 정재정 역, 소화 도서출판, 2010.

예프게니 바자노프, 『한국전쟁의 전말』, 김광림 역, 도서출판 열림, 1998.

오소경, 『중공군의 한국전쟁 교훈』(『抗美援朝戰爭史 畫報』, 2000), 육군본부 군사연구실 역, 국군인쇄창, 2005.

유제현, 『월남전쟁』, 도서출판 한원, 1992.

육군교육사령부, 『共産圈의 用兵術: 理論과 實際』, 1987.

______, 『최전선에서』(*On Point*), 2012.

육군군사연구소, 『6 · 25전쟁의 실패 사례와 교훈』, 2013.

______, 『아프가니스탄 분쟁사: 분쟁의 역사적 배경과 영국 · 소련 · 미국과의 전쟁을 중심으로』, 국군인쇄창, 2011.

______, 『이라크전쟁』, 국군인쇄창, 2012.

______, 『기동전: 어떻게 싸울 것인가』, 육군군사연구소, 1987.

육군대학 전쟁사학과, 『6 · 25전쟁, 다하지 못한 이야기들』, 국군인쇄창, 2011.

육군본부, 『6 · 25전쟁 시 기갑부대 운용』, 육군본부, 2009.

______, 『한국전쟁과 전투근무지원』, 육군본부, 1994.

육군사관학교 전쟁사학과, 『세계전쟁사』, 황금알, 2012.

______, 『세계전쟁사 부도』, 황금알, 2013.

육대 공격전술학처, "전쟁양상 변화에 따른 차기 전술제대 기동전 수행방안", 『군사평론』 제442호, 2016.

이대영 외, 『장진호 전투』, 국방부 전사편찬위원회, 1981.

이민우, "소련의 기동전과 종심방어가 북한군 전술에 미친 영향", 『군사평론』 제426호, 2013.

이상우 외, 『현대국제정치학』, 나남신서, 1997.

이웅현, "아프가니스탄 반군(叛軍)의 계보", 『평화학 연구』 제14권 1호, 2013.

이정곤, 『중국군의 6 · 25전쟁』, 혜성, 2011.

이종학, 『손자병법(신완역)』, 명문당, 1989.

인해, 『13세기 몽골군의 전투수행을 위한 현대 기동전 시각에서 분석』, 합동군사대학교, 2015.

일본 군사연구, 『이라크 무장세력 토벌에 있어서 미군 신형디지털 사단의 악전고투』, 육군군사연구소 역, 국군인쇄창, 2004.

임용한, 『세상의 모든 혁신은 전쟁에서 탄생했다』, 교보문고, 2014.

장삼열, "중공군 제5차 2단계 공세와 미 제9군단의 지암리 포위 및 화천 진격작전", 『군사』 제75호, 국방부 군사편찬연구소, 2010.

정명복, "6 · 25전쟁기 중공군 5월 공세에 대한 전투사적 고찰", 『군사』 제71호, 2009.

정병준, 『한국전쟁: 38선 충돌과 전쟁의 형성』, 돌베개, 2006.

정보사령부, 『북한군 군사사상』, 정보사령부, 2007.

정성화, 『러일전쟁과 동북아의 변화(국제한국학연구 Vol.3)』, 선인 도서출판, 2005.

조셉 J. 콜린스, 『아프가니스탄 전쟁(아프가니스탄 전쟁 시리즈 III)』, 국방부 군사편찬연구소 역, 국군인쇄창, 2014.

존 J. 미어샤이어, 『리델하트 사상이 현대사에 미친 영향』, 주은식 역, 홍문당, 1998.

제레미 보엔, 『6일 전쟁』, 김혜성 역, 플래닛미디어, 2010.

제레미 블랙, 『역사를 바꾼 위대한 장군들』, 박수철 역, 21세기북스, 2009.

조상현 · 금상문, "영국과 소련의 대아프가니스탄 전쟁: 전쟁의 원인과 지속을 중심으로", 『한국이슬람학회논총』 제25-3집, 2015.

존 미어 샤이어, 『리델하트 군사사상 연구』, 한국전략문제연구소, 1980.

최문영, 『국제관계로 본 러일전쟁과 일본의 한국병합』, 지식산업사, 2004.

최병순, 『軍 리더십』, 북코리아, 2010.

최병욱, 『최병욱 교수와 함께 읽는 베트남 근현대사』, 창비, 2008.

최용호, "지평리 및 디엔비엔푸 전투의 승패요인 비교분석", 『군사연구』 제119집, 2004.

______, 『증언을 통해 본 베트남전쟁과 한국군(III)』, 국방부 군사편찬연구소, 2003.

카를 폰 클라우제비츠, 『전쟁론(1)』, 김만수 옮김, 갈무리, 2009.

클라우제비츠, 이종학 옮김, 『전쟁론』, 일조각, 1990.

폴 브임, 『위대한 장군 밴 플리트』(Paul F. Braim, *The Will to Win*, 2000), 육군 교육사번역실 역, 국군인쇄창, 2001.

폴 케네디, 『강대국의 흥망』, 이일주 역, 한국경제신문사, 1990.

피터 드러커, 『피터 드러커 자서전』(Drucker, Peter F. *Adventures of a Bystander*), 이동현 역, 한국경제신문사, 2005.

한국전략문제연구소, 『중공군의 한국전쟁사』(항미원조전사), 세경사, 1991.

합동군사대학교 육군대학 전쟁사학처, 『세계전쟁사』, 국군인쇄창, 2012.

______, 『6 · 25전쟁사』, 국군인쇄창, 2013.

합동참모본부, 『군사기본교리』, 합동참모본부, 2014.

______, 『합동 · 연합작전 군사용어사전』, 합동참모본부, 2014.

홍규덕, "베트남전쟁이 한국군에 주는 교훈", 『군사(軍史)』, 2016.

홍성태, 『한국전의 기동전 분석』, 육군교육사령부, 1996.

홍학지, 『중국이 본 한국전쟁; 중국인민지원군 부사령관 홍학지의 전쟁회고록(중국학총서 5)』, 홍인표 역, 한국학술정보, 2008.

후지무라 미치오, 『청일전쟁(한림신서 일본학총서 7)』, 허남진 역, 소화, 1997.

Adam Geibel, Operation Anaconda (Shah-i-khot Valley, Afghanisn, 2-10 March 2002), *Military Review*.

Aisha Toor, *Why are Customary Pashtun Laws and Ethics Causes for Concern?*, Oct. 2010, CSIS.

Ernest R. May, "Lessons" of the Past: The Use and Misuse of History in American,

Foreign Policy, By ERNEST R. May, New York: Oxford University Press, 1973.

Robert Spencer, *Jihadis trained in Isramic schools of Pakistan and Afghanistan*, Jihad Watch Nov. 2015.

저자소개

김규빈

대전대 군사학 박사
합동군사대학교 전쟁사학처장 겸 교관
현 군사연구, 미래군사학회 및 향군지 논문 감수위원

김현배

국방대 군사학 석사
합동군사대학교 전쟁사 교관
현 전방사단 공병대대장

박상우

충남대 정치외교학 박사
국제대학교 군사학과 교수
현 합동군사대학교 전쟁사학 교수

이근재

국방대 정보관리학 석사
합동군사대학교 전쟁사 교관
현 전방사단 대대장

이인수

경희대 경영학 석사
합동군사대학교 전쟁사 교관
현 전방군단 항공작전장교

이원용

국방대 무기체계학 석사
합동군사대학교 전쟁사 교관
현 전방사단 포병연대 작전과장

최등학

국방대 리더십 석사
전방사단 작전과장
현 합동군사대학교 전쟁사 교관

최영렬

조선대 군사학 석사
합동군사대학교 전쟁사 교관
현 기계화군단 포병대대장

최정욱

충남대 군사학 석사
합동군사대학교 전쟁사 교관
현 수도방위사령부 경비단 작전과장